After Effects
逆引きデザイン事典

[CC/CS6] 増補改訂版

高木 和明

本書内容に関するお問い合わせについて

このたびは翔泳社の書籍をお買い上げいただき、誠にありがとうございます。弊社では、読者の皆様からのお問い合わせに適切に対応させていただくため、以下のガイドラインへのご協力をお願い致しております。下記項目をお読みいただき、手順に従ってお問い合わせください。

◎ご質問される前に

弊社 Web サイトの「正誤表」をご参照ください。これまでに判明した正誤や追加情報を掲載しています。

正誤表　http://www.shoeisha.co.jp/book/errata/

◎ご質問方法

弊社 Web サイトの「刊行物 Q&A」をご利用ください。

刊行物 Q&A　http://www.shoeisha.co.jp/book/qa/

インターネットをご利用でない場合は、FAX または郵便にて、右記 "翔泳社 愛読者サービスセンター" までお問い合わせください。

電話でのご質問は、お受けしておりません。

◎回答について

回答は、ご質問いただいた手段によってご返事申し上げます。ご質問の内容によっては、回答に数日ないしはそれ以上の期間を要する場合があります。

◎ご質問に際してのご注意

本書の対象を越えるもの、記述個所を特定されないもの、また読者固有の環境に起因するご質問等にはお答えできませんので、予めご了承ください。

◎郵便物送付先および FAX 番号

送付先住所　〒 160-0006　東京都新宿区舟町 5

FAX 番号　　03-5362-3818

宛先　　　　（株）翔泳社 愛読者サービスセンター

本書の対象について

本書は、Adobe After Effects CC（2017 年 4 月リリース版）／ CS6 に対応しています。紙面では CC を使って解説していますが、バージョンによって手順が異なる場合は別途記載しています。

対応 OS は Windows と Mac です。紙面では Windows を使って解説していますが、Mac でも同じ操作が可能です。ショートカットキーの表記は右のように読み替えてください。

Windows		Mac
Ctrl キー	➡	⌘ キー
Alt キー	➡	Option キー
Enter キー	➡	Return キー

※ 本書に記載された URL 等は予告なく変更される場合があります。

※ 本書の出版にあたっては正確な記述につとめましたが、著者や出版社などのいずれも、本書の内容に対してなんらかの保証をするものではなく、内容やサンプルに基づくいかなる運用結果に関してもいっさいの責任を負いません。

※ 本書に掲載されているサンプルプログラムやスクリプト、および実行結果を記した画面イメージなどは、特定の設定に基づいた環境にて再現される一例です。

※ 本書に記載されている会社名、製品名はそれぞれ各社の商標および登録商標です。

はじめに

　After Effects が登場して 20 年余り。

　2017 年の今日までに幾度となくバージョンアップを繰り返してきました。歴史のあるアプリケーションだけあり、大きな仕様変更があっても、たとえ重複するような新機能が加わったとしても、エフェクトやパネルなどでうまく住み分けを図り、旧バージョンとの互換性を取ってきました。バージョンアップは何も新機能の追加だけとは限りません、ときには一部の機能がまるまる削除されることもありました。

　現在のバージョン CC（Adobe Creative Cloud）になったのは 2013 年 6 月のこと。CC になってからも毎年バージョンアップを繰り返し、そのたびに機能アップや効率化が図られています。そのため同じ CC であっても少し前のバージョンと最新バージョンでは、同じ表現、同じ仕上がりであっても、作業プロセスが変更されていたり、効率化されていたりします。

　本書では、そうした細かなバージョンアップもしっかりと内容に反映し、After Effects の進化とともにブラッシュアップしています。

　最新版 After Effects CC 2017 をダウンロードすると、「CINEMA 4D Lite」「mocha for After Effects」「Adobe Character Animator」「Adobe Media Encoder」とスタンドアローンのアプリケーションが 4 つも付属してきます（ただし「Adobe Character Animator」と「Adobe Media Encoder」は個別にダウンロードする必要があります）。

　本書では、これらのアプリケーションについても、主要な機能や基本的なオペレーションを中心に取り上げています。

　ご存じのように After Effects には膨大な機能が搭載されています。本書では、それらの中から制作の現場で欠かせない機能、あるいは知っていると作業に役立つ機能を厳選し、必要なテーマだけを拾い読みできる「逆引き事典」としてまとめました。After Effects を使い始めたばかりのユーザーはもちろん、ある程度のスキルを身に付けた方にも役立つ情報が見つかるはずです。

　今や携帯で 4K の映像が撮れる時代です。そして、撮った映像を SNS や動画投稿サイトを通して全世界に公開し、セルフプロモーションまでできます。映像制作の裾野が広がっていけば、After Effects の需要は、プロユースはもちろん、コンシューマーレベルにおいてもますます高まっていくことでしょう。

　趣味から始めたユーザーだけでなく、すでに映像業務に携わっている方にも「こんなときは、どうするんだっけ？」という場面があるはずです。

　そのようなときに本書を手に取っていただき、問題の解決に役立てていただければ、著者としてこれほどうれしいことはありません。

高木　和明

CONTENTS

目次

CC 新機能リファレンス ……………………………………………… 012

ツールリファレンス ………………………………………………… 013

ワークスペースリファレンス …………………………………… 014

パネルリファレンス ……………………………………………… 015

第1章　素材の読み込みと管理 ……………… 021

001	Photoshop や Illustrator ファイルをコンポジションとして読み込む	022
002	Photoshop や Illustrator ファイルをフッテージとして読み込む	024
003	Camera Raw ファイルを読み込んでホワイトバランスなどを調整する	025
004	ムービーファイルを読み込んでノンインターレースに変換する	026
005	After Effects ファイルを読み込む	028
006	Premiere Pro ファイルを読み込む	029
007	フォルダー内のすべてのファイルを 1 度に読み込む	030
008	Adobe Bridge 経由でファイルを読み込む	031
009	連番ファイルを静止画シーケンスとして読み込む	032
010	静止画シーケンスのフレームレートを変更する	033
011	連番ファイルの抜けを特定して読み込み直す	034
012	静止画ファイルのデュレーションを変更して読み込む	036
013	アルファチャンネルつき素材の合成方法を変える	037
014	プロジェクトパネルに読み込んだフッテージを検索する	038
015	不明なアイテムを見つけ出す	040
016	リンクが切れたファイルを置き換える	041
017	プロキシファイルを使って効率的に作業を進める	042
018	プロジェクトの構成を確認する	044

第2章　コンポジションの作成と設定 ……… 045

019	コンポジションを作成する、設定を変更する	046
020	色深度（ビット深度）を変更する	047
021	タイトル／アクションセーフゾーン、グリッド、定規を表示する	048
022	マルチビューや 3D ビュー表示に切り替える	049
023	ビデオやオーディオをプレビューする	050
024	オーディオだけをプレビューする	052
025	特定の部分だけを手動プレビューする	053
026	頻繁に使用するプロジェクトはテンプレートに設定しておく	054

After Effects Design Reference

第3章　タイムラインに素材を配置　………… 055

027	タイムラインにフッテージを配置する	………… 056
028	レイヤーを現在の時間に配置する、移動する	………… 058
029	複数のフッテージをまとめて配置する	………… 060
030	レイヤーを複製する	………… 061
031	レイヤーを分割する	………… 062
032	レイヤーの名前を変更する／ソース元を調べる	………… 063
033	複数のレイヤーを同時に選択する	………… 064
034	同じ種類のレイヤーをまとめて選択する	………… 065
035	イン／アウトポイントを移動してレイヤーをトリミングする	………… 066
036	インポイントを変えずにレイヤーをトリミングする	………… 067
037	キーフレームの位置は変えずにイン／アウトポイントを変更する	………… 068
038	レイヤーをカットつなぎで配置する	………… 069
039	1秒間のディゾルブ効果をつけてレイヤーを配置する	………… 070
040	シーケンスレイヤー機能でレイヤーを並べ替える	………… 071
041	シーケンスレイヤー機能で新規レイヤーを挿入する	………… 072
042	不要なレイヤーを隠す	………… 073
043	レイヤーをロックして変更できないようにする	………… 074
044	ガイドレイヤーを参考に作業する	………… 075
045	コンポジションを基準にオブジェクトを整列する	………… 076
046	整列パネルを使ってテロップ処理する	………… 077
047	コンポジションのサイズに合わせてレイヤーのサイズを調整する	………… 078
048	早回し、スローモーションにする	………… 079
049	ムービーレイヤーを逆再生する	………… 080
050	ムービーの特定のフレームだけを表示する	………… 081
051	ムービーの再生速度を徐々に上げる	………… 082
052	ムービーの途中から再生速度を変える	………… 084
053	ムービーのイン／アウトポイントでフリーズさせる	………… 085
054	ムービーを再生の途中でフリーズさせる	………… 086
055	フレームブレンドで画質を補完する	………… 087
056	フッテージをループ再生する	………… 088
057	［ソロ］スイッチでほかのレイヤーを非表示にする	………… 089
058	ワークエリアを指定して作業する	………… 090
059	現在の時間インジケーターを移動する	………… 092
060	時間スケールをズームイン／ズームアウトする	………… 094
061	タイムラインにマーカーをつける	………… 095
062	コンポジションマーカーにコメントを入力する	………… 096
063	レイヤーにマーカーをつける	………… 097
064	音楽のビートに合わせてレイヤーマーカーを追加する	………… 098
065	ミニフローチャートを使ってコンポジションの構造を調べる	………… 099
066	レイヤー名や適用エフェクトをキーワードにレイヤーを検索する	………… 100

005

067	描画モードを変えて下のレイヤーと合成する	102
068	コラップストランスフォームでプリコン前の設定を引き継ぐ	104
069	［コラップストランスフォーム］でベクトルオブジェクトの画質を保つ	106

第4章 基本アニメーション …………………… 107

070	レイヤープロパティを表示する	108
071	アンカーポイントの位置を移動する	109
072	演算子やスクラブを使ってプロパティに値を入力する	110
073	ペンツールを使って複雑なモーションパスを作る	111
074	オブジェクトが常にモーションパスの進行方向を向くようにする	112
075	マスクパスをモーションパスにする	113
076	IllustratorやPhotoshopのパスをモーションパスにする	114
077	特定のキーフレーム間の移動速度を一定にする	116
078	レイヤーの動きを反転する	117
079	グラフエディターを使ってオブジェクトの速度を変える	118
080	キーフレームの速度を数値で指定する	122
081	キーフレームやプロパティをコピー＆ペーストする	124
082	複数のプロパティをリンクさせる	126
083	キーフレーム補間法を変える	128
084	複数のレイヤーに同じ設定のキーフレームを一括作成する	129
085	キーフレーム間を時間的な比率を変えずに伸縮する	130
086	モーションブラーを適用する	131
087	レイヤーの動きを保ったまま表示位置だけを変える	132

第5章 テキストアニメーション …………… 133

088	テキストレイヤーを作成する	134
089	段落形式のテキストレイヤーを作成する	136
090	文字のアウトラインを作成する	137
091	文字が横にスライド移動して決まる	138
092	文字がジャンプして決まる	140
093	1文字ずつ現れてジャンプして決まる	141
094	1文字ずつ画面に飛び込んで決まる	142
095	文字が回転しながら決まる	144
096	タイプライター風に1文字ずつ現れる	146
097	文字がランダムに飛び込んで決まる（3Dテキストアニメーション）	147
098	パスに沿って文字を動かす	148
099	作成したアニメーションをプリセットとして保存する	150

第6章　シェイプレイヤー ……………………… 151

100	シェイプレイヤーを作成する	152
101	シェイプパスの種類を決める	153
102	パスの選択モードを切り替える	154
103	シェイプのサイズや形を変える	156
104	シェイプを重ねて複雑な形状を作る	158
105	塗りや線にグラデーションを設定する	159
106	複数のシェイプを結合する	160
107	シェイプをパンク・膨張、旋回、ジグザグさせる	161
108	リピーターで仮想コピーの大群を作る	162
109	アウトラインが少しずつ描かれていくアニメーションを作る	164
110	手描き風のアニメーションを作る	165
111	ベクトルレイヤーからシェイプを作成する	166

第7章　3D アニメーション ……………………… 167

112	3D レイヤーの位置を変更する	168
113	3D レイヤーを回転する	170
114	[位置]のキーフレームを次元ごとに設定する	171
115	スナップ機能を使ってオブジェクトを配置する	172
116	カメラレイヤーを追加する	174
117	カメラに被写界深度を加える	175
118	ピントが合う場所を変更する	176
119	カメラの向きや位置を変更する	178
120	カメラをパンさせる	180
121	選択したオブジェクトにカメラを向ける	181
122	カメラをズームイン／ズームアウトする	182
123	複数のカメラを切り替えて使う	183
124	時間の経過にあわせて複数のカメラを切り替える	184
125	選択した 3D レイヤーをビュー画面に表示する	185
126	テキストレイヤー内の各文字が常にカメラの正面を向くようにする	186
127	ライトレイヤーを追加する	187
128	ライトの種類やライトのカラーを変更する	188
129	光の届く範囲や減衰を設定する	190
130	ライトが落とす影を設定する	192
131	3D レイヤーを床や壁に投影する	193
132	3D レンダラーを変更して作業する	194
133	高速プレビューで作業効率を高める	195
134	シェイプレイヤーを押し出して立体的なオブジェクトにする	196

| 135 | オブジェクトに質感を加える | 198 |
| 136 | オブジェクトの映り込みを表現する | 200 |

第8章 高度なアニメーション ……………… 201

137	［位置］にウィグラーを適用してランダムに揺れるようにする	202
138	レイヤーに親子関係を設定する	203
139	親子関係を使って蝶に動きつける	204
140	コンポジションをネスト化して複雑なアニメーションを作る	206
141	プリコンポーズで複数のレイヤーを1つのコンポジションにまとめる	208
142	ヌルオブジェクトを使ってアニメーションを設定する	209
143	ヌルオブジェクトに親子関係を設定し、ウォークスルーアニメーションを作る	210
144	映像の揺れをスタビライズで止める	212
145	ワープスタビライザー VFX で映像の揺れを減らす	214
146	映像の動きをトラッキングしてレイヤーを追従させる	216
147	奥行き方向の動きを分析して同期させる	218
148	mocha for After Effects で高度なトラッキング処理を行う	222
149	CINEMA 4D と連携する	226
150	キャラクターアニメを作成し After Effects に読み込む	230
151	モーショングラフィックスをテンプレートとして保存する	234

第9章 マスク・トラックマット ……………… 239

152	映像の一部を隠す、切り抜く	240
153	クローズドパスとオープンパスを使い分ける	242
154	選択ツールを使ってマスクパスを編集する	243
155	ペンツールを使ってマスクパスを編集する	244
156	同じ解像度のレイヤーにマスクパスをコピー＆ペーストする	245
157	解像度の異なるレイヤー間でマスクパスをコピー＆ペーストする	246
158	マスクパスにアニメーションを設定する	248
159	マスクの位置とサイズを数値で指定する	249
160	レイヤーと同じサイズのマスクを作成する	250
161	モーションパスをマスクパスに変換する	251
162	Photoshop や Illustrator のパスをマスクパスに変換する	252
163	［オートトレース］機能を使ってマスクパスを作成する	253
164	マスクの描画モードを変更する	254
165	マスクの境界のぼかし幅を場所ごとに調整する	255
166	マスクの境界をぼかしてなじませる	256
167	マスクパスの境界線を内側に縮める、外側に広げる	257
168	特定の範囲にだけエフェクトを適用する	258
169	マスクパスをトラッキングする	260

After Effects Design Reference

170 顔の一部をトラッキングして別のイメージを合成する ……………………… 262
171 トラックマットでマット合成する① ＜アルファマット編＞ ……………… 264
172 トラックマットでマット合成する② ＜ルミナンスキーマット編＞……………… 265
173 複数レイヤーのアルファを使ってマット合成する ……………………… 266

第10章 エクスプレッション …………………… 267

174 エクスプレッションを追加、編集、削除する ……………………… 268
175 ピックウィップで別のレイヤーのプロパティを参照させる ……………… 270
176 ピックウィップと簡単な計算式を組み合わせて使う ……………………… 272
177 1秒間に特定の角度だけ回転させる、特定のピクセル数だけ移動させる………… 274
178 往復運動をさせる ……………………… 275
179 円運動させる ……………………… 276
180 ランダムな動きを加える ……………………… 277
181 特定のプロパティのフレームレートを変更する ……………………… 278
182 開始のタイミングをずらす ……………………… 279
183 前後のレイヤーを追いかけさせる ……………………… 280
184 キーフレーム間をループさせる ……………………… 282
185 コンポジションやレイヤーのサイズを参照させる ……………………… 284
186 コンポAからコンポBのプロパティを制御する ……………………… 285
187 複数のレイヤーに設定したエクスプレッションを一括制御する ……………… 286
188 オーディオレベルに合わせてアニメーションさせる ……………………… 288
189 エクスプレッションをキーフレームに変換する ……………………… 289
190 エクスプレッションエラーを解決する ……………………… 290

第11章 エフェクト …………………………… 291

191 エフェクトを適用する ……………………… 292
192 エフェクトをコピー＆ペーストする ……………………… 294
193 エフェクト＆プリセットパネルからエフェクトを適用する ……………… 295
194 パペットツールでアニメーションを作る ……………………… 296
195 パペット重なりツールで前後関係を入れ替える ……………………… 298
196 パペットスターチツールで特定の箇所を変形しにくくする ……………… 299
197 ラスター画像のジャギーやぼけを目立たなくする ……………………… 300
198 2色以上のグラデーションを作る ……………………… 301
199 ［CC Force Motion Blur］でモーションブラーをつける ……………… 302
200 ムービーフッテージにモーションブラーをつける ……………………… 303
201 ［ブラー（カメラレンズ）］でリアルなぼかしを演出する ……………… 304
202 ［Camera-Shake Deblur］で手ぶれしたフレームを補正する ……………… 305
203 ［ブラー（合成）］と［ディスプレイスメントマップ］でゆらぎを表現する ………… 306
204 実写映像をセル画風にする ……………………… 308

009

205	［フラクタルノイズ］で模様を作る	310
206	実写映像のビデオノイズに合わせて CG にノイズを加える	311
207	ムービーの粒子やノイズを除去する	312
208	［レンズフレア］で光を表現する	313
209	［グロー］で発光させる	314
210	［CC Light Burst］で放射状に放たれる光を表現する	315
211	［Keylight］で人物などの複雑な形状をキーアウトする	316
212	背景が単色のムービーをキーアウトする	318
213	ロトブラシで複雑な背景から被写体だけを切り抜く	320
214	［タイムワープ］で超スローモーションにする	324
215	コピースタンプツールで不要な部分を消す	325
216	3D レイヤーにレンズのぼけや霧の効果を加える	326
217	マスクパスにエフェクトを適用する	328
218	エフェクト設定をプリセットとして保存する	330

第12章　仕上げと出力 ………………………… 331

219	［Lumetri Color］で色調補正やカラーグレーディングを行う	332
220	Lumetri スコープパネルに色相や輝度の情報を表示する	334
221	Lumetri スコープパネルの情報を参考に色調補正する	337
222	ブロードキャストセーフカラーに合わせて明るさと色相に調整する	339
223	調整レイヤーを作成する	341
224	調整レイヤーにアニメーションを設定する	342
225	調整レイヤーにマスクを作成する	343
226	オブジェクトレイヤーを調整レイヤーとして利用する	344
227	任意のフレームを静止画として保存する	345
228	コンポジションをムービー出力する	346
229	レンダリングを停止してコンポジションの設定を変更する	348
230	出力先の容量に合わせてファイルを分割して出力する	349
231	レンダリング設定や出力モジュールのテンプレートを作成する	350
232	レンダーキューパネルの便利な機能を活用する	351
233	編集室用に連番シーケンスで出力する	352
234	ステレオ 3D 用に変換する	353
235	Media Encoder でムービー出力する	354

After Effects CC 主要エフェクト一覧	356
索引	361

● サンプルファイルのダウンロードについて

本書の解説で使用している一部のデータをサンプルとしてダウンロードできます。以下のサイトよりファイルを保存してご利用ください。なお、配布データは一部のものに限られます（すべてのファイルではありません）。その点をあらかじめご留意ください。

http://www.shoeisha.co.jp/book/download/9784798152882

● 紙面の見方

027 タイムラインにフッテージを配置する
028 レイヤーを現在の時間に配置する、移動する

関連項目：類似機能を扱う項目や、併せて読むと便利な項目を紹介しています。

VER.
CC / CS6

黒い文字は対応しているバージョン、薄い文字は未対応のバージョンを表します。
なお、CCとは2017年4月にリリースされたAfter Effects CC 2017のことを指します。

CC NEW FEATURES REFERENCE

CC新機能リファレンス

After Effects CC 2017 [2016.11.2]

- Lumetri スコープパネル ………… P334, 337
- エッセンシャルグラフィックスパネル …… P234
- Cinema 4Dの新しい3Dレンダリングエンジン
  ………………………… P194, 195, 196, 198
- Creative Cloudチームプロジェクト
- [Camera-Shake Deblur]エフェクト…… P305

After Effects CC 2015.3 [2016.6.20]

- 再生パフォーマンスの向上
- 高速処理対応エフェクト
- ライブ3Dパイプラインの強化
- Character Animatorの機能強化

After Effects CC 2015.2 [2016.2.27]

- Cimena 4D R17の対応
- Cinewareレンダリングパフォーマンスの向上

After Effects CC 2015.1 [2015.11.30]

- Lumetriカラーグレーディングエフェクト …… P332
- Adobe Character Animator ……………… P230

After Effects CC 2015 [2015.6.15]

- インタラクティブなプレビュー …………… P050
- 高精度フェイストラッキング …………… P262

After Effects CC 2014.1 [2014.10.6]

- Cimena 4D R16の対応
- ユーザーインターフェイスの向上

After Effects CC 2014 [2014.6.18]

- 改良された高解像度（high-DPI）のユーザーインターフェイス
- 「コンポジット」オプション（エフェクトマスクを含む）
  ………………………………… P258

After Effects CC 12.2 [2013.12.13]

- 高速でカスタマイズ可能な出力
- 改良されたスナップ
- 進化したスクリプト
- 設定の移行

After Effects CC 12.1 [2013.10.31]

- マスクトラッカー ……………………… P260
- アップスケール（ディテールを保持）エフェクト
  ………………………………… P300
- プロパティリンク ……………………… P126
- ワープスタビライザーと3Dカメラトラッカーの高速化
  ………………………… P214, 218

After Effects CC 12 [2013.6.17]

- Cinema 4D との統合 ……………… P226
- 3D カメラトラッカー ………………… P218
- ワープスタビライザー VFX ………… P214
- Adobe Media Encoder キューへの送信
  ………………………………… P354
- 「複数のフレームを同時にレンダリング」
  マルチプロセッサー
- コンポジションパネルでのレイヤーのスナップ
  ………………………………… P172
- 不明なフッテージ、エフェクトまたはフォントの検索
  ………………………… P038, 040
- エッジを調整ツール……………………… P320
- ピクセルモーションブラー ……………… P303
- 強化されたロトスコーピングツールセット

Ae Creative Cloudスタート

After Effects Design Reference

TOOL REFERENCE
ツールリファレンス

● After Effects CC ツールパネル

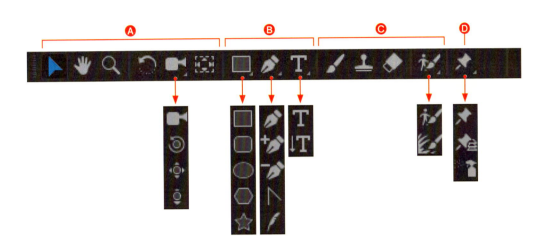

A	表示・移動に関するツール
	選択ツール
	手のひらツール
	ズームツール
	回転ツール
	統合カメラツール
	軌道カメラツール
	XY軸カメラツール
	Z軸カメラツール
	アンカーポイントツール

B	図形・パス・文字に関するツール
	長方形ツール
	角丸長方形ツール
	楕円形ツール
	多角形ツール
	スターツール
	ペンツール
	頂点を追加ツール
	頂点を削除ツール
	頂点を切り替えツール
	マスクの境界のぼかしツール

	横書き文字ツール
	縦書き文字ツール

C	ペイントに関するツール
	ブラシツール
	コピースタンプツール
	消しゴムツール
	ロトブラシツール
	エッジを調整ツール

D	パペット関連ツール
	パペットピンツール
	パペット重なりツール
	パペットスターチツール

013

WORK SPACE REFERENCE

ワークスペースリファレンス

● 初期設定のワークスペース

各パネルは自由にレイアウトができます。ドッキングしているパネルを解除してフローティングウィンドウ化させておくこともできます。カスタマイズしたレイアウトはワークスペースバーで保存し、作業に合わせたパネルパターンをいつでも呼び出せます

● 色調補正を重視したワークスペース例

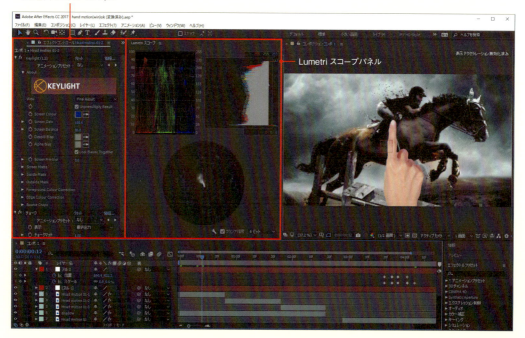

PANEL REFERENCE

パネルリファレンス

● 作業の中心となるメインパネル

コンポジションパネル：合成作業の結果が表示されます。パネル上で視覚的に作業を行うこともできます。ムービーのプレビューにも使用します。 ➡ 046 ページ

プロジェクトパネル：読み込んだ素材（フッテージ）やコンポジションを管理します。素材の検索機能も備わっています。 ➡ 022 ページ

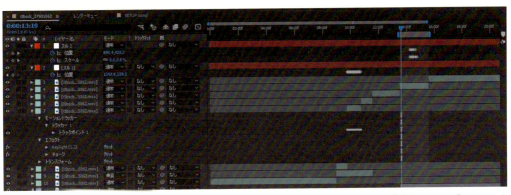

タイムラインパネル：読み込んだ素材のレイヤー階層の管理や時間に関する設定を行います。キーフレームの作成も行えます。 ➡ 056 ページ

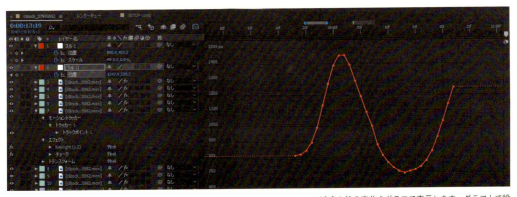

タイムラインパネル（グラフエディター）：キーフレームが設定されたアニメーションの速度や値の変化をグラフで表示します。グラフ上で設定を変えることができます。 ➡ 118 ページ

● 素材管理・編集に関するパネル

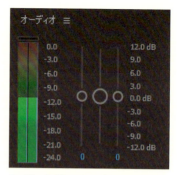

オーディオパネル：オーディオ素材のレベル表示やボリューム設定を行います。→ 050ページ

フッテージパネル：タイムラインに素材を配置する前に、インポイントやアウトポイントをトリミングする場合などに使います。

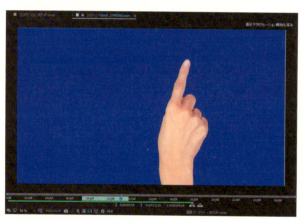

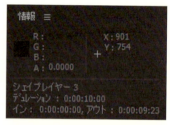

情報パネル：コンポジションパネル上で作業している場合は、マウスポインタの位置・色・サイズを、タイムライン上で作業している場合は、レイヤーのインポイント・アウトポイント・キーフレーム種類・デュレーション・速度の情報を表示します。

レイヤーパネル：タイムラインに配置されたレイヤーを編集するためのパネルです。マスクやアンカーポイント、ロトブラシによる編集ができます。→ 318 ページ

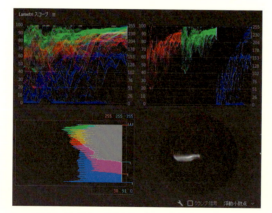

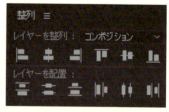

整列パネル：レイヤーを整列したり、均等に配置させたい場合に使用します。コンポジションを基準に整列・配置することもできます。→ 076 ページ、077 ページ

Lumetri スコープパネル：表示しているコンポジション画面の色相や輝度、各チャンネルの色の分布を視覚的に確認できます。→ 324 ページ

● モーション設定に関するパネル

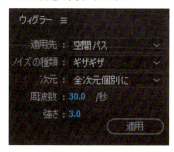

ウィグラーパネル：キーフレーム間に乱数を加える［ウィグラー］効果の設定を行います。
➡ 202 ページ

スムーザーパネル：余分なキーフレームを削除してキーフレーム間をなめらかな動きにする［スムーザー］効果の設定を行います。
➡ 289 ページ

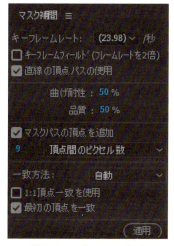

マスク補間パネル：［マスクパス］プロパティにあるキーフレーム間に中間マスクを生成するときに使います。

トラッカーパネル：映像内の特定箇所をトラッキングする［トラッカー］機能や、映像の揺れを抑える［スタビライズ］機能の設定を行います。➡ 212 ページ、216 ページ

エッセンシャルグラフィックパネル：Premiere Pro で使用できるモーショングラフィックをテンプレートにして書き出すことができます。 ➡ 234 ページ

モーションスケッチパネル：マウスポインタの動きを位置情報でキーフレーム化する［モーションスケッチ］機能の設定をします。

017

● ペイントに関するパネル

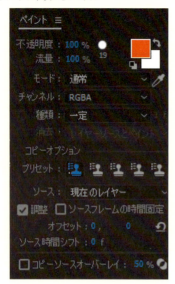

ペイントパネル：ペイント系ツールの色、コピースタンプツールのコピーオプションを設定します。→ 325 ページ

● 文字に関するパネル

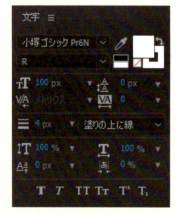

文字パネル：書体、文字の色やサイズ、アウトラインなどの設定を行います。→ 134 ページ

段落パネル：段落テキストを扱う際の送り方や揃え方を設定します。→ 135 ページ、136 ページ

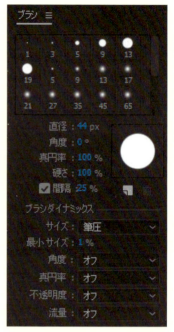

ブラシパネル：ブラシツール、ロトブラシツール、コピースタンプツール、消しゴムツールで使用するブラシのサイズ・形状・描画を設定するパネルです。→ 320 ページ、325 ページ

● データ共有／検索に関するパネル

ライブラリパネル：Creative Cloud ライブラリを使用してプロジェクト間、アプリケーション間、コンピュータ間で素材を共有したり検索したりできます。

● エフェクトに関するパネル

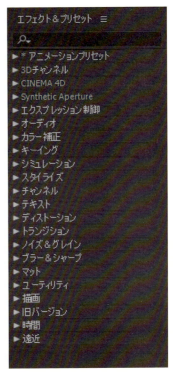

エフェクトコントロールパネル：エフェクトの設定値を変更したり、キーフレームの作成ができます。ドラッグ＆ドロップで適用順の入れ替えも行えます。→ 292 ページ

エフェクト＆プリセットパネル：エフェクトやプリセットを検索する際に使用します。ドラッグ＆ドロップでエフェクトやプリセットを適用することもできます。→ 295 ページ

● プロジェクト全体の管理に関するパネル

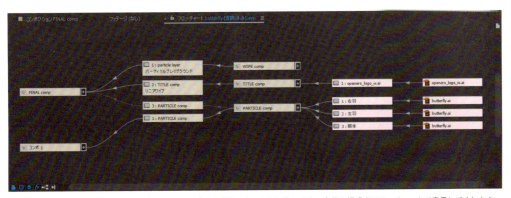

プロジェクトフローチャートパネル：プロジェクトの内容を確認したいときに使います。全体の構成をフローチャートで表示してくれます。
→ 044 ページ

● プレビューと出力に関するパネルおよびダイアログ

レンダーキューパネル：[レンダーキューに追加] を実行すると表示されます。このパネルから [レンダリング設定] や [出力モジュール設定] ダイアログを呼び出します。→346 ページ

[レンダリング設定] ダイアログ：画質、フレームレート、走査線の処理など、出力に関する詳細な設定を行います。→346 ページ

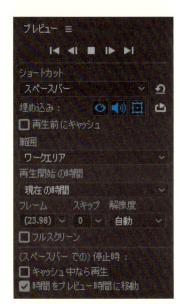

プレビューパネル：プレビューに使う機能（再生・停止・早送り・巻き戻しなど）が用意されています。再生方法の変更もできます。→050 ページ

[出力モジュール設定] ダイアログ：出力形式、圧縮プログラム、リサイズ、トリミングなどの設定が行えます。→347 ページ

第 1 章　素材の読み込みと管理

PhotoshopやIllustratorファイルをコンポジションとして読み込む

[ファイルの読み込み] ダイアログの [読み込みの種類] で [コンポジション] か、[コンポジション - レイヤーサイズを維持] を選択して読み込みます。

レイヤーをドキュメントサイズとして読み込む

STEP 1　[ファイル] → [読み込み] → [ファイル] を選択し、[ファイルの読み込み] ダイアログを開きます。読み込むファイルを選び❶、[読み込みの種類] で [コンポジション] を選択し❷、[読み込み] ボタンをクリックします。選択したファイルがレイヤー階層を持つ Photoshop ファイルの場合は [ファイル名] ダイアログが開くので❸、[レイヤーオプション] を選択して❹、[OK] ボタンをクリックします。

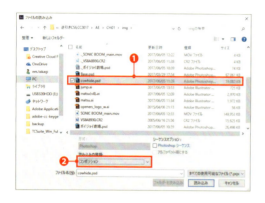
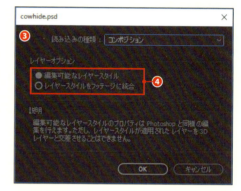

STEP 2　プロジェクトパネルにすべてのレイヤーが個別に読み込まれ❺、さらにファイル名と同じコンポジションが作成されます❻。読み込まれたレイヤーはすべてドキュメントサイズに統一されます。

 ファイル読み込み ▶ [Ctrl]+[I] ([⌘]+[I])

> **MEMO**
>
> レイヤーをドキュメントサイズとして読み込むと、すべてのレイヤーのアンカーポイントがドキュメントの中央に設定されます。たとえば、時計の文字盤と針のようにドキュメントの中央が起点になる素材の読み込みに最適です。

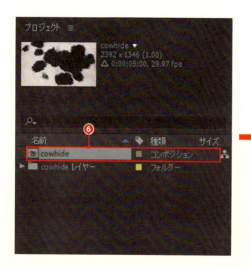

レイヤーのサイズに切り出して読み込む

STEP 1
［ファイル］→［読み込み］→［ファイル］を選択し、［ファイルの読み込み］ダイアログを開きます。読み込むファイルを選び❶、[読み込みの種類］で［コンポジション - レイヤーサイズを維持］を選択し❷、[読み込み］ボタンをクリックします。選択したファイルがレイヤー階層を持つIllustratorファイルの場合は、プロジェクトパネルにすべてのレイヤーが個別に読み込まれ❸、さらにファイル名と同じコンポジションが作成されます❹。

各レイヤーを選択すると、サムネイル画像とレイヤーサイズから切り出されたことが確認できます

STEP 2
選択したファイルがレイヤー階層を持つPhotoshopファイルの場合は、［ファイル名］ダイアログが開くので❺、[レイヤーオプション］を選択して❻、［OK］ボタンをクリックするとプロジェクトパネルにすべてのレイヤーが読み込まれ❼、ファイル名と同じコンポジションが作成されます❽。読み込まれたレイヤーはすべてレイヤーサイズに切り出されます。

> **MEMO**
> レイヤーサイズ（文字やオブジェクトのサイズちょうど）に切り出して読み込むと、すべてのレイヤーのアンカーポイントが各レイヤーサイズの中央に設定されます。テキストやオブジェクトなどを細かくレイヤー分けできるため、高度なモーション設定に役立ちます。ただし、Illustrator 8以前の形式には対応していません。

NO. 002 PhotoshopやIllustratorファイルをフッテージとして読み込む

VER. CC/CS6

ファイル内の特定のレイヤー、あるいはレイヤーを結合して読み込む場合は、［ファイルの読み込み］ダイアログの［読み込みの種類］で［フッテージ］を選択します。

特定のレイヤーだけを読み込む

［ファイル］→［読み込み］→［ファイル］を選択し、［ファイルの読み込み］ダイアログを開きます。読み込むファイルを選び、［読み込み］ボタンをクリックします。［ファイル名］ダイアログが開くので、[読み込みの種類]で［フッテージ］が選択されていることを確認し❶、[レイヤーオプション］で［レイヤーを選択］にチェックを入れてから読み込むレイヤーを選び❷、［OK］ボタンをクリックします。するとプロジェクトパネルにファイル内の選択したレイヤーだけが読み込まれます❸。

S　ファイル読み込み▶ Ctrl + I （⌘ + I）

MEMO

［ファイル名］ダイアログの［フッテージのサイズ］で読み込み時のサイズを選択できます。通常は［レイヤーサイズ］として読み込んでおけばよいでしょう。

レイヤーを結合して読み込む

［ファイル］→［読み込み］→［ファイル］を選択し、［ファイルの読み込み］ダイアログを開きます。読み込むファイルを選び、［読み込み］ボタンをクリックします。［ファイル名］ダイアログが開くので、[読み込みの種類]で［フッテージ］が選択されていることを確認し❶、[レイヤーオプション］で［レイヤーを統合］にチェックを入れて❷［OK］ボタンをクリックします。するとプロジェクトパネルにレイヤーが結合された状態で読み込まれます❸。

Illustrator バージョン 10 以降の形式の場合

Illustrator バージョン 8 形式の場合

MEMO

Illustrator ファイルの場合、［ファイル名］ダイアログで［レイヤーを統合］を選択して読み込むとドキュメントサイズ（余白も含めて）で読み込まれます。ただし、Illustrator バージョン 8 以前の形式で保存されたファイルについては、統合したレイヤーサイズで読み込まれます。

After Effects Design Reference

NO. 003
Camera Rawファイルを読み込んで
ホワイトバランスなどを調整する

VER.
CC / CS6

Camera Rawファイルを素材として読み込むことができます。読み込む際には、ホワイトバランス、色調、コントラストなどの調整が可能です。

第1章 素材の読み込みと管理

STEP 1
［ファイル］→［読み込み］→［ファイル］を選択し、［ファイルの読み込み］ダイアログを開きます。ダイアログで読み込むCamera Rawファイルを選択すると、今度は［Camera Raw］ダイアログが開きます❶。ダイアログの右側にある［色温度］［コントラスト］［彩度］などを適正な状態になるまで調整し❷、［OK］ボタンをクリックします。

STEP 2
するとプロジェクトパネルにファイルが読み込まれます❸。

S ファイル読み込み▶ Ctrl + I （⌘ + I）

STEP 3
再度調整したい場合は、プロジェクトパネルで目的のCamera Rawファイルを選び、［ファイル］→［フッテージを変換］→［メイン］を選択します。［フッテージを変換］ダイアログ❹が開くので［詳細オプション］ボタンをクリックし❺、［Camera Raw］ダイアログで再度調整を行います。

S フッテージを変換▶ Ctrl + Alt + G （⌘ + Option + G）

MEMO
Camera Rawファイルを素材に利用すると、表示やレンダリングに時間がかかりすぎることがあります。そのような場合はPhotoshopなどを使用して、ファイルサイズを小さくするか、JPEGなどの圧縮形式に変換して、読み込み直すとよいでしょう。

025

NO. 004 ムービーファイルを読み込んでノンインターレースに変換する

VER. CC / CS6

After Effects で走査線（インターレース）を含んだムービーファイルを扱う場合は、走査線をつなぎ合わせたノンインターレースに変換（フィールド分割）する必要があります。

STEP 1　［ファイル］→［読み込み］→［ファイル］を選択し、［ファイルの読み込み］ダイアログを開きます。読み込むムービーファイルを選び❶、［読み込み］ボタンをクリックします。

S　ファイル読み込み▶ Ctrl + I （⌘ + I）

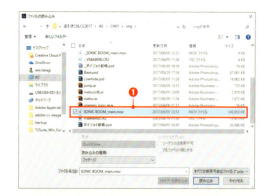

STEP 2　プロジェクトパネルで読み込んだムービーファイルを選択します❷。サムネイル情報に［分割中（奇数）］と表記されていれば、自動的にフィールドが分割されています❸。

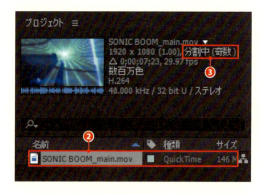

STEP 3　ムービーファイルと同サイズのコンポジションを作成し、タイムラインパネルに配置します。コンポジションパネルで動画に走査線のないことが確認できます。オリジナルのファイルと比較したい場合は、［編集］→［オリジナルを編集］を実行し、別のウィンドウにオリジナルの動画を表示します。

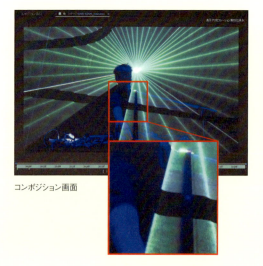

コンポジション画面

オリジナルの動画

STEP 4 フィールドが分割されていない場合は、手動で分割します。プロジェクトパネルで目的のムービーファイルを選び❹、[ファイル] → [フッテージを変換] → [メイン] を選択して、[フッテージを変換] ダイアログを開きます。

S フッテージを変換▶
　 Ctrl + Alt + G （⌘ + Option + G ）

STEP 5 [フッテージを変換] ダイアログの [フィールドとプルダウン] にある [フィールドを分割] で、サムネイル情報に合わせた分割方法を選択して❺、[OK] ボタンをクリックします。

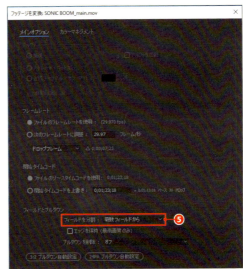

STEP 6 フィールドの分割を行うと、プロジェクトパネルのサムネイル情報に [分割中（偶数または奇数）] と表示されます❻。

 MEMO
After Effects では、D1、DV サイズのムービーファイルを自動的にノンインターレースに変換します。それ以外の動画ファイル（640×480サイズや HD サイズの1920×1080）については、手動によるフィールド分割が必要となる場合があります。

サイズ	分割方法
640×480	奇数フィールドから（例外あり）
DV 720×480	偶数フィールドから
D1 720×486	偶数フィールドから
HD 1920×1080	奇数フィールドから

NO. 005
After Effectsファイルを読み込む

VER. CC/CS6

旧バージョンやほかのパソコンで作成したAfter Effectsのファイルは、新しいプロジェクトとして読み込みます。レンダリングをまとめて行うバッチ作業でも利用します。

STEP 1

［ファイル］→［読み込み］→［ファイル］を選択し、［ファイルの読み込み］ダイアログを開きます。読み込むAfter Effectsファイル（プロジェクト）を選び❶、［読み込み］ボタンをクリックします。

 ファイル読み込み ▶ [Ctrl]+[I]（[⌘]+[I]）

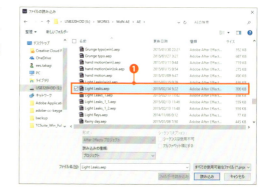

STEP 2

After Effectsファイルがフォルダー単位で階層化され、すべてのリンク素材が読み込まれます❷。

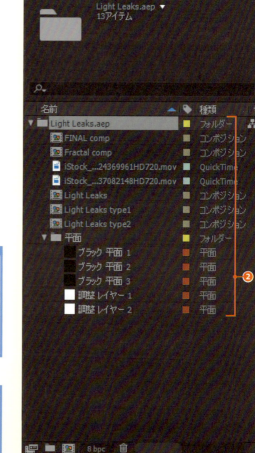

MEMO

読み込んだAfter Effectsファイルに変更を加えても、元のAfter Effectsファイルには影響しません。ただし、リンク素材に変更を加えた場合は、元のAfter Effectsファイルにも変更が反映されてしまいます。注意しましょう。

MEMO

After Effects 6.5以前のプロジェクトは、After Effects CC／CS6で開くことはできません。

NO.
006 Premiere Proファイルを読み込む

VER.
CC / CS6

Premiere Pro で作成したファイルを After Effects に読み込んで利用できます。ビデオやサウンド編集は Premiere Pro で、その後の処理を After Effects で行うといった方法があります。

Adobe Dynamic Link として読み込む

[ファイル]→[読み込み]→[ファイル]を選択し、[ファイルの読み込み]ダイアログを開きます。読み込むPremiere Pro ファイルを選んで❶、[読み込み]ボタンをクリックします。[Premiere Pro シーケンスを読み込み]ダイアログが開くので、必要なシーケンスを選び❷、[OK]ボタンをクリックします。すると読み込んだシーケンスが Adobe Dynamic Link として読み込まれます❸。

形式に Adobe Dynamik Link と表示される

 ファイル読み込み ▶ [Ctrl]+[I] ([⌘]+[I])

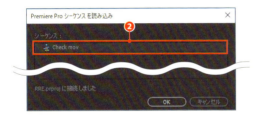

> **MEMO**
> Premiere Pro ファイルは、[ファイル]→[Adobe Dynamic Link]から読み込むこともできます。ただし、Adobe Premiere Pro がインストールされている必要があります。

シーケンスをコンポジションとして読み込む

[ファイル]→[読み込み]→[Adobe Premiere Pro プロジェクト]を選択、[Adobe Premiere Pro プロジェクトの読み込み]ダイアログから読み込むPremiere Pro ファイルを選んで、[読み込み]ボタンをクリックします。[Premiere Pro 読み込み]ダイアログが開くので❶、必要なシーケンスを選び❷、[OK]ボタンをクリックします。すると読み込んだシーケンスがコンポジションとして読み込まれます❸。

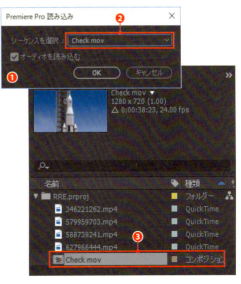

> **MEMO**
> Adobe Dynamic Link は双方の修正が即座に反映されますが、コンポジションとして読み込んだ場合は元のPremiere Pro プロジェクトに影響はありません。

 151 モーショングラフィックスを テンプレートとして保存する

NO. 007 フォルダー内のすべての ファイルを1度に読み込む

VER.
CC / CS6

画像や音声ファイルを1つのフォルダーにまとめておくと、1回の操作ですべてのファイルを読み込むことができます。

STEP 1

［ファイル］→［読み込み］→［ファイル］を選択し、［ファイルの読み込み］ダイアログを開きます。読み込むフォルダーを選び❶、［フォルダーを読み込み］ボタンをクリックします❷。

S　ファイル読み込み ▶ [Ctrl]+[I]　([⌘]+[I])

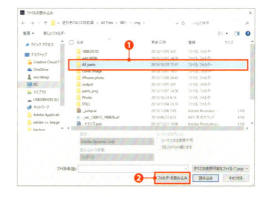

STEP 2

プロジェクトパネルに選択したフォルダー内のファイルが自動的に読み込まれます❸。レイヤーつきのPhotoshopやIllustratorファイルなどは結合されて読み込まれるので注意しましょう。

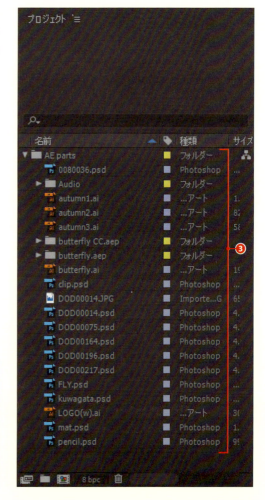

MEMO

1度に複数のファイルを読み込むには、［ファイル］→［読み込み］→［複数ファイル］を選択し、［複数ファイルの読み込み］ダイアログで作業することもできます。この場合は、「読み込むファイルを選んで［読み込み］ボタンをクリック」を繰り返し行い、最後に［終了］ボタンをクリックします。

After Effects Design Reference

NO.
008 Adobe Bridge経由で
ファイルを読み込む

VER.
CC / CS6

Adobe Bridge を利用すると、ファイルの中身を確認しづらい Illustrator や Camera Raw ファイルなどをプレビューしながら素材を選択できます。

第1章 素材の読み込みと管理

 STEP 1
After Effectsでプロジェクトを開き、[ファイル]→[Bridgeで参照]を選択します。Adobe Bridgeが起動するので、読み込みたいファイルを選び、ダブルクリックします❶。

> **MEMO**
> Adobe Bridge経由でファイルを読み込むには、事前にAdobe Bridgeをインストールしておく必要があります。インストールは「Adobe Creative Cloud」のAppsタブから行えます。

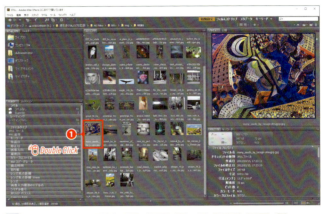

S Bridgeで参照 ▶ Ctrl + Alt + Shift + O (⌘ + Option + Shift + O)

 STEP 2
After Effectsに切り替わり、プロジェクトパネルに選択したファイルが読み込まれます❷。

> **MEMO**
> Adobe Bridgeは、After Effectsと連携して使用できる素材管理ソフトです。ファイルの表示、検索、管理などが行えます。「Adobe After Effects CC」フォルダー内にある「Support Files」の「Presets」フォルダーには、エフェクトやテキストアニメーション設定をプリセットとして適用できるFFX形式ファイルが用意されています。Adobe Bridgeでは、これらのファイルをプレビューでき、その効果を適用前に確かめられます。

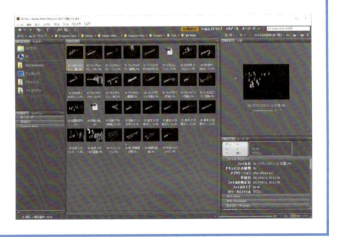

 193 エフェクト＆プリセットパネルからエフェクトを適用する

031

NO.
009 連番ファイルを静止画シーケンスとして読み込む

VER.
CC / CS6

JEPG、BMP、Photoshop形式などの静止画ファイルを連番で用意しておくと、1つの静止画シーケンス（アニメーションファイル）として読み込むことができます。

STEP 1
［ファイル］→［読み込み］→［ファイル］を選択し、［ファイルの読み込み］ダイアログを開きます。連番ファイルのどれか1つを選び❶、［読み込みの種類］で［フッテージ］が選択されていることを確認します❷。［シーケンスオプション］で［Photoshopシーケンス］にチェックを入れ❸、［読み込み］ボタンをクリックします。

S ファイル読み込み▶

Ctrl + I （⌘ + I）

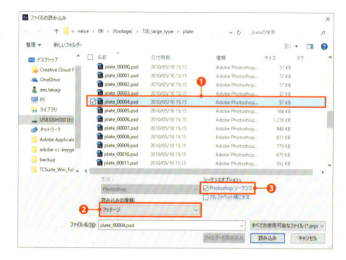

STEP 2
フォルダー内にあるすべての連番ファイルが、1つの静止画シーケンスファイルとしてプロジェクトパネルに読み込まれます❹。選択した静止画シーケンスファイルにアルファチャンネルが含まれている場合は、［フッテージを変換］ダイアログでアルファチャンネルの処理を選択してから❺、［OK］ボタンをクリックします。

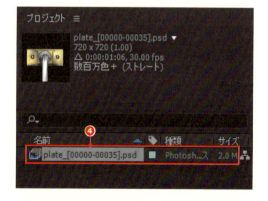

MEMO
HDサイズ以上（高解像度）の連番ファイルを読み込む際には注意が必要です。読み込むファイルの数にもよりますが、1度にすべての連番ファイルを読み込むとAfter Effectsの動作が不安定になることがあります。マシンスペックに応じて、ファイルをいくつかのフォルダーに分け、分割して読み込むことをおすすめします。

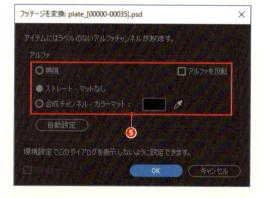

010 静止画シーケンスのフレームレートを変更する
011 連番ファイルの抜けを特定し読み込み直す

NO.
010

VER.
CC / CS6

静止画シーケンスの
フレームレートを変更する

あえてカクカクとした、滑らかではない動きを表現したい場合は、静止画シーケンスのフレームレートを変更するとよいでしょう。変更方法は2通りあります。

読み込んだ後に変更する

プロジェクトパネルでフレームレートを変更したい静止画シーケンスを選び、[ファイル]→[フッテージを変換]→[メイン]を選択します。[フッテージを変換]ダイアログが開くので、[フレームレート]の[予測フレームレート]にチェックを入れ❶、任意のフレームレート値を入力してから❷、[OK]ボタンをクリックします。

S　フッテージを変換▶ [Ctrl]+[Alt]+[G]　([⌘]+[Option]+[G])

読み込む前に変更する

[編集]→[環境設定]→[読み込み設定]([After Effects]→[環境設定]→[読み込み設定])を選択します。[読み込み設定]ダイアログが開くので、[シーケンスフッテージ]に任意のフレームレート値を入力して❶、[OK]ボタンをクリックします❷。

> **MEMO**
> 初期設定は30フレーム／秒です。30フレームに設定されたコンポジションのタイムラインに、15フレーム／秒の静止画シーケンスを配置すると、それぞれの静止画は2フレームずつ表示されます。また10フレーム／秒に設定した場合は、3フレームずつの表示になります。

009　連番ファイルを静止画シーケンスとして読み込む
011　連番ファイルの抜けを特定して読み込み直す

NO.
011

連番ファイルの抜けを特定して読み込み直す

VER.
CC / CS6

連番ファイルに抜けがあるとアラートが表示されます。読み込んだ静止画シーケンスをタイムラインに配置してプレビューすると、抜け落ちたファイルを特定できます。

STEP 1 アラートが表示された静止画シーケンス❶をプロジェクトパネルの下部にある[新規コンポジションを作成]にドラッグ＆ドロップします❷。

STEP 2 プロジェクトパネルに静止画シーケンスと同じ名前の新規コンポジションができます❸。アイコンをダブルクリックしてコンポジションを開き、プレビューパネルの[再生]ボタンをクリックしてプレビューします❹。

STEP 3 抜け落ちたファイルがカラーバーで表示され特定できます。同様にしてアラートメッセージで表示された個数分だけ、抜け落ちたファイルを見つけ出しましょう。

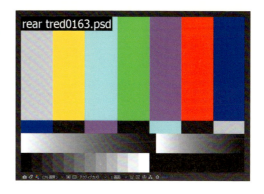

STEP 4 抜けているファイルを追加し、プロジェクトパネルで連番ファイルを選択します。この状態で［ファイル］→［フッテージを再読み込み］を実行してください❺。プロジェクトパネルとタイムラインに配置された静止画シーケンスが自動的に更新されます。

❺ フッテージを再読み込み ▶
`Ctrl`＋`Alt`＋`L`（`⌘`＋`Option`＋`L`）

> **MEMO**
> 連番ファイルに抜けがあった場合、読み込む際にアラートが表示されます。しかし、何番目のファイルが抜け落ちているかまではわかりません。また、ファイルの読み込みはそのまま実行されるので、ここで解説した作業が必要になります。ファイル数が少ない場合は、デスクトップ上で抜けがないかどうかを確認してから読み込み作業を行うとよいでしょう。ただし、ファイルが膨大な数になる場合は、読み込んだあとに足りないファイルを特定し、再読み込みを行った方が効率的です。

009 連番ファイルを静止画シーケンスとして読み込む
010 静止画シーケンスのフレームレートを変更する

035

NO.
012

VER.
CC / CS6

静止画ファイルのデュレーションを変更して読み込む

通常、静止画のデュレーション（継続時間）はコンポジションと同じ長さに設定されていますが、［環境設定］で変更できます。パラパラアニメの制作などで役立ちます。

STEP 1

［編集］→［環境設定］→［読み込み設定］（［After Effects］→［環境設定］→［読み込み設定］）を選択し、［読み込み設定］ダイアログを開きます。［静止フッテージ］に任意の時間を入力し❶、［OK］ボタンをクリックします。

STEP 2

［ファイル］→［読み込み］→［ファイル］を選択し、［ファイルの読み込み］ダイアログを開きます。読み込むファイルに合わせて［読み込みの種類］などを設定し❷、［読み込み］ボタンをクリックしてファイルを読み込みます。

 ファイル読み込み▶
　Ctrl + I （⌘ + I）

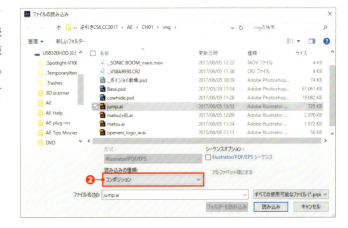

STEP 3

ファイルを配置したコンポジションを開き、タイムラインパネルで確認すると、［読み込み設定］ダイアログで設定したデュレーションで読み込まれていることが確認できます❸。

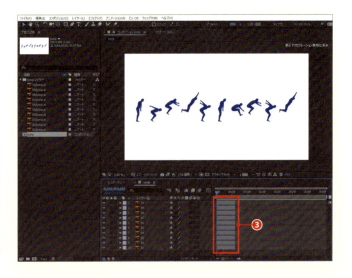

MEMO

ここではデュレーションを変更して読み込む方法だけを解説しています。アニメーションの素材としてレイヤーに配置する方法については、第3章をご覧ください。

After Effects Design Reference

NO.
013

アルファチャンネルつき素材の合成方法を変える

VER.
CC / CS6

アルファチャンネルで画像を切り抜いた際、輪郭部分に背景色を拾ってしまうことがあります。これをハロー現象と呼びます。ハロー現象を除去するには［アルファ］の設定を変更します。

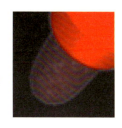

第1章 素材の読み込みと管理

STEP 1
下の画像を例に話を進めます。❶は RGB チャンネル、❷はアルファチャンネルを表示したものです。アルファチャンネルの種類は、プロジェクトパネルのサムネイル情報で確認できます❸。この画像を After Effects に読み込んだところ、輪郭に背景色を拾ってしまうことがわかりました❹。

STEP 2
プロジェクトパネルで目的のファイルを選び、［ファイル］→［フッテージを変換］→［メイン］を選択します。［フッテージを変換］ダイアログが開くので、［アルファ］で［合成チャンネル - カラーマット］にチェックを入れてから［カラー］をクリックし❺、白を選んで［OK］ボタンをクリックします。すると輪郭の背景色が消えてきれいに表示されます❻。

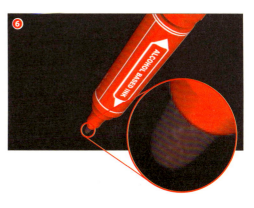

037

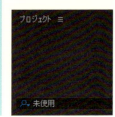

NO.
014

VER.
CC / CS6

プロジェクトパネルに読み込んだフッテージを検索する

プロジェクトパネルの上部には検索フィールドがあります。ここにキーワードを入力すると、条件に合致したフッテージだけが表示されます。ファイル形式、種類、名称、ラベルカラーなどによる検索が可能です。

ファイル形式で検索する

検索フィールド❶に<mark>検索したいフッテージの拡張子を入力</mark>します。たとえば、Photoshopのフッテージだけを表示したい場合は、「psd」か「photoshop」と入力します❷。すると該当するPhotoshopデータだけがプロジェクトパネルに表示されます❸。

> **MEMO**
> 検索結果をクリアする、あるいはいったん検索キーワードを削除する場合は、検索フィールド内にある×ボタンクリックします❹。するとキーワードが消去され、元の表示に戻ります。

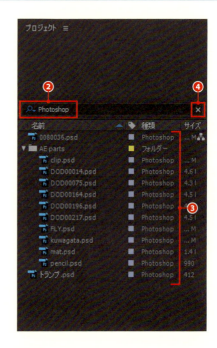

フッテージ名やコンポジション名で検索する

検索フィールドに<mark>フッテージ名やコンポジション名を入力</mark>します。たとえば、名前にDODがつくフッテージを検索したい場合は、「DOD」と検索フィールドに入力します❶。

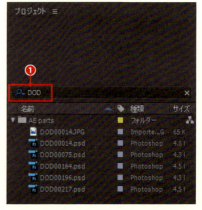

フッテージ名に「DOD」のワードを含んだ検索例

フッテージの種類やラベルカラーで検索する

プロジェクトパネルに表示されている［種類］❶や［ラベルカラー］❷を使って、フッテージを絞り込むことができます。たとえば、コンポジションだけを表示したい場合は、「コンポ」と入力するか❸、ラベルカラーの「サンドストーン」と入力します❹。

> **MEMO**
> ラベルカラーの色名は、［編集］→［環境設定］→［ラベル］（［After Effects］→［環境設定］→［ラベル］）を選択して表示される、［ラベル初期設定］で確認できます。

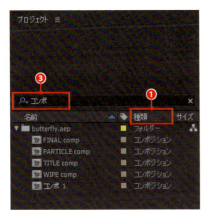

コンポジションだけを表示した例

ラベルカラーとフッテージ名に「サンドストーン」を含んだものだけを表示した例

フッテージの使用状況で絞り込む

プロジェクトパネルに読み込んだフッテージが、実際に使用されているかどうかで絞り込むこともできます❶。使用されていないフッテージだけを表示する場合は、🔍 をクリックして［未使用］を選択❷、使用されているフッテージだけを表示する場合は［使用］を選択します。

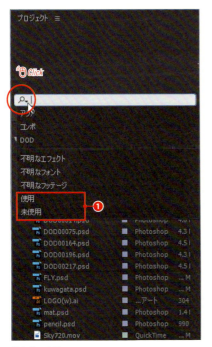

検索前の表示

未使用フッテージだけを表示した例

NO. 015 不明なアイテムを見つけ出す

After Effects ファイルを開いたときに見つからなかった、フッテージやフォントやエフェクトは、プロジェクトパネルの検索フィールドから見つけ出すことができます。

VER. CC / CS6

STEP 1 別の環境で保存されたファイルやバージョン違いのファイルを開くと、一部の関連アイテムが見つからないことがあります。そのようなときは、プロジェクトパネルの検索フィールドの 🔍 をクリックして、［不明なフッテージ］［不明なフォント］［不明なエフェクト］のいずれかを選択します❶。

フッテージが見つからない場合のアラート画面

STEP 2 ファイルが見つからない場合は［不明なフッテージ］を選択します❷。すると不明になっているファイルがカラーバーのアイコンで表示されます❸。該当のファイルを選んで［フッテージを置き換え］を実行します（詳細は「016 リンクが切れたファイルを置き換える」を参照）。

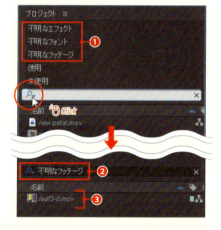

STEP 3 エフェクトが見つからない場合は［不明なエフェクト］を選択❹。該当のエフェクトが使用されたコンポジションが表示されるのでダブルクリックします❺。するとタイムラインに［不明なエフェクト］が適用されたレイヤー❻、エフェクト＆プリセットパネルの［見つかりません］に該当のエフェクト名が表示されます❼。これらの情報を参考に必要なプラグインを「Program Files / Adobe / After Effects CC / Support Files / Plug-ins」（「アプリケーション / Adobe After Effects CC / Plugins」）に移動かコピーをします。

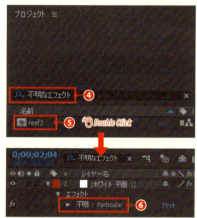
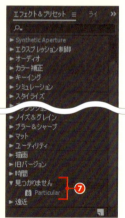

MEMO

フォントが見つからない場合は［不明なフォント］を選択します。そのあとの手順は［不明なエフェクト］と同じです。プロジェクトパネルで該当のコンポジションをダブルクリックします。タイムラインに［不明なフォント］が使われているテキストレイヤーが表示されます。クリックして選択すると、文字パネルに不明になっているフォントが［ ］つきで表示されます。これらの情報をもとに不足しているフォントをインストールします。

016 リンクが切れたファイルを置き換える

NO.
016

リンクが切れたファイルを置き換える

VER.
CC / CS6

After Effects のファイルを開いたとき、プロジェクトにリンクされたファイルが見つからないとアラートが表示されます。その場合は［フッテージの置き換え］を実行します。

第1章　素材の読み込みと管理

STEP 1　リンクの切れたファイルのアイコンは、カラーバーで表示されます❶。ローカルディスク上に該当のファイルがある場合は、==カラーバーのフッテージを選び、［ファイル］→［フッテージの置き換え］→［ファイル］==を選択します。

S　フッテージの置き換え▶
　　　Ctrl + H （⌘ + Control + H）

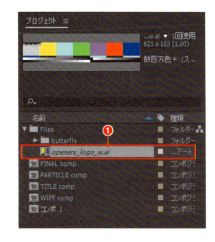

STEP 2　［フッテージファイルを置き換え］ダイアログが開きます。該当のファイルを選び❷、［読み込み］ボタンをクリックします。するとファイルのリンクが戻り、カラーバーから正常なアイコン表示に切り替わります❸。

> **MEMO**
> 万が一、ローカルディスク上にファイルが見つからない場合は、そのまま作業ができるかどうかを判断します。リンクが切れているファイルがあると、コンポジションパネル内でもカラーバーの表示になりますが、作業に支障がなければそのまま続行し、あとから該当のファイルを再度探す、あるいは新たなファイルに置き換えるとよいでしょう。

015　不明なアイテムを見つけ出す

NO.
017

プロキシファイルを使って効率的に作業を進める

VER.
CC / CS6

最終的に使用する高解像度のデータとプロキシファイル（代用する低解像度版）をうまく切り替えて使うと、設定やプレビューにかかる時間を短縮でき、効率的に作業が進められます。

STEP 1

まず高解像度のデータ❶を［ファイル］→［読み込み］→［ファイル］などでプロジェクトに読み込みます。同時にプロキシアイテムとなる低解像度の代用ファイルも用意しておきます❷。

S　ファイル読み込み▶ Ctrl + I （⌘ + I）

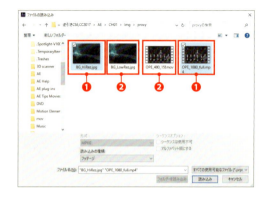

STEP 2

プロジェクトパネルでプロキシ設定する高解像度データを選び、［ファイル］→［プロキシ設定］→［ファイル］を選択します。［プロキシファイル設定］ダイアログが開くので、代用する低解像度のデータを選び❸、［読み込み］ボタンをクリックします。

S　プロキシ設定▶
Ctrl + Alt + P （⌘ + Option + P）

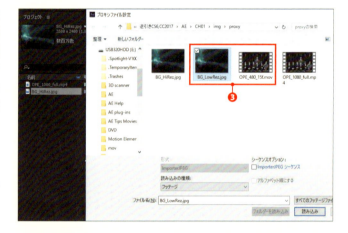

STEP 3

プロキシを設定したファイルには、小さな白いボックス（プロキシアイテム）が表示されます❹。

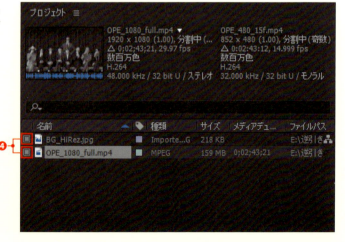

STEP 4 プロキシを設定したあと、特定のファイルだけを高解像度で表示することができます。プロジェクトパネルで目的のプロキシアイテムをクリックします❺。するとボックスの色が、白からグレーに切り替わります。

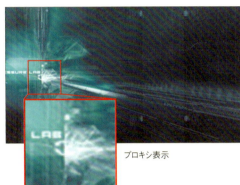

プロキシ表示

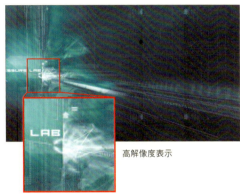

高解像度表示

STEP 5 最終のレンダリングは、高解像度のデータを使って行います。その場合は［レンダリング設定］ダイアログにある［プロキシを使用］で［プロキシを使用しない］❻を選択してからレンダリングを行います。

MEMO

プロキシアイテムは、たとえば、3000×2000ピクセルの静止画ファイルであれば、600×400や300×200ピクセルで準備します。また、640×480ピクセル、30フレームのムービーファイルの場合は、160×120ピクセル、15フレームまで落としてもよいでしょう。重要なのはデータの縦横比を同じにしておくことです。比率を合わせておくことでマスクパスを使用した際の変形を防ぎ、最終のイメージに近づけることができます。プロキシアイテムの利用は、HDなどコンポジションのサイズが大きくなればなるほど有効です。

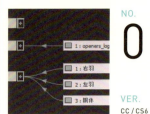

NO.
018 プロジェクトの構成を確認する

VER.
CC / CS6

［プロジェクトフローチャート］を使うと、After Effects プロジェクトの構成を確認できます。共同作業で分担した人のファイル構成を理解するのに役立ちます。

STEP 1 After Effects のファイルを開き、プロジェクトパネルの縦スクロールバーにある［プロジェクトフローチャート］をクリックします❶。

STEP 2 コンポジションパネルにプロジェクト内の各コンポジションが表示されます❷。 マークをクリックすると❸、さらに深い階層の構成要素をツリー状に表示できます。これにより各コンポジションやフッテージがどこで使用されているか、さらには各レイヤーに適用したエフェクトの種類まで調べられます。

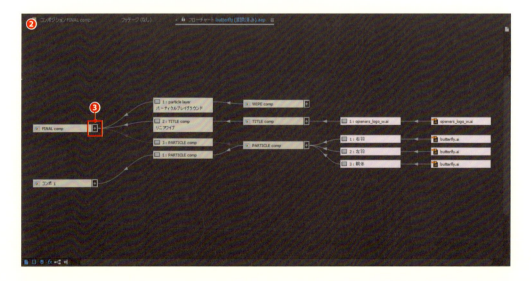

044　065 ミニフローチャートを使ってコンポジションの構造を調べる

第 2 章　コンポジションの作成と設定

NO.
019　コンポジションを作成する、設定を変更する

VER.
CC / CS6

After Effectsでは、プロジェクトパネルに読み込んだ素材（フッテージ）をコンポジションパネルに配置し、動きを加えたり、エフェクトを適用したりして作品を完成させます。

最終出力用のコンポジションを作成する

［コンポジション］→［新規コンポジション］を選択するか、プロジェクトパネル下部にある［新規コンポジションを作成］をクリックします。［コンポジション設定］ダイアログが開くので、［プリセット］で最終出力に合わせたサイズ❶、［デュレーション］で継続時間を設定して❷、［OK］ボタンをクリックします。するとプロジェクトパネルに新規コンポジションが作成されます。

S 新規コンポジション作成 ▶ [Ctrl]+[N] （[⌘]+[N]）

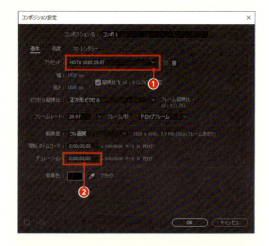

フッテージと同じサイズで作成する

プロジェクトパネルの下部にある［新規コンポジションを作成］にフッテージをドラッグ＆ドロップします❶。するとフッテージと同じ名前の新規コンポジションが作成されます❷。ムービーファイルの場合は、所要時間分の［デュレーション］が自動的に設定されます。

コンポジションの設定を変更する

プロジェクトパネルで目的のコンポジションを選び、［コンポジション］→［コンポジション設定］を実行します。［コンポジション設定］ダイアログが開くので、設定内容を変更して［OK］ボタンをクリックします。するとタイムラインパネルやコンポジションパネルに変更内容が反映されます。

S コンポジション設定 ▶ [Ctrl]+[K] （[⌘]+[K]）

> **MEMO**
>
> サイズやフレームレートなどを変更したカスタムコンポジション設定を［プリセット］メニューに追加することができます。［コンポジション設定］ダイアログで、サイズやフレームレートなどを変更し、［保存］ボタンをクリックします❶。プリセット名を入力して［OK］すると、次回から［コンポジション設定］ダイアログの［プリセット］から選べるようになります❷。
>
>

NO.
020 色深度(ビット深度)を変更する

VER.
CC / CS6

淡い光の表現、あるいはライトやグラデーション、ブラーといった微妙なディテールを表現したい場合は、高いビット深度に設定しましょう。表現の精度が上がります。

STEP 1
プロジェクトパネルの下部にある[8bpc]を[Alt]([Option])キーを押しながらクリックすると❶、[8bpc]→[16bpc]→[32bpc]❷の順にビット深度が切り替わります。

[8bpc]で[グロー]エフェクトを適用した例

[32bpc]で[グロー]エフェクトを適用した例。ビット深度の設定によって表示に違いが出ます

STEP 2
ビット深度は[プロジェクト設定]でも変更できます。[ファイル]→[プロジェクト設定]を選択すると、[プロジェクト設定]ダイアログが開きます。このダイアログにある[カラー設定]の[色深度]で設定を行います❸。[プロジェクト設定]ダイアログは、プロジェクトパネルでビット深度をクリックして開くこともできます。

プロジェクト設定 ▶
[Ctrl] + [Alt] + [Shift] + [K]
([⌘] + [Option] + [Shift] + [K])

MEMO
エフェクトによっては、特定のカラーモードにしか対応していないものもあります。また、8 bpcよりも16 bpc、16 bpcより32 bpcモードの方が消費メモリは大きくなり、パフォーマンスにも影響してきます。

第2章 コンポジションの作成と設定

NO.
021

VER.
CC / CS6

タイトル／アクションセーフゾーン、グリッド、定規を表示する

［タイトル／アクションセーフゾーン］とは、NTSC モニタ（テレビ）で必ず表示される範囲のことです。重要な素材はこの範囲内に収めます。グリッドや定規は作業に使います。

STEP 1　コンポジションパネル下部にある［グリッドとガイドのオプションを選択］をクリックします❶。メニューが表示されるので、そこから該当の項目（［タイトル／アクションセーフ］❷［プロポーショナルグリッド］［グリッド］❸［ガイド］［定規］）を選んでチェックを入れていきます。同時に複数の項目を選ぶことができます。表示を解除する際は、同様の操作でチェックを外します。

> **MEMO**
> 定規を表示した状態で目盛上から下や右方向にドラッグするとガイドラインが作成できます。削除するには、ガイドラインをフレーム外にドラッグします。

S　ガイドを表示▶ Ctrl + ; (⌘ + ;)　定規を表示▶ Ctrl + R (⌘ + R)

［グリッド］と［定規］を表示した例

STEP 2　After Effects のコンポジション表示を外部モニタに出力している場合は、モニタに合わせて［タイトル／アクションセーフ］環境を調整することもできます。静止画などをモニタに出力し、テレビフレームで切れている部分を確認しておきます。［編集］→［環境設定］→［グリッド＆ガイド］（［After Effects］→［環境設定］→［グリッド＆ガイド］）を選択し、［グリッド＆ガイド］ダイアログを開きます。［セーフマージン］にある［アクションセーフ］の値をモニタに合わせて変更します❹。

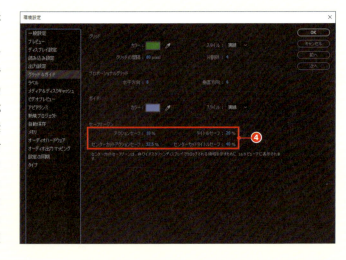

> **MEMO**
> 一般的にプロジェクターよりも、液晶、プラズマの表示範囲は広くなります。イベント用のビデオ制作などを行う場合は、あらかじめ何に出力するかを確認しておくとよいでしょう。

NO. 022 マルチビューや3Dビュー表示に切り替える

VER. CC / CS6

コンポジションパネルには最大4つのビューを同時に表示できます。奥行き情報を持った3Dレイヤーを使う際など、さまざまな角度からレイヤーの位置や動きを設定するのに役立ちます。

STEP 1
コンポジションパネル下部にある［ビューのレイアウトを選択］をクリックすると❶、画面設定のメニュー項目が表示されます❷。ディスプレイのスペースに合わせて適当な項目を選択します。たとえば［4画面 - 右］を選ぶとSTEP 2の図のようになります。

STEP 2
各ビューを選択し、コンポジションパネル下部にある［3Dビュー］をクリックすると❸、上・下、前・後、左・右からのビューに切り替えることができます❹。これらの4面ビュー（アクティブカメラ以外）は、3DCGソフトと同様に遠近感がつかないアクソメ表示で（アクティブカメラを除く）、3Dレイヤーを使ったモーション設定に役立ちます。

023 ビデオやオーディオを プレビューする

VER.
CC / CS6

CC 2015からプレビュー中にレイヤーの表示／非表示、エフェクトのオン／オフ、数値変更などが行え、リアルタイムで結果を見比べることができるようになりました。

コンポジションをプレビュー（再生）／停止する

プレビューパネルで［再生］ボタン▶をクリックするか、（半角英数入力状態で）[Space] キーを押します。タイムラインに緑色のバー表示されて再生が始まります。プレビュー中にレイヤーのビデオスイッチやエフェクトスイッチをオン／オフしたり、数値を変更したりすることも可能です。プレビューを停止するには、再生ボタンをもう一度クリックするか、[Space] キーを押します。

S 再生／停止 ▶ [Space]

> **MEMO**
> 複雑な合成処理などを行っている場合は、何度か繰り返し再生することで、リアルタイムの表示が可能になります。

> **MEMO**
> CC 2014以前のバージョンでプレビューを行う場合は、RAM プレビューボタンをクリックするか、テンキーの [0] を押します。

> **MEMO**
> リアルタイムでの再生に保存できるフレームの数は、使用PCとAfter Effectsに割り当てられたRAMの容量、プレビューパネルの設定によって決まります。［解像度］や［フレームレート］を下げるほど、より長い時間プレビューができるようになります（次ページ参照）。

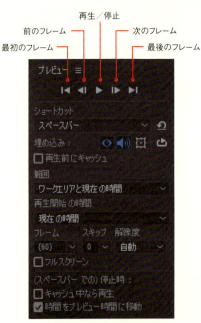

プレビューパネル

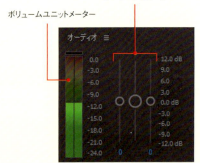

オーディオパネル
タイムラインにオーディオレイヤーか、オーディオチャンネルつきのムービーレイヤーがあればアクティブ表示になり、プレビュー中に音声が出力されます。オン／オフはプレビューパネルで設定します

プレビューされる範囲を指定する

プレビューする範囲はプレビューパネルの［範囲］で変更できます❶。［ワークエリア］［ワークエリアと現在の時間］［デュレーション全体］［現在時間の前後を再生］の４つから選択できます。初期設定は［ワークエリアと現在の時間］です。この設定では現在の時間インジケーターがどこにあるかで再生される範囲が変わってきます。対象範囲は緑色のバーで表示されます❷。

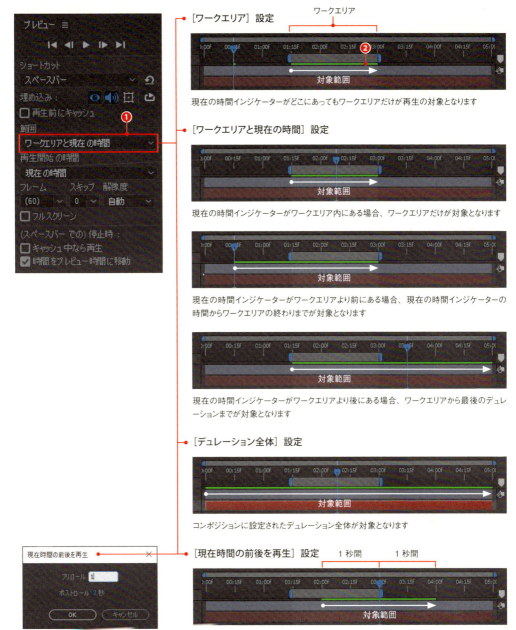

そのほかの設定項目

設定項目	説明
ショートカット	ショートカットを([Space]、[S] + [Space]、テンキーの [0]、[Shift] + テンキーの [0]、[Alt] ([Option]) + テンキーの中から) 設定できます
再生前にキャッシュ	このオプションを有効にすると、再生開始前 にフレームがキャッシュされます
フレーム	プレビュー用に任意のフレームレートを設定できます。コンポジションと同じにする場合は、[自動] を選択します
スキップ	プレビュー中にスキップする (飛ばす) フレーム数を選択します。大まかな長尺のムービー確認などに役立ちます
解像度	プレビューの解像度を指定します

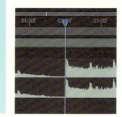

NO.
024

VER.
CC / CS6

オーディオだけを
プレビューする

オーディオのみをプレビューすることもできます。プレビューはオーディオ素材をタイムラインパネルに配置してから行います。方法は2通りあります。

ワークエリア内のオーディオのみをプレビューする

Windows 版は [Alt] + [.]（テンキーのピリオド）を、Macintosh 版では [Option] + [.]（テンキーのピリオド）、または [Control] + [Option] + [.]（メインキーボードのピリオド）キーを押します。するとワークエリア内のオーディオのみがプレビューされます。

> **MEMO**
> CC 2014以前のバージョンでは、［コンポジション］→［プレビュー］→［オーディオプレビュー（ワークエリア）］からも実行できます。

現在の時間からオーディオのみをプレビューする

再生したい位置に現在の時間インジケーターを移動して❶、Windows 版は [.]（テンキーのピリオド）キーで、Macintosh 版では [.]（メインキーボードのピリオド）キーまたは、[Control] + [.]（メインキーボードのピリオド）キーで実行します❷。

> **MEMO**
> CC 2014以前のバージョンでは、［コンポジション］→［プレビュー］→［オーディオプレビュー（現地点から開始）］からも実行できます。

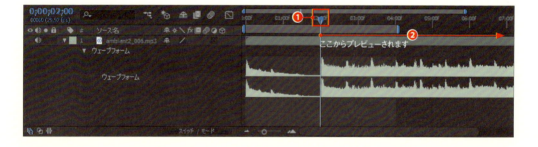

NO.
025 特定の部分だけを手動で
プレビューする

VER.
CC / CS6

タイムラインパネル上で現在の時間インジケーターを左右にスクラブすると、その部分のムービーとオーディオをプレビューすることができます。特定部分の確認に役立ちます。

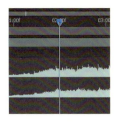

STEP 1
アニメーション設定（ムービー）とオーディオを含むコンポジションを開き、プレビューしたい位置に現在の時間インジケーターを移動します❶。Ctrl（⌘）キーを押しながら現在の時間インジケーターを左右にスクラブ（移動）します。するとスクラブした範囲のムービーとオーディオがプレビューされます❷。

STEP 2
ムービーのプレビューに時間がかかり、現在の時間インジケーターを軽快にスクラブできない場合は、Ctrl + Alt（⌘ + Option）キーを押しながら現在の時間インジケーターを左右にスクラブします。すると映像は表示フレームで止めたままオーディオのみを手動でプレビューできます。チェックポイントが多くある場合はCaps Lockキーを押してコンポジション画面を完全にフリーズさせ❸、Ctrl（⌘）キーを押しながら現在の時間インジケーターのスクラブ動作を繰り返すという方法もあります。

> **MEMO**
> この方法を利用すると、オーディオのある箇所にブレイクポイントがあって、次の出だしの音がどこにあるのかを探りたい場合などに、オーディオのウェーブフォームを表示することなく、すばやく正確な位置が特定できます。

026 頻繁に使用するプロジェクトはテンプレートに設定しておく

VER.
CC / CS6

繰り返し使うプロジェクトファイルは読み込みテンプレートに登録しておくと便利です。［ファイル］→［新規］→［新規プロジェクト］で読み込めるようになります。

STEP 1

まずテンプレートにしたいプロジェクトファイルを用意します。次に［編集］→［環境設定］→［新規プロジェクト］を選択して❶、［環境設定］ダイアログを開き、[新規プロジェクト読み込みテンプレート]にチェックを入れます❷。[プロジェクトテンプレートを選択]ボタンをクリックして❸、[After Effects テンプレートファイルを選択]ダイアログで目的のプロジェクトファイルを選択し、［開く］をクリックします❹。最後に［OK］ボタンをクリックしてダイアログを閉じます。

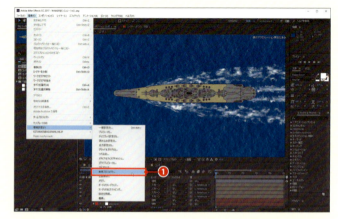

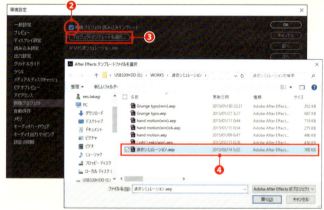

STEP 2

［ファイル］→［新規］→［新規プロジェクト］を選択すると、テンプレートに設定したプロジェクトファイルが新規プロジェクトとして読み込まれるようになります❺。

> **MEMO**
> テンプレートの設定を解除したい場合は、［新規プロジェクト読み込みテンプレート］ダイアログを開き、［新規プロジェクト読み込みテンプレート］のチェックを外します。

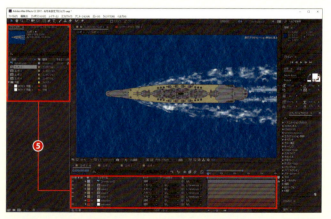

コンポジションの設定、使用フッテージ、ビット深度、エフェクト設定されたレイヤー構成など、すべてのデータが引き継がれた新規プロジェクトとして開きます

第 3 章 タイムラインに素材を配置

NO. 027 タイムラインにフッテージを配置する

VER. CC / CS6

プロジェクトに読み込んだ素材（フッテージ）をタイムラインに配置して、アニメーションの設定やエフェクトを適用していきます。配置した素材は「レイヤー」と呼びます。

コンポジションの中央に配置する

プロジェクトパネルからタイムラインパネルにフッテージをドラッグ＆ドロップします❶。またはプロジェクトパネル内のコンポジションのアイコンにドラッグ＆ドロップしてもかまいません。するとコンポジションパネルの画面中央にフッテージが表示されます❷。

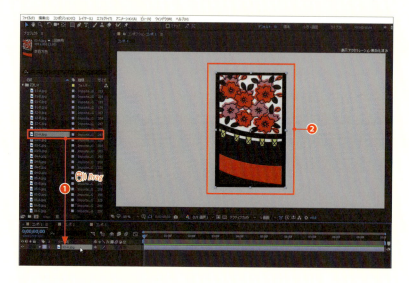

コンポジションの任意の位置に配置する

プロジェクトパネルからコンポジションパネルにフッテージをドラッグ＆ドロップします❶。するとドロップした位置にレイヤーが配置されます❷。

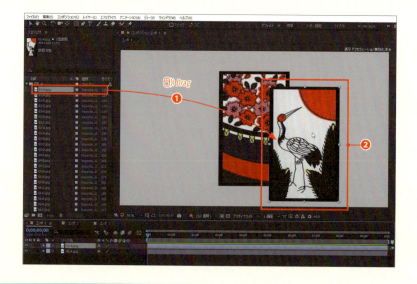

レイヤーの並び順を考えて配置する

プロジェクトパネルからフッテージをドラッグし、タイムラインパネルの配置したい位置（並び）でドロップします❶。このとき、タイムライン上に青い横線が表示されるので❷、それを参考に移動しましょう。ここでは上から2番目に配置しました❸。

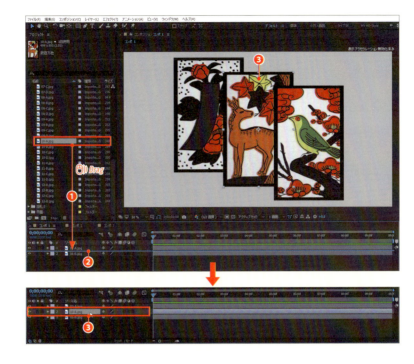

レイヤーの並び順を変更する

レイヤーの並び順は簡単に変更できます。タイムラインパネルで目的のレイヤーを選択し、上か下にドラッグして移動します❶。レイヤーの並び順が変わると、それに合わせてコンポジションパネルの表示も変わります❷。ここでは上から2番目にあったレイヤーを一番下に移動しました。

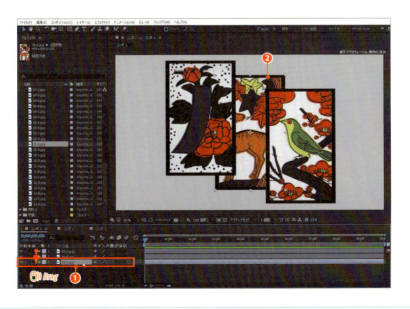

NO. 028

VER. CC / CS6

レイヤーを現在の時間に配置する、移動する

現在の時間インジケーターの位置に新規レイヤーを配置する、複製する、現在の時間のイン／アウトポイントにレイヤーを移動するの4通りの方法があります。

現在の時間にレイヤーを配置する

プロジェクトパネルからフッテージをタイムラインにドラッグし❶、現在の時間インジケーターがある場所でドロップします❷。このときタイムラインの時間スケールには、新たな現在の時間インジケーターが表示されるので❸、それを参考に時間を合わせます。すると現在の時間インジケーターの位置（時間）にレイヤーの先頭（インポイント）が配置されます。

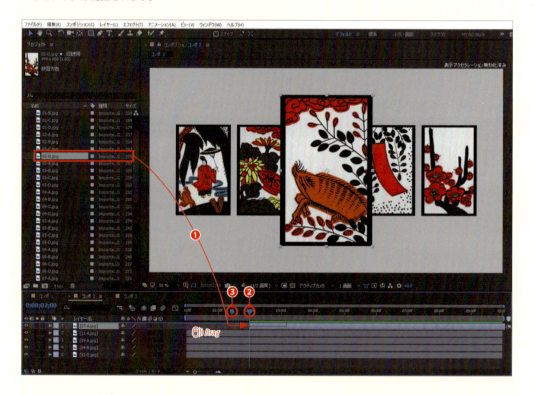

現在の時間にレイヤーを複製する

タイムラインパネルで複製したいレイヤーを選択し❶、［編集］→［コピー］（ Ctrl + C （ ⌘ + C ））を実行。次に Alt （ Option ）キーを押しながら［編集］→［ペースト］（ Ctrl + V （ ⌘ + V ））を選択します。すると現在の時間インジケーターの位置にレイヤーが複製されます❷。

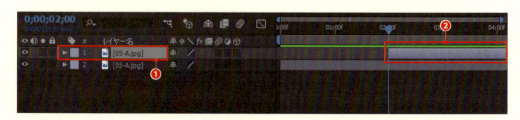

現在の時間にインポイントを移動する

レイヤーのインポイント（開始点）を現在の時間に合わせる場合は、タイムラインパネルで<mark>目的のレイヤーを選択し</mark>❶、<mark>[</mark>キーを押します。するとレイヤーのインポイントが現在の時間に移動します❷。

> **MEMO**
> 複数のレイヤーを選択して同様の操作を行えば、一度にまとめてレイヤーのインポイントを移動できます。

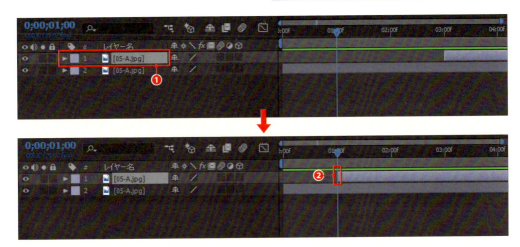

現在の時間にアウトポイントを移動する

レイヤーのアウトポイント（終了点）を現在の時間に合わせる場合は、タイムラインパネルで<mark>目的のレイヤーを選択し</mark>❶、<mark>]</mark>キーを押します。するとレイヤーのアウトポイントが現在の時間に移動します❷。

> **MEMO**
> 複数のレイヤーを選択して同様の操作を行えば、一度にまとめてレイヤーのアウトポイントを移動できます。

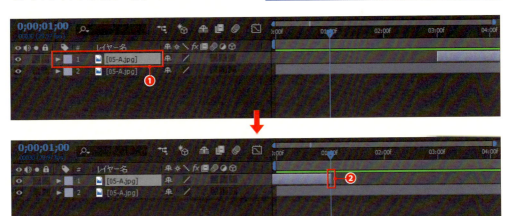

NO. 029 複数のフッテージをまとめて配置する

VER. CC / CS6

複数のフッテージをまとめてタイムラインに配置することができます。配置後のレイヤーの並びは、プロジェクトパネルで選択した順番になります。

STEP 1
プロジェクトパネル内でフッテージの並び順を整理しておきます。ファイル名の頭に数字をつけておくと便利です❶。そして Shift キーを押しながら1番目のフッテージ❷と最後のフッテージ❸をクリックします。

STEP 2
選択したフッテージをタイムラインパネルにドラッグ＆ドロップします❹。するとプロジェクトパネルと同じ順番でレイヤーが配置されます❺。

STEP 3
任意の順番で配置したい（上から順にではなく）場合は、プロジェクトパネルで Ctrl （⌘）キーを押しながら並べたい順番にフッテージを選択していきます。そして STEP 2 と同じように選択したフッテージをタイムラインパネルにドラッグ＆ドロップします。すると選択した順にレイヤーが配置されます❻。

プロジェクトパネルで［02］→［04］→［03］→［05］→［01］の順に選択してタイムラインパネルに配置した例

060

NO. 030 レイヤーを複製する

VER.
CC / CS6

複製したレイヤーには、複製元のキーフレームやエフェクト、マスク、トラックなど、すべてのレイヤー情報が引き継がれます。

レイヤーのすぐ上に複製する

タイムラインパネルで目的のレイヤーを選択し❶、[編集]→[複製]（Ctrl+D（⌘+D））を実行します。すると選択したレイヤーのすぐ上に同じ情報を持ったレイヤーが複製されます❷。

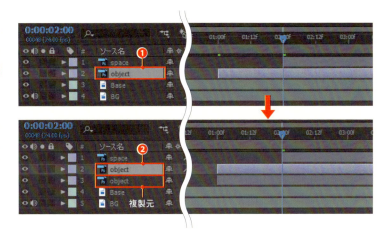

コンポジションの一番上に複製する

タイムラインパネルで目的のレイヤーを選択し❶、[編集]→[コピー]（Ctrl+C（⌘+C））を実行します。コピーしたレイヤーの選択を解除してから、[編集]→[ペースト]（Ctrl+V（⌘+V））を実行します。するとコンポジションの一番上に同じ情報を持ったレイヤーが複製されます❷。

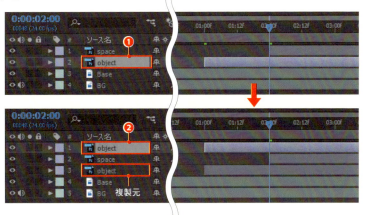

任意のレイヤーの上に複製する

タイムラインパネルで目的のレイヤーを選択し❶、[編集]→[コピー]（Ctrl+C（⌘+C））を実行します。任意のレイヤーを選択して❷、[編集]→[ペースト]（Ctrl+V（⌘+V））を実行します。すると選択したレイヤーの上に同じ情報を持ったレイヤーが複製されます❸。

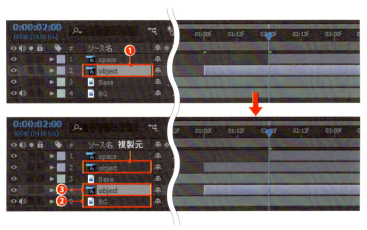

NO.
031 レイヤーを分割する

VER.
CC / CS6

現在の時間インジケーターの位置（時間）でレイヤーを2つに分割できます。映像の途中でレイヤーの重なり順を変えたい場合などに利用します。

STEP 1 タイムラインパネルで目的のレイヤーを選択し❶、現在の時間インジケーターを分割させたい位置（時間）に移動します❷。そして [編集] → [レイヤーを分割] を実行します。

S レイヤーを分割 ▶ Ctrl + Shift + D （⌘ + Shift + D）

STEP 2 分割したレイヤーは、分割元と同じ名前がつけられ、すぐ上に作成されます❸。通常のレイヤーと同じように、上下にドラッグして並び順を入れ替えたり❹、左右にドラッグしてレイヤーのインポイントやアウトポイントを移動することができます。

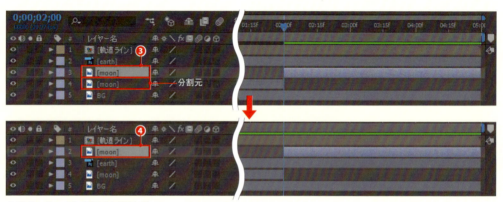

分割したレイヤーの並び順を入れ替えた例

MEMO

分割元のレイヤーにキーフレームやエフェクトなどが設定されていれば、それらの情報を含んだまま分割されます。たとえば、月が地球の裏から表に回り込んでくる（途中でレイヤーの前後を入れ替える必要がある）映像を作る場合などに利用できます。

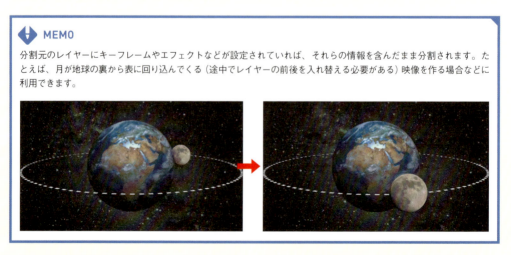

After Effects Design Reference

NO. 032 レイヤーの名前を変更する／ソース元を調べる

VER. CC / CS6

レイヤーに任意の名前をつけて管理することができます。同じレイヤーを何度も複製して使用する場合に役立ちます。

STEP 1

タイムラインパネルで目的のレイヤーを選択し❶、[Enter] キーを押します。レイヤー名が反転表示されるので、新しい名前を入力します❷。

> **MEMO**
> 初期設定ではフッテージ名がレイヤー名になっています。

STEP 2

レイヤー名を変更すると、元となったフッテージ（素材）がわからなくなることがあります。その場合はタイムラインパネルで［レイヤー名］をクリックします❸。すると表示が［ソース名］に変わり❹、元の素材の名前を確認できます❺。

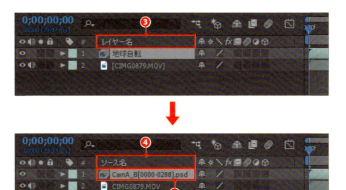

> **MEMO**
> After Effects では、レイヤー名のほかに、エフェクト、マスク、テキストアニメーター、シェイプパスの属性などに任意の名前をつけることができます。方法はレイヤー名のときと同じです。わかりやすい名前をつけることで作業効率のアップが図れます。特に共同で作業をする際に役立つでしょう。
>
>
>

第3章 タイムラインに素材を配置

063

NO.
033

VER.
CC / CS6

複数のレイヤーを同時に選択する

Shift キーや Ctrl (⌘) キーを押しながらレイヤーをクリックしていくと、複数のレイヤーを同時に選択することができます。

選択したいレイヤーが連続している場合①

タイムラインパネルで先頭(もしくは一番後ろ)のレイヤーを選択します❶。次に Shift キーを押しながら一番後ろ(もしくは先頭)のレイヤーをクリックします❷。するとクリックしたレイヤーとその間にあるレイヤーが、すべて選択されます。

選択したいレイヤーが連続している場合②

タイムラインパネルで空スペースからドラッグして囲んでも選択できます。

選択したいレイヤーが飛び飛びの場合

タイムラインパネルで必要なレイヤーを Ctrl (⌘) キーを押しながら順にクリックしていきます❶〜❺。

NO. 034 同じ種類のレイヤーをまとめて選択する

VER.
CC / CS6

同じ効果をつけたレイヤーにラベルを設定しておくと、同じラベルグループだけをまとめて選択できます。

STEP 1
タイムラインパネルでレイヤー番号の隣にある<mark>ラベルをクリック</mark>します。ポップアップメニューが表示されるので❶、そこから<mark>[ラベルグループを選択]を選びます</mark>❷。

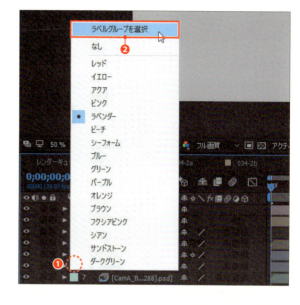

STEP 2
同じラベルのついたレイヤーだけが選択されます❸。

MEMO
ラベルの色を変更したい場合は、ポップアップメニューで目的の色を選びます。チェックマークのついた項目が現在設定されているラベルです。

MEMO
ラベルは、フッテージの種類によって自動的に割り当てられます。初期設定では[コンポジション]はサンドストーン、[ビデオ]はアクア、[静止画]はラベンダー、[平面]はレッドになっています。割り当ての変更は、[編集]→[環境設定]→[ラベル]（[After Effects]→[環境設定]→[ラベル]）で表示される[ラベル]ダイアログで行います。

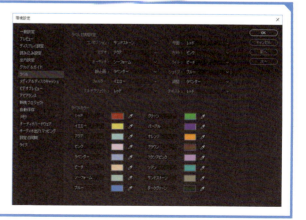

NO. 035 イン／アウトポイントを移動してレイヤーをトリミングする

VER. CC/CS6

レイヤーのインポイント（開始点）やアウトポイント（終了点）を変更すると、レイヤーがトリミングされ、デュレーション（継続時間）が変わります。

イン／アウトポイントをドラッグしてトリミングする

タイムラインパネルでレイヤーデュレーションバーの先端（インポイント）❶、あるいは末端（アウトポイント）❷をドラッグして目的の時間まで移動します❸。

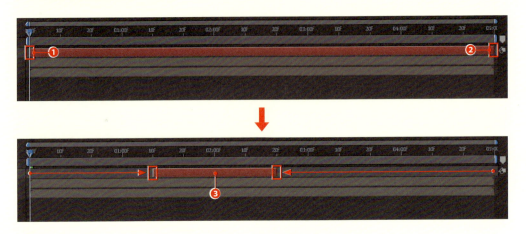

現在の時間でトリミングする

タイムラインパネルで目的のレイヤーを選びます❶。現在の時間インジケーターをトリミングしたい位置（時間）に移動し❷❸、Alt + [（Option + [）キーでインポイント❹、Alt +] （Option +] ）キーでアウトポイント❺を変更します。

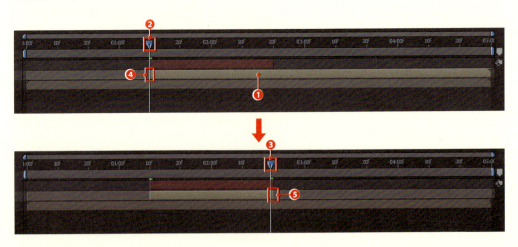

After Effects Design Reference

NO. 036 インポイントを変えずに レイヤーをトリミングする

VER.
CC / CS6

タイムライン上でのインポイントの位置（時間）は変えずに、レイヤーをトリミングすることができます。ムービー素材をトリミングするときによく使います。

STEP 1 タイムラインパネルで目的のレイヤーデュレーションバーをダブルクリックします❶。

STEP 2 レイヤーパネルが開くので、トリミングしたい時間に現在の時間インジケーターを移動し❷、[インポイントを現在の時間に設定]ボタンをクリックします❸。同様にアウトポイントも設定します❹。

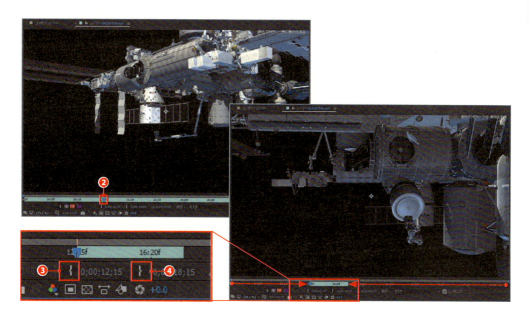

STEP 3 タイムラインパネルで確認すると、インポイントの位置（時間）はそのままで❺、レイヤーのデュレーションがトリミングされています❻。

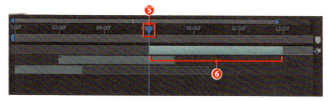

 MEMO
キーフレームを設定してあるレイヤーをトリミングすると、キーフレームの位置も変わります。

 MEMO
STEP 2でフッテージパネルにある[アウトポイントを現在の位置に設定]ボタンをクリックすると、現在の時間インジケーターのある位置（時間）でレイヤーがトリミングされます。

第3章 タイムラインに素材を配置

067

NO. 037　キーフレームの位置は変えずにイン／アウトポイントを変更する

VER. CC / CS6

スリップ編集バーを使うと、レイヤーに設定したキーフレームの位置（時間）は変えずに、レイヤーのイン／アウトポイントを変更できます。

STEP 1　レイヤーをトリミングするとレイヤーデュレーションバーの背面に半透明のバーが表示されます。これがスリップ編集バーです❶。

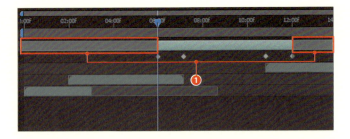

STEP 2　このスリップ編集バーを左右にドラッグすると❷、キーフレームの位置関係やデュレーションを変えずに❸、レイヤーのイン／アウトポイントを変更できます。ストリップ編集バーで変更を加えたレイヤーをレイヤーパネルで確認すると下図のようになります。

スリップバーを右方向にドラッグしてインポイントをオリジナルムービーの後半に移動した例

インポイント変更前

インポイント変更後

MEMO

スリップ編集バーが表示されるのは、「モーションフッテージ」と呼ばれる、ムービー、オーディオ、アニメーション設定されたコンポジションレイヤーに限られます。静止画、平面、テキスト、調整レイヤーなどの自由にデュレーションを変更できるレイヤーには表示されません。

After Effects Design Reference

NO. 038 レイヤーをカットつなぎで配置する

VER. CC / CS6

[シーケンスレイヤー] 機能を使うと、複数のレイヤーを時間の流れに沿って連続的に配置していく「カットつなぎ」が簡単にできます。

STEP 1 タイムラインパネルでレイヤーをつなぐ順に選択していきます❶。

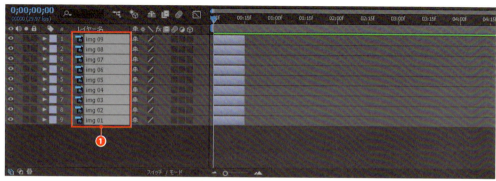

ここでは「01」「02」「03」……「07」「08」「09」の順に選択

STEP 2 [アニメーション] → [キーフレーム補助] → [シーケンスレイヤー] を選択し、[シーケンスレイヤー] ダイアログを開きます。何も入力せずに [OK] ボタンをクリックします❷。

STEP 3 選択した順番通りにレイヤーが配置されます❸。

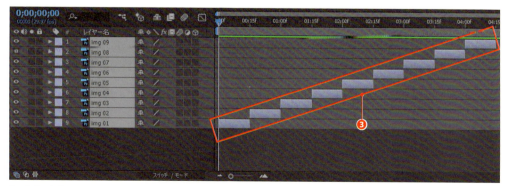

「01」「02」「03」……「07」「08」「09」の順に選択し、[シーケンスレイヤー] を実行した例

第3章 タイムラインに素材を配置

069

NO. 039

1秒間のディゾルブ効果を つけてレイヤーを配置する

VER. CC / CS6

［シーケンスレイヤー］ダイアログで、レイヤーとレイヤーの重なり時間とトランジションを設定します。写真のスライドショーなどで利用できます。

STEP 1　タイムラインパネルでレイヤーをつなぐ順に選択していきます❶。

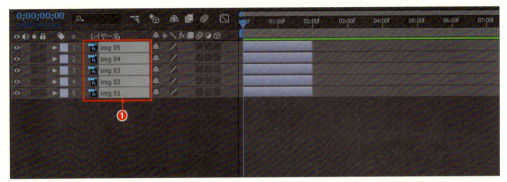

ここでは「01」「02」「03」「04」「05」の順に選択

STEP 2　［アニメーション］→［キーフレーム補助］→［シーケンスレイヤー］を選択し、［シーケンスレイヤー］ダイアログを開きます。［オーバーラップ］にチェックを入れ❷、［デュレーション：100（1:00）］［トランジション：前面レイヤーをディゾルブ］に設定し❸、［OK］ボタンをクリックします。

STEP 3　レイヤーとレイヤーの間に1秒間の重なり部分（オーバーラップ）ができ❹、その間に［不透明度］が［0%］から［100%］に変化するディゾルブ効果が適用されます❺。

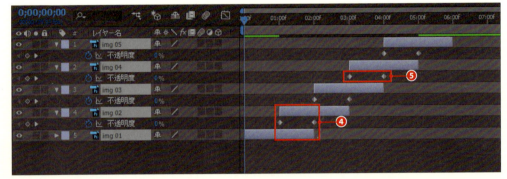

「01」「02」「03」「04」「05」の順に選択し、［シーケンスレイヤー］を実行した例

After Effects Design Reference

NO. 040 シーケンスレイヤー機能でレイヤーを並べ替える

VER.
CC / CS6

シーケンスレイヤー機能で配置したレイヤーを並べ替えるには、変更したいレイヤーの1つ前から順に選択し、再度[シーケンスレイヤー]を実行します。

STEP 1
`Ctrl`(`⌘`)キーを押しながらレイヤーをクリックしていきます❶。このとき、変更したいレイヤーの1つ前にあるレイヤーから順に選択します。

> **MEMO**
> ここでは「03」→「06」→「05」→「07」→「04」→「09」→「08」の順にレイヤーを入れ替えます。

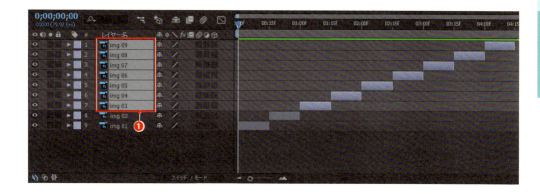

STEP 2
[アニメーション]→[キーフレーム補助]→[シーケンスレイヤー]を選択し、[シーケンスレイヤー]ダイアログを開きます。目的に応じて各項目を設定し、[OK]ボタンをクリックします。ここでは順番を並べ変えるだけなので、何も設定せずに[OK]ボタンをクリックします❷。

STEP 3
選択した順番でレイヤーが再配置されます❸。このとき、一番最初に選択したレイヤーの位置は変わりません❹。

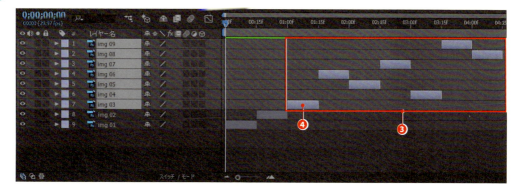

第3章 タイムラインに素材を配置

071

NO. 041

シーケンスレイヤー機能で新規レイヤーを挿入する

VER. CC / CS6

シーケンスレイヤー機能で配置したタイムラインに新規レイヤーを挿入するには、レイヤーを追加したあと、再度[シーケンスレイヤー]を実行します。

STEP 1

タイムラインパネルに新規レイヤーを配置します❶。そして[Ctrl]([⌘])キーを押しながらレイヤーをクリックしていきます❷。このとき、レイヤーを挿入したい位置の1つ前にあるレイヤーから順に選択してください。

> **MEMO**
> ここでは「03」と「04」の間に新規レイヤーを挿入し、カットつなぎで配置します。そのために「03」→新規レイヤー→「04」→「05」……の順に選択していきます。

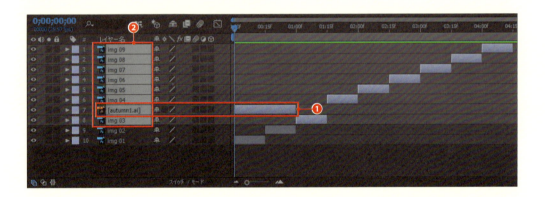

STEP 2

[アニメーション]→[キーフレーム補助]→[シーケンスレイヤー]を選択し、[シーケンスレイヤー]ダイアログを開きます。目的に応じて各項目を設定し、[OK]ボタンをクリックします。ここでは新規レイヤーを挿入するだけなので、何も設定せずに[OK]ボタンをクリックします❸。

STEP 3

選択した順番でレイヤーが再配置されます❹。このとき、一番最初に選択したレイヤーの位置は変わりません❺。

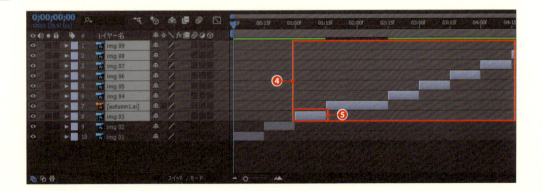

After Effects Design Reference

NO. 042 不要なレイヤーを隠す

VER.
CC / CS6

作業に必要のないレイヤーは、[シャイ]機能を使ってレイヤーの素材を隠しておくとよいでしょう。タイムラインパネルの作業スペースを有効に利用できます。

STEP 1　タイムラインパネルでレイヤー名の右にある[シャイ]スイッチをクリックします❶。これでクリックしたレイヤーがシャイレイヤーに設定されます。

MEMO
[シャイ]スイッチが表示されていない場合は、タイムラインパネルの下部にある[スイッチ／モード]をクリックして表示を切り替えます❷。

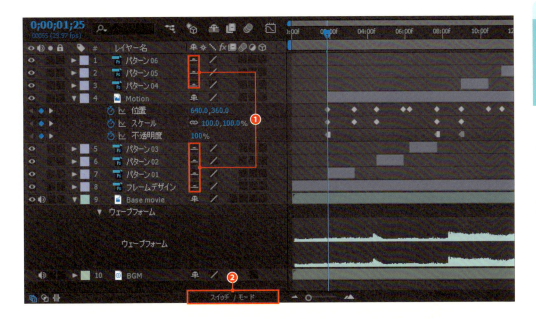

STEP 2　タイムラインパネルの上部にある[タイムラインウィンドウですべてのシャイレイヤーを隠す]ボタンをクリックします❸。するとシャイレイヤーに設定したレイヤーが非表示になります。再びタイムラインパネルの上部にある[タイムラインウィンドウですべてのシャイレイヤーを隠す]をクリックすると、非表示になっていたシャイレイヤーが表示されます。

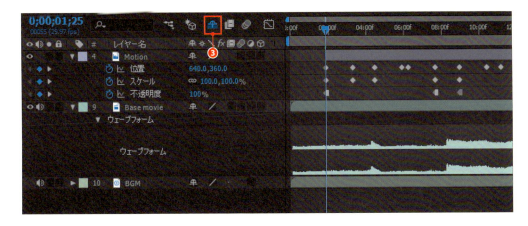

第3章 タイムラインに素材を配置

073

NO. 043 レイヤーをロックして変更できないようにする

VER.
CC / CS6

レイヤーを［ロック］しておくと、変更を加えることはもちろん、選択することすらできなくなります。

STEP 1 タイムラインパネルで目的のレイヤーを選択し❶、[ロック]スイッチをクリックします❷。レイヤーを選択せず、直接目的のレイヤーの［ロック］スイッチをクリックしてもかまいません。

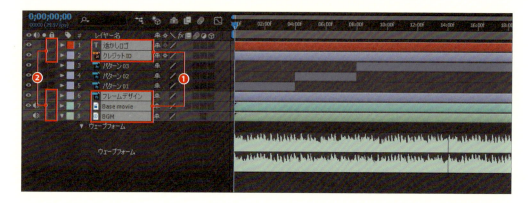

STEP 2 ロックしたレイヤーを選択しようとすると、レイヤーが点滅しロックされていることを知らせてくれます。ロックを解除するには、タイムラインパネルで［ロック］スイッチを再度クリックするか❸、［レイヤー］→［スイッチ］→［すべてのレイヤーのロックを解除］を選択します。

S ロック▶ Ctrl + L (⌘ + L)　すべてのレイヤーのロックを解除▶ Ctrl + Shift + L (⌘ + Shift + L)

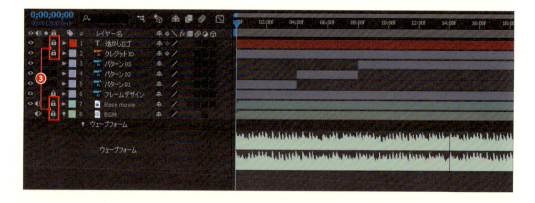

 MEMO
作業の基準となるムービーやオーディオレイヤーは、ロックしておくとよいでしょう。誤って変更を加えてしまう心配がなくなります。この機能を利用してロックされていないレイヤーだけをまとめて選択することもできます。

NO.

044 ガイドレイヤーを参考に作業する

VER.
CC / CS6

ガイドレイヤーとは、最終出力には表示されない、作業用のレイヤーのことです。このレイヤーを参考に素材の配置やタイミングの調整などを行います。

STEP 1
ガイドとなるレイヤーをタイムラインに配置します❶。配置したレイヤーを選択し、[レイヤー]→[ガイドレイヤー]を実行します。

STEP 2
ガイドレイヤーには、❷のようなアイコンが表示されます。それ以外はほかのレイヤーと同様にコンポジションパネルに表示されるので、その内容を参考に作業を進めていきます。

> **MEMO**
> ガイドレイヤーの内容はプレビュー時にも表示されます。仕上がりをチェックする際は[ビデオ]スイッチをオフにしてレイヤーを非表示にするとよいでしょう。

> **MEMO**
> ガイドレイヤーを使った実例を1つ紹介しましょう。下図は、実写ムービー（ガイドレイヤー）の動きを参考にアニメーションの設定を行い、最終的にそのアニメーションだけを素材として出力したものです。[ガイドレイヤー]の機能は、オーディオレイヤーでも利用できます。設定方法はムービーのときと同じです。

被写体を追うターゲットのアニメーションだけを最終出力

075

NO.
045

VER.
CC / CS6

コンポジションを基準に
オブジェクトを整列する

整列パネルを使用すると、2Dレイヤーをコンポジションに合わせて整列したり、均等に配置することができます。中央揃えやテロップの処理に有効です。

コンポジションの中央に配置する

画面中央に配置したいレイヤーを選択し❶、[レイヤーを整列] から [コンポジション] を選びます❷。続いて [水平方向の中央に整列] ❸と [垂直方向の中央に整列] ❹をクリックします❺。

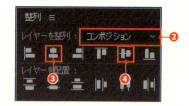

均等に配置する

オブジェクトを均等に配置するには基準となるレイヤーが必要です。そこでまず、基準となるレイヤーの位置決めをします❶。次に目的のレイヤーをすべて選択し、[レイヤーを整列] から [選択範囲] を選びます❷。最後に [レイヤーを配置] から目的に応じたボタンをクリックしていきます。ここでは、[水平方向の中央に配置] ❸と [垂直方向の上に整列] ❹をクリックして上下、左右とも均等に配置しました❺。

 MEMO
初期設定でアンカーポイントがオブジェクトの中央に設定されないテキストレイヤーやシェイプレイヤーを中央配置させるのに便利です。

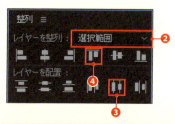

After Effects Design Reference

NO. 046 整列パネルを使ってテロップ処理する

VER.
CC / CS6

整列パネルを使うと、行数や文字量が一定ではないテロップを定位置に簡単に揃えることができます。

STEP 1
まず配置の目安となるヌルオブジェクトを作成します❶。次に用意したヌルオブジェクトとテロップのテキストレイヤーを選択します❷。

 新規ヌルレイヤー▶
Ctrl + Alt + Shift + Y
(⌘ + Option + Shift + Y)

STEP 2
左下揃えにしたい場合は、[レイヤーを整列]を[選択範囲]に設定し❸、[水平方向の左に整列]を実行したあと❹、[垂直方向の下に整列]をクリックします❺。

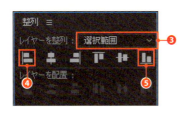

STEP 3
中央下揃えにしたい場合は、[レイヤーを整列]を[コンポジション]に設定し❻、[水平方向の中央に整列]を実行します❼。次に、[レイヤーを整列]を[選択範囲]に変更し❽、[垂直方向の下に整列]をクリックします❾。

MEMO
この方法で中央下揃えにするには、テキストレイヤーがヌルオブジェクトの範囲内に収まっていなければなりません。注意しましょう。

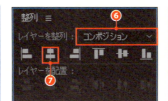

 089 段落形式のテキストレイヤーを作成する
142 ヌルオブジェクトを使ってアニメーションを設定する

077

第3章 タイムラインに素材を配置

NO.
047

VER.
CC / CS6

コンポジションのサイズに合わせてレイヤーのサイズを調整する

素材の縦横比に関係なくコンポジションのサイズにぴったり合わせる方法と、縦横比を固定してサイズを合わせる方法があります。

コンポジションサイズに合わせる

タイムラインパネルで目的のレイヤーを選択し、`Ctrl`+`Alt`+`F`(`⌘`+`Option`+`F`)キーを押します。たとえば、正方形ピクセルサイズのレイヤーを、D1やDVサイズのノンスクエアピクセルのコンポジションにフィットさせたり、またその逆のケースで役立ちます。

> **MEMO**
> 下図は、D1／720×540（正方形ピクセル）サイズのレイヤーをD1／720×486（ノンスクエアピクセル）サイズのコンポジションに配置したときのサイズの違いと調整後の画像です。

正方形ピクセルサイズ　　　　ノンスクエアピクセルサイズ

コンポジションの幅に合わせる（縦横比固定）

タイムラインパネルで目的のレイヤーを選択し、`Ctrl`+`Alt`+`Shift`+`H`(`⌘`+`Option`+`Shift`+`H`)キーを押します。たとえば、HD 16：9ワイドスクリーンやスクイーズされたレイヤーを、D1やDV、640×480のコンポジションでレターボックス表示（16：9の映像を4:3の画面に収めて表示）させることができます。

コンポジションの高さに合わせる（縦横比固定）

タイムラインパネルで目的のレイヤーを選択し、`Ctrl`+`Alt`+`Shift`+`G`(`⌘`+`Option`+`Shift`+`G`)キーを押します。たとえば、HD 16：9ワイドスクリーンやスクイーズされたレイヤーをD1やDV、640×480のコンポジションでサイドカット表示（16：9の映像を4：3の画面に収めるため左右の端をカットして表示）をさせることができます。

NO.
048 早回し、スローモーションにする

VER.
CC / CS6

映像の早回し、スローモーションは［時間伸縮］ダイアログで設定します。

STEP 1 タイムラインパネルで目的のレイヤーを選び❶、[レイヤー］→［時間］→［時間伸縮］を実行します。

STEP 2 ［時間伸縮］ダイアログが表示されるので、［伸縮比率］で何パーセント伸縮するか❷、あるいは［新規デュレーション］で伸縮後の時間❸を指定します。

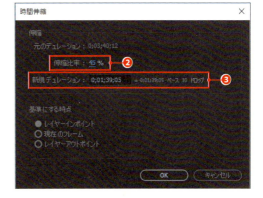

> **MEMO**
> 早回しにする場合は、［伸縮比率］を100%以下、あるいは［新規デュレーション］を現在の値以下に設定します。スローモーションにする場合は、［伸縮比率］を100%以上、あるいは［新規デュレーション］を現在の値以上に設定します。たとえば倍速なら［50%］、1／2の速度なら［200%］といった具合です。

STEP 3 ［基準にする時点］でどこを基点に伸縮するかを決めて［OK］ボタンをクリックします。するとレイヤーが基準時点から伸縮します。ここではインポイントを起点にデュレーションを［45%］縮めました❹。

> **MEMO**
> ムービーレイヤーや3Dアニメーションのレイヤーに［時間伸縮］を適用すると、フレームが足りずに動きがカクカクしてしまうことがあります。その場合は、ビデオレイヤーの品質を補う［フレームブレンド］機能を利用するとよいでしょう。

055 フレームブレンドで画質を補完する

NO. 049 ムービーレイヤーを逆再生する

VER. CC / CS6

［時間反転レイヤー］機能でムービーを逆方向から再生します。同じ方法でアニメーション設定したコンポジションを逆再生することもできます。

STEP 1 タイムラインパネルで目的のレイヤーを選び❶、[レイヤー] → [時間] → [時間反転レイヤー] を実行します。

S 時間反転レイヤー ▶ Ctrl + Alt + R (⌘ + Option + R)

STEP 2 ムービーレイヤーの時間が反転し、レイヤーデュレーションバーには斜線が表示されます❷。

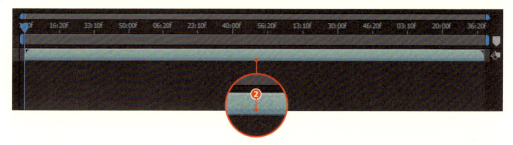

 MEMO

アニメーション設定した複数のレイヤーを逆再生するには、[レイヤー] → [プリコンポーズ] でレイヤーをプリコンポーズするか、別のコンポジションにネスト化してから同様の処理を行います。

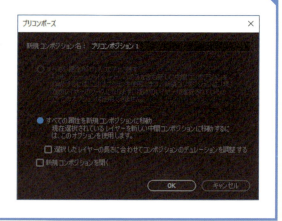

078 レイヤーの動きを反転する
141 プリコンポーズで複数のレイヤーを1つのコンポジションにまとめる

NO.
050 ムービーの特定の
フレームだけを表示する

VER.
CC / CS6

ムービーレイヤーに［フレームを固定］機能を実行すると、現在の時間インジケーターがある位置の映像だけが表示されるようになります。

STEP 1 現在の時間インジケーターをレイヤーを固定したい位置（時間）に移動します❶。タイムラインで目的のレイヤーを選び❷、［レイヤー］→［時間］→［フレームを固定］を実行します。

STEP 2 現在の時間インジケーターの位置に［タイムリマップ］のキーフレームが作成され❸、その位置の映像がレイヤー全体を通じて表示されます❹。

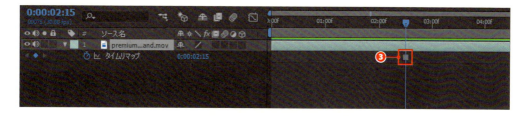

コンポジションパネルには、同じフレームがレイヤーのデュレーション分だけ表示されます

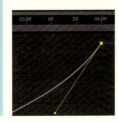

NO.
051 ムービーの再生速度を徐々に上げる

VER.
CC / CS6

ムービーレイヤーに [タイムリマップ] 機能を適用し、グラフエディターで再生速度の加速や減速を調整します。

STEP 1 タイムラインパネルで目的のレイヤーを選び❶、[レイヤー]→[時間]→[タイムリマップ使用可能] を選択します。すると [タイムリマップ] のキーフレームが作成されます❷。

 タイムリマップ使用可能 ▶ [Ctrl] + [Alt] + [T] ([⌘] + [Option] + [T])

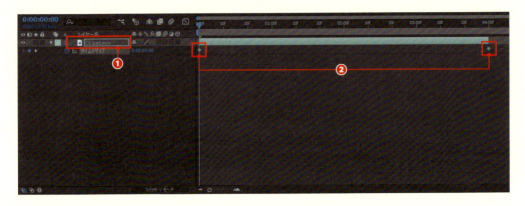

STEP 2 [タイムリマップ] のプロパティを選択し❸、タイムラインパネル上部の [グラフエディター] ボタンをクリックします❹。するとタイムラインパネルの右側にグラフエディターが表示されます❺。

 グラフエディター／レイヤーバーモードの切り替え ▶ [Shift] + [F3]

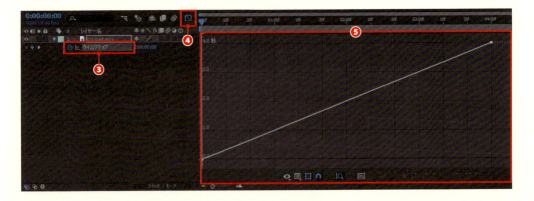

STEP 3　インポイント（最初）のキーフレーム（0フレーム）のポイントを選択してから❻、グラフエディターの下部にある［イージーイーズアウト］ボタンをクリックします❼。するとポイントからハンドルが表示されます❽。同じようにしてアウトポイント（最後）のキーフレームのポイントにも❾［イージーイーズイン］を適用します❿。

 MEMO

キーフレームの変換は、［アニメーション］→［キーフレーム補助］にある［イージーイーズ］［イージーイーズイン］［イージーイーズアウト］からも行えます。

S　キーフレームのイージーイーズ▶ `F9`
　　キーフレームのイージーイーズイン▶ `Shift`+`F9`
　　キーフレームのイージーイーズアウト▶
　　`Ctrl`+`Shift`+`F9`　(`⌘`+`Shift`+`F9`)

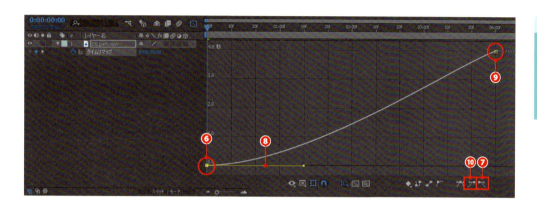

STEP 4　ハンドルをドラッグして⓫のような曲線にします。これでムービーの再生速度が少しずつ上がっていくようになります。しかし、ムービー全体の時間（デュレーション）は変わっていないので、最初はゆっくりと、時間が経つにつれて高速で再生されます。

 MEMO

ムービーレイヤーや3Dアニメーションのレイヤーに［タイムリマップ］を適用すると、フレームが足りずに動きがカクカクしてしまうことがあります。その場合は、ビデオレイヤーの品質を補う［フレームブレンド］機能を利用するとよいでしょう。

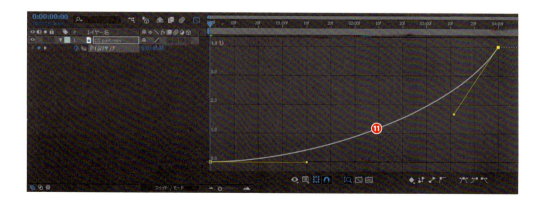

NO. 052 ムービーの途中から再生速度を変える

VER. CC / CS6

ムービーレイヤーに［タイムリマップ］機能を適用し、再生速度を変えたい位置にキーフレームを追加、調整していきます。

STEP 1 タイムラインパネルで目的のレイヤーを選び❶、[レイヤー]→[時間]→[タイムリマップ使用可能]を選択します。すると［タイムリマップ］のキーフレームが作成されます❷。

STEP 2 現在の時間インジケーターを再生速度を変えたい位置（時間）に移動します❸。［タイムリマップ］プロパティを選択し❹、[アニメーション]→[キーフレームを追加]を実行します。すると現在の時間インジケーターの位置に［タイムリマップ］のキーフレームが追加されます❺。

STEP 3 アウトポイント（最後）のキーフレームをドラッグして前に移動（圧縮）すると❻、追加したキーフレームから再生速度が上がります。逆に後ろに移動（拡大）すると❼、追加したキーフレームから再生速度が落ちるようになります。

STEP 4 追加したキーフレームから再生速度を落とす場合は、最後のキーフレームがレイヤーのアウトポイントの外に配置されます❽。そのためレイヤーのアウトポイントをドラッグして、レイヤーのデュレーションを延長してやる必要があります❾。

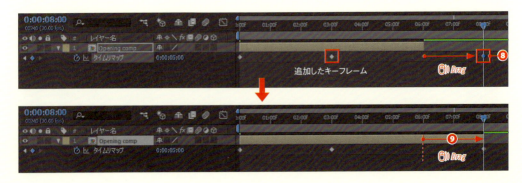

After Effects Design Reference

NO. 053 ムービーのイン／アウトポイントでフリーズさせる

VER. CC/CS6

ムービーレイヤーに［タイムリマップ］機能を適用し、ムービーのイン／アウトポイントをフリーズ（静止）させたい分だけ移動します。レイヤー間をつなぐ「のりしろ」が必要なときに使います。

STEP 1　タイムラインパネルで目的のレイヤーを選び❶、［レイヤー］→［時間］→［タイムリマップ使用可能］を選択します。すると［タイムリマップ］のキーフレームが作成されます❷。

S　タイムリマップ使用可能 ▶ [Ctrl]+[Alt]+[T] ([⌘]+[Option]+[T])

STEP 2　タイムラインパネルでレイヤーのインポイント❸、あるいはアウトポイント❹を<mark>フリーズさせたい時間分だけドラッグ</mark>して移動します。

STEP 3　フリーズさせた部分に［不透明度］が［0%］から［100%］になるディゾルブ効果❺やワイプなどのトランジション効果を入れると、レイヤーとレイヤーをつなぐ「のりしろ」になります。

STEP 4　コンポジションの最後までアウトポイントを伸ばしたい場合は、［レイヤー］→［時間］→［最後のフレームでフリーズ］を選択します。すると［タイムリマップ］の最後キーフレームが停止キーフレームに変わり❻、アウトポイントがコンポジションのデュレーション分だけ伸びます。

> **MEMO**
> ［最後のフレームでフリーズ］は CC 2017で追加された機能です。それ以前のバージョンではアウトポイントをドラッグして移動します。

第3章　タイムラインに素材を配置

085

NO. 054 ムービーを再生の途中でフリーズさせる

VER. CC / CS6

ムービーレイヤーに［タイムリマップ］機能を適用し、フリーズさせたい位置（時間）に［タイムリマップ］のキーフレームを追加していきます。

STEP 1
タイムラインパネルで目的のレイヤーを選び❶、[レイヤー]→[時間]→[タイムリマップ使用可能]を選択します。フリーズさせたい位置に現在の時間インジケーターを移動し❷、［タイムリマップ］プロパティを選択してから❸[アニメーション]→[キーフレームを追加]を実行します。すると現在の時間インジケーターの位置に［タイムリマップ］のキーフレームが追加されます❹。

S タイムリマップ使用可能 ▶ [Ctrl]+[Alt]+[T] ([⌘]+[Option]+[T])

STEP 2
[Shift]キーを押しながら、追加したキーフレームとアウトポイント（最後）のキーフレームを選択し❺、[編集]→[コピー]([Ctrl]+[C]([⌘]+[C]))を実行します。そして最後のキーフレームを選択して[Delete]キーで削除し❻、現在の時間インジケーターをフリーズが終わる位置（時間）に移動してから❼、[編集]→[ペースト]([Ctrl]+[V]([⌘]+[V]))を実行します。すると［コピー］した2つのキーフレームが、現在の時間インジケーターの位置を先頭に［ペースト］されます❽。

STEP 3
フリーズさせた時間分だけムービーのデュレーションが足りません。レイヤーのアウトポイントをドラッグして、最後のキーフレームがある位置までデュレーションを延長します❾。

NO. 055 フレームブレンドで画質を補完する

VER. CC/CS6

[時間伸縮]や[タイムリマップ]を適用した結果、カクついた動きになってしまった場合、[フレームブレンド]で画質を補完するとよいでしょう。

[フレームミックス]で補完する

タイムラインパネルで目的のレイヤーの[フレームブレンド]スイッチをクリックします❶。次にタイムラインパネル上部にある[フレームブレンドを適用]ボタンをクリックします❷。プレビューして[フレームミックス]適用前❸と適用後❹の状態を比べてみると、フレームの足りなかった部分が前後のフレームをミックスした画で補完されていることがわかります。

> **MEMO**
> 実写映像には、[ピクセルモーション]よりも[フレームミックス]の方が効果的です。

カクついたフレーム

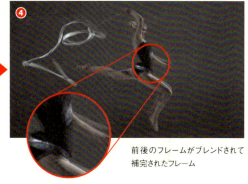

前後のフレームがブレンドされて補完されたフレーム

[ピクセルモーション]で補完する

タイムラインパネルで目的のレイヤーの[フレームブレンド]スイッチを2回続けてクリックします❺。あるいは目的のレイヤーを選択し、[レイヤー]→[フレームブレンド]→[ピクセルモーション]を実行します。次にタイムラインパネル上部にある[フレームブレンドを適用]ボタンをクリックします。プレビューして[ピクセルモーション]適用前❸と適用後❻の状態を比べてみると、フレームの足りなかった部分に前後の中間画像が生成されていることがわかります。

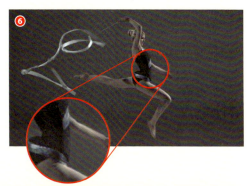

048 早回し、スローモーションにする
051 ムービーの再生速度を徐々に上げる

第3章 タイムラインに素材を配置

NO. 056 フッテージをループ再生する

VER.
CC / CS6

同じ映像を繰返し流す「ループ映像」の設定は、[フッテージを変換] ダイアログの [ループ] で行います。

STEP 1
プロジェクトパネルで目的のフッテージを選び、[ファイル]→[フッテージを変換]→[メイン]を選択します。[フッテージを変換] ダイアログが開くので、[その他のオプション] にある [ループ] にループさせる (繰り返す) 回数を入力して ❶、[OK] ボタンをクリックします。

S フッテージを変換 ▶ Ctrl + Alt + G (⌘ + Option + G)

10 秒で1回転する地球の CG ムービー

STEP 2
ループを設定したフッテージをタイムラインに配置します。元の状態 ❷ と比べると、ループさせた回数分だけレイヤーのデュレーションが伸びていることがわかります ❸。

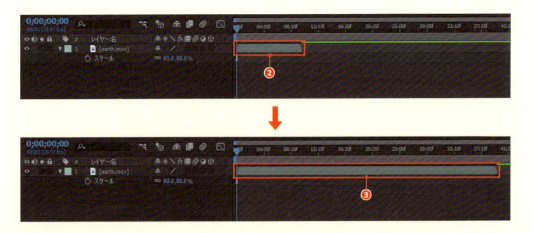

NO. 057 ［ソロ］スイッチでほかの レイヤーを非表示にする

VER. CC / CS6

レイヤーの［ソロ］をオンにすると、同じコンポジションにあるほかのレイヤーを非表示にし、重くなりがちな合成作業のモーションチェックがスムーズに進められます。

STEP 1
タイムラインパネルで目的のレイヤーの［ソロ］スイッチをクリックしてオンにします❶。すると選択したレイヤーを除いたすべてのレイヤーが非表示になり❷、その分だけ処理が軽くなります。これにより目的のレイヤーのモーション設定やプレビューがスムーズに行えます。

すべてのレイヤーを表示した状態

［ソロ］機能をオンにしたときの表示

STEP 2
［ソロ］で処理したいレイヤーが複数ある場合は、同じように［ソロ］スイッチをクリックしてオンにしていきます❸。また［ソロ］のレイヤーを入れ替えたい場合は、[Alt]（[Option]）キーを押しながら目的のレイヤーの［ソロ］スイッチをクリックします。すると先に設定されていた［ソロ］がオフになり、新たにクリックしたレイヤーがオンになります❹。

MEMO
初期設定では、［レンダリング設定］の［ソロスイッチ］が［現在の設定］になっています。このため［ソロ］をオンにしたままコンポジションの出力を行うと、非表示になっているレイヤーはレンダリングされません。注意しましょう。

［ソロ］レイヤーを入れ替えたあとの表示

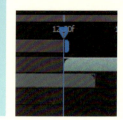

NO. 058 ワークエリアを指定して作業する

VER. CC / CS6

特定の範囲だけをプレビューしたり、レンダリングしたい場合は、タイムラインパネルでワークエリアを指定します。

ワークエリアの始点と終点を指定する

ワークエリアマーカー❶をドラッグして移動し、始点❷と終点❸を決めます。現在の時間インジケーターの位置に合わせたい場合は Shift キーを押しながらドラッグすると、始点や終点が現在の時間インジケーターにスナップします。

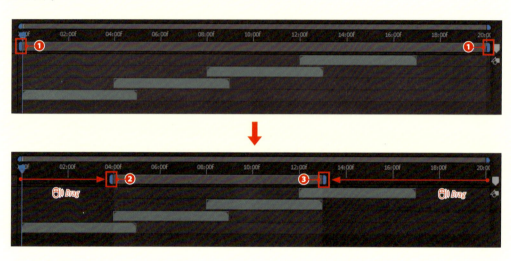

ワークエリアを移動する

現在設定されているワークエリアバーの中央付近をドラッグすると❶、ワークエリアのデュレーションを変更せずに位置だけを移動できます❷。

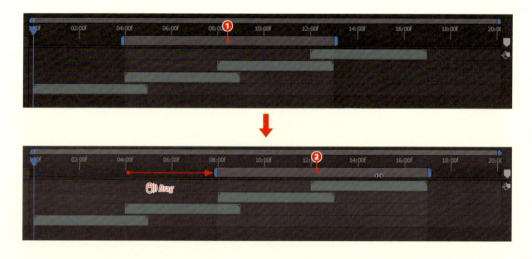

現在の時間をワークエリアの始点・終点に指定する

ワークエリアの始点を設定する場合は、現在の時間インジケーターをワークエリアの始点にしたい位置に移動して B キーを押します❶。終点を設定する場合は、現在の時間インジケーターを終点にしたい位置に移動して N キーを押します❷。

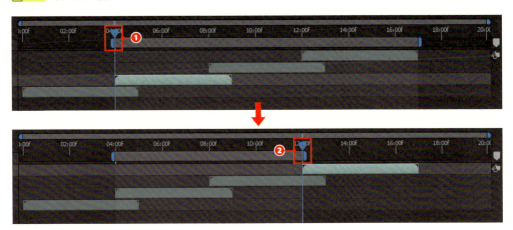

レイヤーのデュレーションに合わせてワークエリアを指定する

タイムラインパネルで目的のレイヤーを選択し❶、 Ctrl + Alt + B (⌘ + Option + B) キーを押します。するとレイヤーのデュレーションに合わせてワークエリアが変更されます❷。

ワークエリアをリセットする

現在のワークエリアバーをダブルクリックします❶。するとコンポジションのデュレーションにリセットされます。

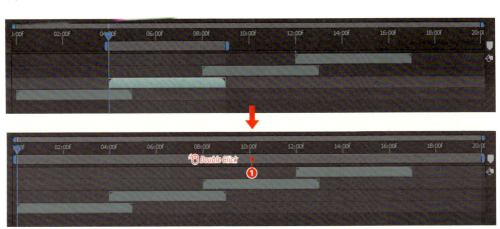

023 ビデオやオーディオをプレビューする
228 コンポジションをムービー出力する

NO. 059 現在の時間インジケーターを移動する

VER. CC / CS6

現在の時間インジケーターを移動するためのショートカットが用意されています。これらを利用することで効率的に作業が進められます。

1フレーム進める／戻す

1フレーム進めるには [Ctrl]（[⌘]）+ [→] キー、戻すには [Ctrl]（[⌘]）+ [←] キーを押します。フレーム単位で作業する際に頻繁に使用します。

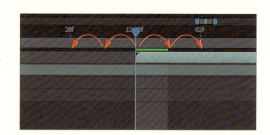

移動先を時間で指定する

タイムラインパネルで現在の時間をクリックします❶。現在時間が反転表示されるので、移動先を指定します❷。たとえば、現在の時間インジケーターを15フレームに移動したい場合は［15］、1秒10フレームなら［110］、3秒なら［300］と入力して [Enter] キーを押します。なお「:（コロン）」などの入力は不要です（いずれもタイムコードベース表示の場合）。

> **MEMO**
> 表示形式をフレーム表示にしている場合は、［300］と入力すると300フレームに移動します。初期設定ではタイムコードベース表示になっています。表示形式は［プロジェクト設定］ダイアログで変更できます。

 表示形式の変更▶
[Ctrl] を押しながら [現在の時間] をクリック
（[⌘] を押しながら [現在の時間] をクリック）

コンポジションの先頭／最後のフレームに移動する

コンポジションの先頭フレーム❶に移動する場合は [Home] キー、最後のフレーム❷に移動する場合は [End] キーを押します。

レイヤーのイン／アウトポイントに移動する

タイムラインパネルで目的のレイヤーを選択し、インポイントへ移動する場合は [I] キー❶、アウトポイントへ移動する場合は [O]（オー）キーを押します❷。

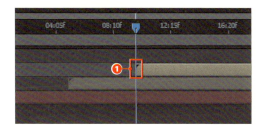

ワークエリアの開始点／終了点に移動する

ワークエリアの開始点へ移動する場合は [Shift]+[Home] キー❶、終了点へ移動する場合は [Shift]+[End] キーを押します❷。

次のキーフレーム／前のキーフレームに移動する

タイムラインパネルにある次のキーフレームに移動する場合は、[K] キーを押します❶。前のキーフレームに移動する場合は [J] キーを押します❷。

> **MEMO**
> このショートカットは、コンポジション内にあるすべてのレイヤーのキーフレームに反応します。

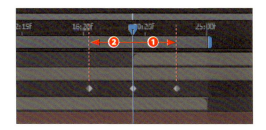

NO. 060 時間スケールをズームイン／ズームアウトする

VER. CC / CS6

タイムラインパネルの時間スケールの表示は、［ズームイン］［ズームアウト］ボタン、ズームスライダー、タイムナビゲーターで変更します。

［ズームイン］［ズームアウト］ボタンやズームスライダーで調整する

タイムラインパネル下部にある［ズームイン］❶あるいは［ズームアウト］❷ボタンをクリックするか、ズームスライダー❸をドラッグして調整します。そのほか、^（ハット）キーでズームイン、-（ハイフン）キーでズームアウトすることもできます。

タイムナビゲーターで調整する

タイムスケールの上部にあるタイムナビゲーターの開始ブラケット❶と終了ブラケット❷をドラッグして調整します。またタイムナビゲーターの中央付近をドラッグして❸、表示範囲を変更することもできます。

現在の時間インジケーターがある範囲を表示する

時間スケールのズームインを繰り返し実行すると、現在の時間インジケーターを見失ってしまうことがあります。そのような時はDキーを押します。すると現在の時間インジケーターのある範囲が、タイムラインパネルの中央に表示されます。

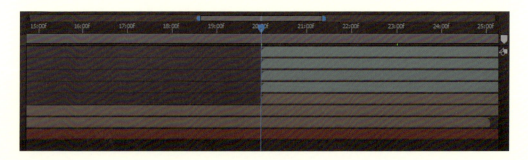

NO. 061 タイムラインにマーカーをつける

VER. CC / CS6

コンポジションマーカーを使うと、タイムラインパネルの時間スケールにマーカー（印）をつけられます。

［コンポジションマーカー］を使う

タイムラインパネルのタイムスケール右端に［コンポジションマーカー］ボタンがあります❶。このボタンをマーカーをつけたい場所までドラッグします❷。現在の時間インジケーターがある位置につける場合は、Shift キーを押しながら操作します。スナップがきいて正確な位置に配置できます。

ショートカットで設定する

現在の時間インジケーターをマーカーをつけたい位置に移動し❶、Shift ＋数字（テンキーではない 0 ～ 9 のいずれか）キーを押します。すると指定した番号のマーカーがつきます❷。

マーカーを削除する

Ctrl（⌘）キーを押しながらコンポジションマーカーをクリックします❶。するとクリックしたコンポジションマーカーが削除されます。すべてのコンポジションマーカーを削除する場合は、コンポジションマーカーを右クリックして表示されるメニューから［すべてのマーカーを削除］を選択します❷。

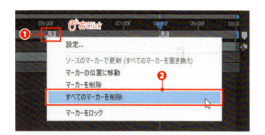

マーカーにデュレーションを設定する

Alt（Option）キーを押しながらコンポジションマーカーを右にドラッグするとマーカーにデュレーションを設定できます❶。1つのマーカーで特定の範囲を指定する際などに役立ちます。デュレーションはアウト側のマーカーをドラッグして変更します。数値で正確に設定したい場合、CC 2015 以前のバージョンでは［コンポジションマーカー］ダイアログで作業します（「062 コンポジションマーカーにコメントを入力する」参照）。イン側のマーカーをドラッグするとデュレーションを保ったままマーカーの位置を変更できます。

> **MEMO**
> コンポジションマーカーを含んだコンポジションを別のコンポジションで使用すると、レイヤーマーカーとして表示されます。

 063 レイヤーにマーカーをつける

NO. 062 コンポジションマーカーにコメントを入力する

VER. CC / CS6

タイムスケールにつけたコンポジションマーカーには、コメントを入力することができます。

STEP 1 コンポジションマーカーをダブルクリックして❶、[コンポジションマーカー]ダイアログを開きます。[コメント]に文字を入力し❷、[OK]ボタンをクリックします。

STEP 2 入力したコメントが、コンポジションマーカーの右側に表示されます❸。

> **MEMO**
> コンポジションマーカーを含んだコンポジションを別のコンポジションで使用すると、レイヤーマーカーとして表示されます。

> **MEMO**
> [コンポジションマーカー]ダイアログの[時間]と[デュレーション]に数値を入力すると、コンポジションマーカーを正確な位置に設定することができます。たとえば5秒10フレームに移動したい場合は[5.10]、デュレーションを1秒20フレームちょうどに設定したい場合は[1.20]と入力し、[OK]ボタンをクリックします。タイムラインパネルでマーカーを直接ドラッグして移動することも可能です。

CC 2017 のデュレーション表示

CC 2015 以前のデュレーション表示

063 レイヤーにマーカーをつける

After Effects Design Reference

NO. 063 レイヤーにマーカーをつける

VER.
CC / CS6

レイヤーマーカーを使うと、レイヤーデュレーションバーにマーカー（印）をつけられます。コメントの入力も可能です。

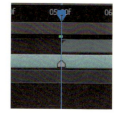

［マーカーを追加］を実行する

タイムラインパネルで目的のレイヤーを選択します。現在の時間インジケーターをマーカーをつけたい位置に移動し❶、［レイヤー］→［マーカーを追加］を実行します❷。すると現在の時間インジケーターの位置にレイヤーマーカーが追加されます❸。

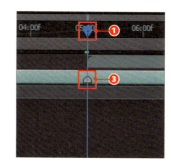
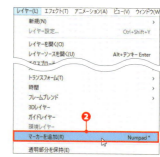

ショートカットで設定する

タイムラインパネルで目的のレイヤーを選択します。現在の時間インジケーターをマーカーをつけたい位置に移動し❶、テンキーの [*]（または、[Control]＋メインキーボードの [8]）キーを押します。すると現在の時間インジケーターの位置にレイヤーマーカーが追加されます❷。

> **MEMO**
> レイヤーマーカーにコメントを入力することもできます。目的のレイヤーマーカーをダブルクリックすると［レイヤーマーカー］ダイアログが表示され、コメントを入力できるようになります。方法はコンポジションマーカーのときとほぼ同様です。入力したコメントは、レイヤーデュレーションバー上に表示されます。

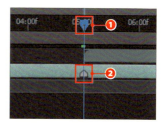

マーカーをロックする、削除する

レイヤーマーカーを右クリックします。メニューが表示されるので、［マーカーをロック］❶もしくは［マーカーを削除］❷を選択します。[Ctrl]（[⌘]）キーを押しながらレイヤーマーカをクリックしく削除することもできます。

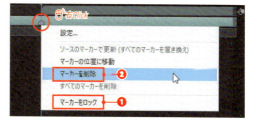

マーカーにデュレーションをつける

[Alt]（[Option]）キーを押しながらレイヤーマーカーを右にドラッグするとマーカーにデュレーションを設定できます❶。1つのマーカーで特定の範囲を指定する際に役立ちます。デュレーションはアウト側のマーカーをドラッグして変更します。数値で正確に指定したい場合、CC 2015 以前のバージョンでは［レイヤーマーカー］ダイアログで作業します（「062 コンポジションマーカーにコメントを入力する」参照）。イン側のマーカーをドラッグするとデュレーションを保ったままマーカーの位置を変更できます。

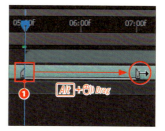

第3章 タイムラインに素材を配置

062 コンポジションマーカーにコメントを入力する

NO.
064 音楽のビートに合わせて
レイヤーマーカーを追加する

VER.
CC / CS6

オーディオだけをプレビューしながら、テンキーの [*] を押してマーカーを追加していきます。

STEP 1　目的のレイヤー（ここではオーディオレイヤー）を選択し❶、Windows 版は [Alt] + [.]（テンキーのピリオド）を、Macintosh 版では [Option] + [.]（テンキーのピリオド）、または [Control] + [Option] + [.]（メインキーボードのピリオド）キーを押します。するとワークエリア内のオーディオだけがプレビューされます。

> **MEMO**
> CC 2014以前のバージョンでは、［コンポジション］→［プレビュー］→［オーディオプレビュー（ワークエリア）］や［オーディオプレビュー（現地点から開始）］でもオーディオだけのプレビューができます。

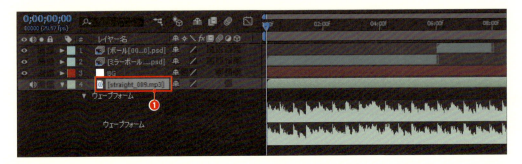

STEP 2　音楽のビートに合わせながら、テンキーの [*]（または、[Control]+メインキーボードの [8]）キーをタップするように押していきます。プレビューを停止すると、選択したレイヤーにレイヤーマーカーが追加されます❷。

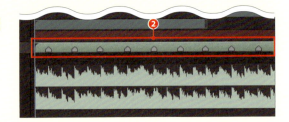

STEP 3　オーディオレイヤーに作成したレイヤーマーカーを参考にして、ほかのレイヤーにアニメーションを設定していきます❸。このようにレイヤーマーカーは、オーディオのウェーブフォームではわかりづらい音楽のビートにシンクロさせたモーションを設定するときに役立ちます。たとえば音楽に合わせて映像を切り替えるといった利用法が考えられます。

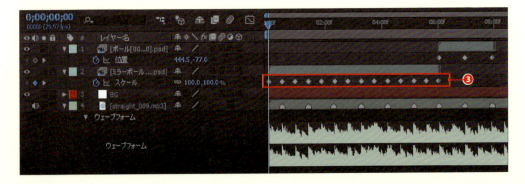

NO.
065 ミニフローチャートを使って
コンポジションの構造を調べる

VER.
CC / CS6

ミニフローチャートを使うと、ネスト化されたコンポジション内の構造を視覚的に把握できます。ダイアログ内でクリックして、コンポジション間を自由に移動することも可能です。

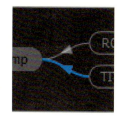

STEP 1　タイムラインパネルの上部にある［コンポジションミニフローチャート］ボタンをクリックするか❶、Tab キーを押します。するとコンポジション内にあるネスト化されたコンポジションやプリコンポジションが、ポップアップダイアログに表示されます❷。

> **MEMO**
> 再度、［コンポジションミニフローチャート］ボタンをクリックするか、Tab キーを押すと、ポップアップダイアログは消えます。

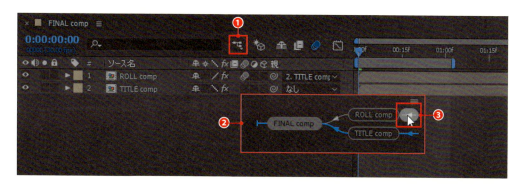

STEP 2　ダイアログ内の矢印をクリックして❸、階層を移動することもできます❹。

STEP 3　ダイアログ内でコンポジション名をクリックすると❺、タイムラインパネルの表示がクリックしたコンポジションのものに切り替わります❻。

018　プロジェクトの構成を確認する

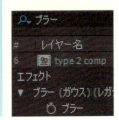

NO. 066 レイヤー名や適用エフェクトをキーワードにレイヤーを検索する

VER. CC / CS6

タイムラインパネルの上部には検索フィールドがあり、キーワードを入力すると、条件に合ったレイヤーだけが表示されます。検索には、レイヤー名、エフェクト、エクスプレッション、プロパティなどが使えます。

レイヤー名で検索する

<u>タイムラインパネルの検索フィールドに</u>❶、調べたいフッテージの名前を入力します❷。すると該当のレイヤーだけが表示されます❸。

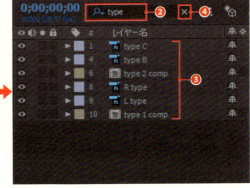

> **MEMO**
> 検索結果をクリアする、あるいはいったん検索キーワードを削除する場合は、検索フィールド内にある ✕ ボタンクリックします❹。するとキーワードが消去され、元の表示に戻ります。

エフェクトの種類で検索する

レイヤーに適用したエフェクトをキーワードに検索することができます。その場合は、<u>検索フィールドに目的のエフェクト名を入力</u>します❶。すると該当のエフェクトが適用されたレイヤーだけが表示されます❷。

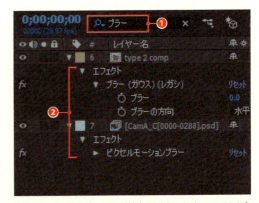

該当するエフェクトとプロパティが検索できます。ただしエフェクトの名前が変更されている場合は対象外となるので注意しましょう

014 プロジェクトパネルに読み込んだフッテージを検索する

プロパティ名で検索する

特定のプロパティを持ったレイヤーを表示したい場合は、検索フィールドにプロパティ名を入力します。たとえば［パス］のプロパティを持ったレイヤーだけを表示するには、「パス」と入力します❶。するとシェイプレイヤーの［多角形パス］やマスク設定されたレイヤーの［マスクパス］、エフェクトで使用されている［パス］などが同時に表示されます❷。

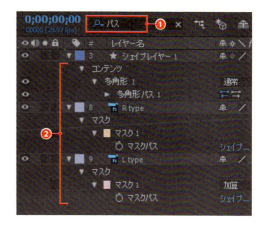

レイヤーを限定して検索する

タイムラインパネルで検索したいレイヤーを選択し❶、検索フィールドにキーワードを入力します❷。すると選択したレイヤーに限定した検索ができます❸。たとえば「マスク」と入力すると、選択したレイヤー内の［マスク］プロパティが表示されるといった具合です。このとき、選択されていないレイヤーは非表示になりません。この点がほかの検索と大きく異なります。

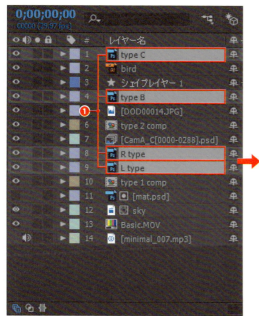 

032 レイヤーに名前を変更する／ソース元を調べる
191 エフェクトを適用する

NO.
067 描画モードを変えて下のレイヤーと合成する

VER.
CC / CS6

レイヤー同士の合成方法を決めるのが描画モードです。レイヤーの描画モードを変更すると、多彩な表現が可能になります。

描画モードを変更する

タイムラインの下部にある［スイッチ／モード］ボタンをクリックして❶、レイヤーの［モード］を表示します❷。そして［モード］の▼をクリックしてメニューから描画モードを選択します❸。すると選択した描画モードでレイヤーが合成されます。このあと、いくつか例を紹介していきましょう。

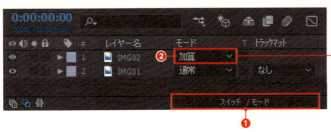

雲とシルエットを合成する

雲が写ったレイヤーを上❶、キリンが写ったレイヤーをその下に配置し❷、上のレイヤーの描画モードを［スクリーン］に設定します❸。すると上のレイヤーの明るい部分だけが下のレイヤーに合成されます❹。

雲

キリン

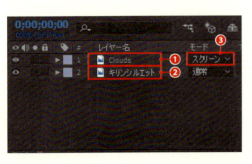

合成結果

海を合成する

海が写ったレイヤーを上❶、キリンが写ったレイヤーをその下に配置し❷、上のレイヤーの描画モードを［乗算］に設定します❸。すると上のレイヤーの暗い部分が下のレイヤーに合成されます❹。

海

キリン

合成結果

主な描画モードとその合成例

After Effects には 30 種類以上の描画モードが用意されています。そのうち代表的なものをいくつか紹介します。それぞれ❶を上、❷を下に配置し合成しています。

焼き込みカラー

覆い焼きカラー

加算

オーバーレイ

差

ハードライト

103

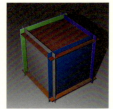

NO. 068 コラップストランスフォームでプリコン前の設定を引き継ぐ

VER.
CC / CS6

複数のレイヤーをプリコンポーズにした際、プロコンポーズ前に設定した内容をプリコンポーズ後のレイヤーにも引き継ぎたい場合に使用します。

STEP 1 ここでは 3D レイヤーで作成した立方体のコンポジションを例に説明します❶。このコンポジションは色分けした 6 つの正方形のレイヤーで構成されています。正方形のレイヤーはすべて 3D レイヤーで、それらを立方体に見えるように配置した後、2 つのライトとカメラレイヤーを追加し、ライトの位置やカメラのアングルなどを調整してあります。

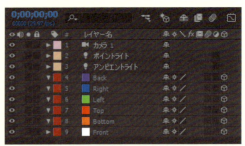

STEP 2 6 つの 3D レイヤーを選択し❷、[レイヤー] → [プリコンポーズ] を実行します。[プリコンポーズ] ダイアログが表示されるので、[すべての属性を新規コンポジションに移動] にチェックを入れて [OK] します❸。

S 選択したレイヤーのプリコンポーズ▶
Ctrl + Shift + C (⌘ + Shift + C)

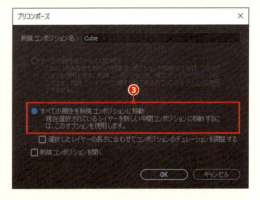

STEP 3 プリコンポーズを行うと、立体的に配置されていた 3D レイヤーが正面から見た 2D レイヤーとして表示されるようになります❹。これはプリコンポーズしたことによって元のコンポジションで行った 3D に関する設定が反映されなくなったためです。

一番下の階層にある「Cube」がプリコンポーズでできたレイヤーです

STEP 4 タイムラインパネルでプリコンポーズでできた「Cube」レイヤーの [コラップストランスフォーム] スイッチをオンにします❺。するとプリコンポーズ前の立体的なアングルが復活します❻。

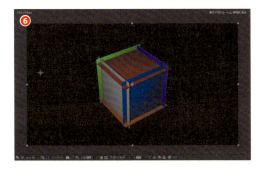
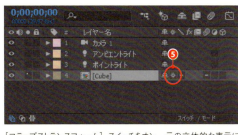

[コラップストランスフォーム] スイッチをオン。元の立体的な表示に戻ったが、2Dレイヤーのままなので3Dオブジェクトとして編集することはできません

STEP 5 さらに「Cube」レイヤーの [3Dレイヤー] スイッチをオンにすると❼、1つの3Dレイヤーとして編集できるようになります。元の3D環境がそのまま引き継がれているので、新たなレイヤーと組み合わせてさらに作りこんでいくことができます❽❾。

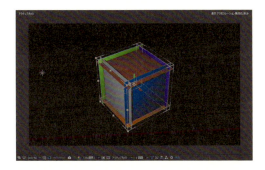

さらに [3Dレイヤー] スイッチをオンにすると、カメラやライトの編集はもちろん、3Dオブジェクトとして編集することもできるようになります

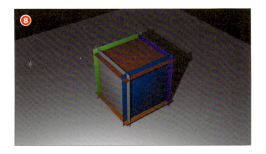

床に当たる部分に3Dレイヤーを追加し、「Cube」レイヤーから影が落ちるようにした例

141 プリコンポーズで複数のレイヤーを1つのコンポジションにまとめる
197 ラスター画像のジャギーやぼけを目立たなくする

NO.
069 ［コラップストランスフォーム］で ベクトルオブジェクトの画質を保つ

VER.
CC / CS6

Illustratorで作成したベクトルオブジェクトを拡大して使う場合は、［コラップストランスフォーム］スイッチをオンにして画質の劣化を防ぎます。

STEP 1
Illustratorフッテージをタイムラインパネルに配置します❶。そして ［コラップストランスフォーム］スイッチ をクリック してオンにします❷。こうしておくとレイヤーを拡大してもきれいな描画のままアニメーションできます❸❹。3Dレイヤーにも有効です。また、Illustratorファイルだけでなく、After Effectsで作成したシェイプレイヤー、平面レイヤー、テキストレイヤーでも利用できます。

Illustrator フッテージ

［コラップストランスフォーム］がオフの表示

［コラップストランスフォーム］がオンの表示

STEP 2
［コラップストランスフォーム］スイッチと［3Dレイヤー］スイッチがオンに設定されたベクトルレイヤー❺をプリコンポーズして❻、［コラップストランスフォーム］と［3Dレイヤー］スイッチをクリックしてオンにします❼。これで通常のベクトルレイヤーのときと同様にきれいな描画のまま1つの3Dレイヤーとして扱えます❽。

プリコンポーズ前の2つのテキストレイヤー。［3D］スイッチはオンに設定

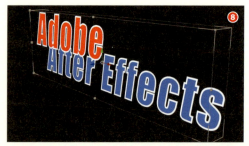

プリコンポーズ後、［コラップストランスフォーム］と［3D］スイッチをオンに設定。拡大、3D回転させても画質が劣化しません

141 プリコンポーズで複数のレイヤーを1つのコンポジションにまとめる
197 ラスター画像のジャギーやぼけを目立たなくする

第 **4** 章　基本アニメーション

NO. 070 レイヤープロパティを表示する

VER. CC / CS6

レイヤープロパティは、タイムパネルにある▶を順々にクリックして表示することができますが、キーボードショートカットを使った方が一発で目的のプロパティを表示でき、効率的に作業が進められます。

▶をクリックして表示する

目的のプロパティが表示されるまで、タイムラインプロパティの▶を順々にクリックしていきます❶❷❸。

キーボードショートカットで表示する

タイムラインで目的のレイヤーを選択し❶、キーボードから該当のキーを押します❷。このとき[半角英数]モードに切り替えてからキーを押してください。新たなプロパティを追加で表示したい場合は、[Shift]キーを押しながら該当のキーを押していきます。

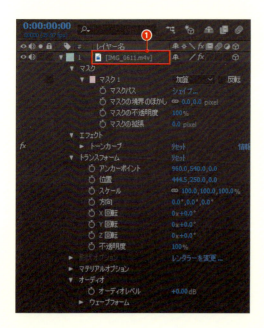

プロパティ名	キー ❷
アンカーポイント	[A]
位置	[P]
回転	[R]
スケール	[S]
不透明度	[T]
マスクパス	[M]
マスク不透明度	[T] → [T]
マスクプロパティグループ	[M] → [M]
3Dレイヤーのマテリアルオプション	[A] → [A]
タイムリマップ	[R] → [R]
適用したエフェクト	[E]
エクスプレッション	[E] → [E]
オーディオレベル	[L]
オーディオウェーブフォーム	[L] → [L]
全キーフレームとエクスプレッション	[U]

108

After Effects Design Reference

NO.
071 アンカーポイントの位置を移動する

VER.
CC / CS6

アンカーポイントとは、レイヤーの［位置］［回転］［スケール］プロパティの基準となる点のことです。初期設定ではレイヤーの中心にあります。

STEP 1　タイムラインパネルで目的のレイヤーを選択し❶、[A]キーを押します。すると［アンカーポイント］プロパティが表示されます❷。

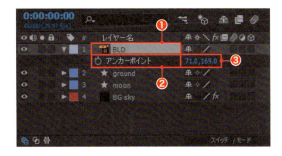

STEP 2　［アンカーポイント］プロパティの数値部分をクリックして位置を入力し❸、[Enter]キーを押して確定します。するとアンカーポイントの位置が変わり、それに伴いオブジェクトも移動します❹❺。

元のアンカーポイント

アンカーポイント変更後

MEMO

アンカーポイントツール■を使って移動することもできます。タイムラインパネルで目的のレイヤーを選択し、コンポジションパネルでアンカーポイントをドラッグして移動します。この場合、オブジェクトの位置は変えずに、アンカーポイントの位置だけを変更できます。たとえば時計の針のアンカーポイントを変更するときなどに役立ちます。また、アンカーポイントツール■をダブルクリックすると、アンカーポイントを元の位置にリセットできます。

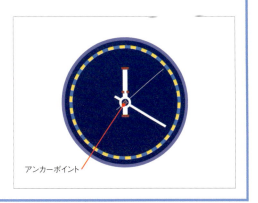
アンカーポイント

第4章 基本アニメーション

088 テキストレイヤーを作成する

NO. 072 演算子やスクラブを使ってプロパティに値を入力する

VER. CC / CS6

プロパティの数値入力には、「+」や「-」などの演算子や、プロパティの数値部分を左右にドラッグして値を指定するスクラブが利用できます。

演算子を使ってプロパティ値を入力する①

目的のプロパティの数値部分をクリックし、演算子のあとに数値を入力します❶。演算子には［+］（足す）、［-］（引く）、［*］（かける）、［/］（割る）が使用できます。すると自動的に計算が行われます❷。

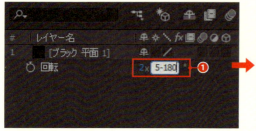
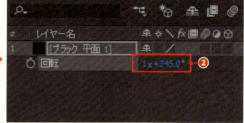

［回転］プロパティでの使用例。現在の位置［2×+165］から1／2回転だけ戻したい場合は［-180°］と入力します

すると［回転］のプロパティが［1×+345.0°］に変更されます

演算子を使ってプロパティ値を入力する②

現在の時間インジケーターの移動にも演算子が使用できます。タイムラインで現在の時間をクリックします❶。すると現在時間が反転表示されるので、移動したい時間を演算子で指定します❷。

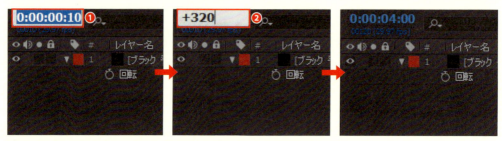

現在の位置よりも3秒20フレーム先に移動させたい場合は［+320］と入力します

スクラブして数値を指定する

プロパティの数値部分にマウスカーソルを重ねると手のアイコンが表示されます❶。この状態でマウスボタンを押したまま右または左にドラッグ（スクラブ）するとプロパティ値を増減できます。右方向が増加❷、左方向が減少です❸。この時[Shift]キーを押しながらスクラブすると10単位で値が変わります。

After Effects Design Reference

NO.
073 ペンツールを使って複雑なモーションパスを作る

VER.
CC / CS6

モーションパスとは、オブジェクトの動きを表す線のことです。ペンツールを使うと単純なモーションパスを複雑なパスに仕上げることができます。

STEP 1 始点❶と終点❷だけの簡単なモーションパス（［位置］のキーフレーム）を作成します。

STEP 2 ツールパネルでペンツール を選択します❸。そしてモーションパスをクリックしてポイントを追加し、ハンドルを表示します。この状態で Ctrl （⌘）キーを押して選択ツール に切り替え、ポイントを移動したり、ハンドルをドラッグしてモーションパスを修正していきます。追加したポイントは［位置］プロパティのキーフレームになります❹。モーションパスの修正がすんだらプレビューパネルを使ってプレビューしてみましょう。このときに動きのタイミングがおかしければ、［位置］プロパティのキーフレームをドラッグして位置（時間）を調整してください。

116 カメラレイヤーを追加する
143 ヌルオブジェクトに親子関係を設定し、ウォークスルーアニメーションを作る

第4章 基本アニメーション

111

NO.
074

VER.
CC / CS6

オブジェクトが常にモーションパスの進行方向を向くようにする

オブジェクトに［パスに沿って方向を設定］を適用すると、パスの進行方向に合わせてオブジェクトの向きが自動的に変わるようになります。

STEP 1　オブジェクトは常に同じ向きのままモーションパス上を移動します❶。パスの進行方向を向くようにするには、コンポジション（タイムライン）パネルで目的のオブジェクト（レイヤー）を選択し❷、[レイヤー]→[トランスフォーム]→[自動方向]を実行します。

S　自動方向 ▶ Ctrl + Alt + O （⌘ + Option + O）

STEP 2　［自動方向］ダイアログが表示されるので、［パスに沿って方向を設定］にチェックを入れて❸、[OK]ボタンをクリックします。

STEP 3　パスに沿ってオブジェクトが自動的に向きを変えるようになります❹。

 MEMO
プレビューしてオブジェクトが進行方向を向いていない場合は、[回転]のプロパティで微調整するとよいでしょう。

After Effects Design Reference

NO.
075 マスクパスを
モーションパスにする

After Effectsで作成したマスクパスをモーションパスとして使うことができます。マスクパスに沿ってオブジェクトが動くアニメーションなどで役立ちます。

VER.
CC / CS6

STEP 1 タイムラインパネルでマスクパスのあるレイヤーを選択し❶、[M] キーを押して［マスクパス］プロパティを表示します。次に［マスクパス］を選択し❷、［編集］→［コピー］（[Ctrl]+[C]（[⌘]+[C]））を実行します。

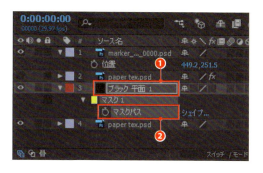

ここでは黄色いマスクパスに沿ってマジックペンを動かしてみます

STEP 2 タイムラインパネルでモーションパスを作成するレイヤーを選択します❸。[P] キーを押して［位置］のプロパティを表示・選択し❹、［編集］→［ペースト］（[Ctrl]+[V]（[⌘]+[V]））を実行します。すると現在の時間インジケーターの位置にキーフレームが作成され❺、マスクパスと同じ形状のモーションパスができます❻。さらに、マスクパスに［エフェクト］→［描画］→［線］を適用し、線とペンのレイヤーの動きを合わせると❼❽のようになります。

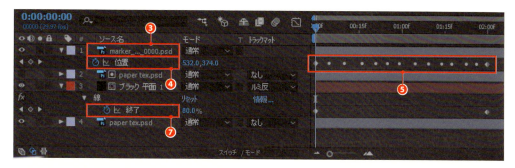

152 映像の一部を隠す、切り抜く
217 マスクパスにエフェクトを適用する

第4章 基本アニメーション

113

NO. 076 IllustratorやPhotoshopのパスをモーションパスにする

VER. CC / CS6

Illustratorで作成したパスやマスクパス、さらにはPhotoshopのパスやペイントストロークのパスもモーションパスとして利用できます。

STEP 1
Illustratorでパスを作成します❶。次に［編集］→［環境設定］→［ファイル管理・クリップボード］（［Illustrator］→［環境設定］→［ファイル管理・クリップボード］）を選択して、［ファイル管理・クリップボード］ダイアログを開き、［クリップボード］の［終了時］にある［AICB（透明サポートなし）］と［パスを保持］にチェックを入れて❷［OK］ボタンをクリックします。最後にIllustrator上でパスを選択し、［編集］→［コピー］を実行します。

STEP 2
After Effectsに戻り、タイムラインパネルでモーションパスを適用するレイヤーを選択します❸。次に P キーを押してレイヤーの［位置］プロパティを表示・選択し❹、［編集］→［ペースト］（ Ctrl + V （ ⌘ + V ））を実行します。

| STEP 3 | 現在の時間インジケーターの位置に最初のキーフレームが設定され❺、コンポジションパネルにはIllustratorでコピーしたモーションパスが表示されます❻。 |

| STEP 4 | Illustratorで作成したパスをクリップボード経由でモーションパスにした場合、パスがどんなに複雑な形状であっても必ず2秒間のローピングキーフレーム（116ページ参照）に設定されます。この間隔を3秒間に伸ばしたり、1秒間に縮めたりするには、最後のキーフレームを選択し、ドラッグして移動します❼。 |

> **MEMO**
> クリップボード経由でコピーしたパスは、［アンカーポイント］やエフェクトの［位置］設定などにも利用できます。

> **MEMO**
> ここではIllustratorのパスを例に取り上げましたが、Photoshopのパスについても同じ方法でモーションパスとして利用できます。切り抜きで使用したパスやPhotoshopのシェイプパスなどの利用も可能です。

077 特定のキーフレーム間の移動速度を一定にする

NO. 077 特定のキーフレーム間の移動速度を一定にする

VER. CC / CS6

［位置］プロパティのキーフレームに［時間ロービング］を適用すると、選択したキーフレーム間でオブジェクトの移動速度が一定になります。

STEP 1 タイムラインパネルで目的のレイヤーを選択し❶、[P]キーを押して［位置］プロパティを表示します❷。次に移動速度を均等にしたい［位置］プロパティのキーフレームを選択します❸。

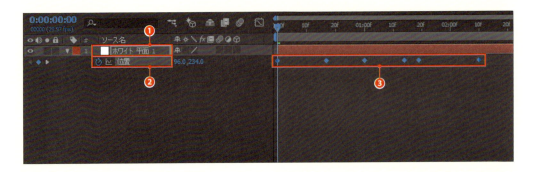

STEP 2 選択したキーフレームを右クリックするとメニューが表示されるので❹、[時間ロービング]を選択します❺。すると選択したキーフレームがロービングキーフレームに変わり❻、その間の移動速度が一定になります。

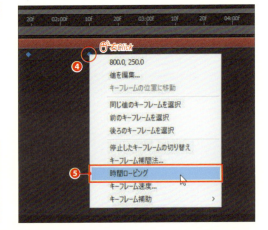

> **MEMO**
> ロービングキーフレームを解除するには、目的のキーフレームを選び、右クリックして表示されるメニューから再度［時間ロービング］を選択します。

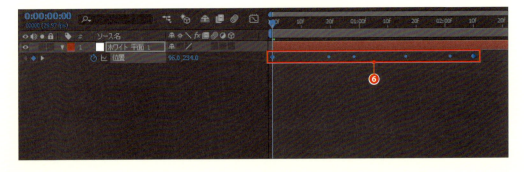

NO. 078 レイヤーの動きを反転する

VER.
CC / CS6

タイムラインでキーフレームを選択し、[時間反転キーフレーム]や[時間反転レイヤー]を適用するとレイヤーの動きが反転、つまり逆再生されます。

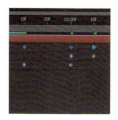

同一プロパティ内の特定のキーフレームだけを反転する

タイムラインパネルで目的のキーフレーム(同じプロパティ内)をドラッグして選択し❶、[アニメーション]→[キーフレーム補助]→[時間反転キーフレーム]を実行します。すると選択したキーフレームの位置が入れ替わり❷、レイヤーの動きが逆転します。

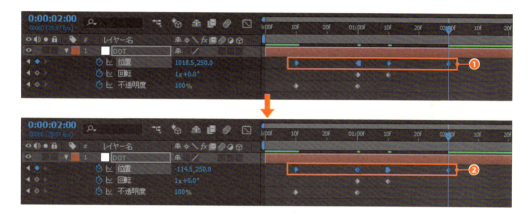

レイヤーに設定したすべてのキーフレームを反転する

目的のレイヤーを選択し❶、Uキーを押してすべてのキーフレームを表示します。[レイヤー]→[時間]→[時間反転レイヤー]を実行するとレイヤー全体が反転し、レイヤーデュレーションバーに斜線が表示されます❷。このとき各キーフレームのプロパティも反転されますが、レイヤーのデュレーションを基準に反転されるためにキーフレームの位置が変わってしまいます❸。必要に応じてタイミングを調整しましょう。

> **MEMO**
>
> モーション設定したムービーレイヤーやコンポジションレイヤーに[時間反転レイヤー]を適用すると、映像そのものが逆再生されます。問題がある場合は、次のように作業しましょう。①時間反転したすべてのキーフレームをコピーしてからいったん削除、②再度[時間反転レイヤー]を適用して映像を元の状態に戻し、③現在の時間インジケーターを適切な位置に移動してから、コピーしたキーフレームをペーストします。

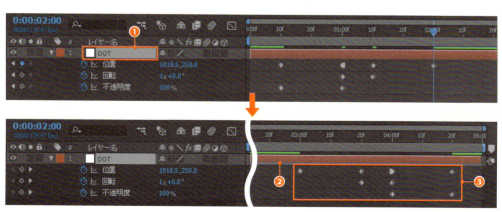

049 ムービーレイヤーを逆再生する
140 コンポジションをネスト化して複雑なアニメーションを作る

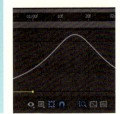

NO.
079 グラフエディターを使って
オブジェクトの速度を変える

VER.
CC / CS6

［グラフエディター］を使うと、最小限のキーフレームでオブジェクトの速度を細かく調整でき、表現のアップにつながります。

グラフエディターを表示する

STEP 1
オブジェクトを左から画面中央にフレームインさせた、直線的なアニメーション（リニアモーション）を例に取り上げます❶。まずタイムラインパネルで目的のレイヤーを選択し❷、Pキーを押して［位置］プロパティを表示します❸。次に<mark>タイムラインパネルの［グラフエディター］ボタン</mark>をクリックし❹、グラフエディターモードに切り替えます❺。

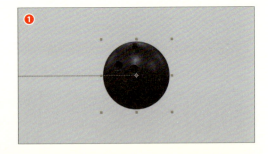

STEP 2
表示形式が速度グラフになっている場合は横にまっすぐな直線グラフ（STEP 1の❻）、値グラフの場合は右上がりの直線グラフで表示されます。表示形式はグラフエディター下部にある［グラフの種類とオプションを選択］ボタン❼をクリックして表示されるメニューで切り替えられます❽。ここでは、速度グラフで編集していきます。

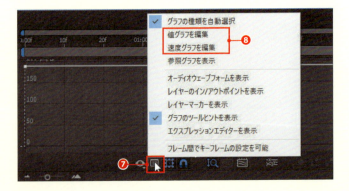

118

ゆっくりと動き出し、急加速、急減速させる

STEP 3 グラフエディターで最初のキーフレームポイントを選択し❾、[イージーイーズアウト]ボタンをクリックします❿。次に最後のキーフレームポイントを選択し⓫、[イージーイーズイン]ボタンをクリックします⓬。すると両ポイントにハンドルができ⓭、山なりのグラフになります⓮。

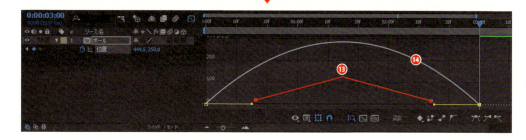

STEP 4 ハンドルをドラッグして⓯のような極端な山なりにします。この状態でプレビューすると、最初はゆっくりと動き出し、急加速して最高速度に到達し、そのあと急減速するアニメーションになります。[イージーイーズアウト]⓰と[イージーイーズイン]⓱を適用するとキーフレームの形も変わります。

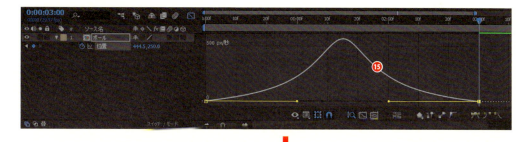

ゆっくりと動き出し、加速、急停止させる

STEP 5 山なりのグラフのハンドルをドラッグし、⑱のような曲線グラフにします。プレビューするとゆっくりと動き出し、しばらく加速して、急停止するアニメーションになります。このときキーフレームの形も変わります⑲。

> **MEMO**
> 速度グラフでは、キーフレームポイントが[0]に近くなるほどスピードが遅く、数値が大きくなる（上にいく）ほどスピードが速くなります。

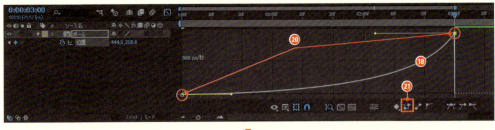

キーフレームで停止させる

STEP 6 グラフエディターで両キーフレームポイントを選択し（STEP 5の⑳）、[選択したキーフレームを停止に変換]ボタンをクリックします（STEP 5の㉑）。すると横一直線のグラフになり㉒、プレビューすると各キーフレームで停止するアニメーションになります。このとき、キーフレームの形も変わります㉓。

リニアモーションに戻す

STEP 7 グラフエディターで両キーフレームポイントを選択し㉔、[選択したキーフレームをリニアに変換]ボタンをクリックします㉕。すると元のリニアモーションに戻ります㉖。またこのとき、キーフレームの形も変わります㉗。

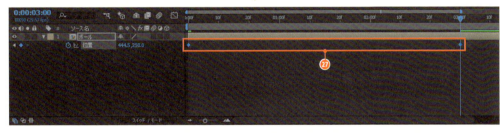

> **MEMO**
>
> 加減速のある中間キーフレームには、入ってくるハンドルと出てゆくハンドルの2つの方向ハンドルができます。どちらか一方のハンドルをドラッグして左右のハンドルが同時に動く場合は、入る速度と出る速度が同じ設定となる統合されたハンドルです。一方、ドラッグしたハンドルのみが動く場合は、入る速度と出る速度が異なる分離されたハンドルです。統合されたハンドルから分離されたハンドルに切り替えたい場合(またその逆)は、[Alt]([Option])キーを押しながらハンドルをドラッグします。
>
>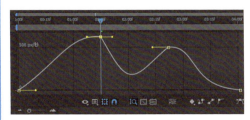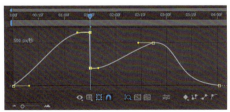
>
> 入る速度と出る速度が同じ統合されたハンドル設定　　入る速度と出る速度が異なる分離されたハンドル設定

077　特定のキーフレーム間の移動速度を一定にする
083　キーフレーム補間法を変える

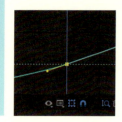

NO. 080 キーフレームの速度を数値で指定する

VER. CC / CS6

キーフレームの速度を正確に設定する場合は、［キーフレーム速度］ダイアログを使います。2つのレイヤーの動きをスムーズにつなぐときなどに役立ちます。

STEP 1
オブジェクトが3回転するアニメーションを設定した［レイヤーA］があります❶。このレイヤーの前に、同じオブジェクトを使った回転のアニメーション［レイヤーB］を作成し❷、スムーズにつなげてみます。

STEP 2
まず［レイヤーA］の回転速度を調べます。［回転］プロパティの最初のキーフレームを選択し❸、［アニメーション］→［キーフレーム速度］を実行します。キーフレームを右クリックして表示されるメニューから［キーフレーム速度］を選んでもかまいません❹。

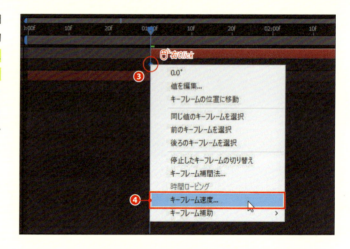

STEP 3
［キーフレーム速度］ダイアログが開くので、［出る速度］の数値を確認します❺。この値が［レイヤーA］でオブジェクトが回転し始めるときの速度です。数値を選択して［編集］→［コピー］（[Ctrl]+[C]（[⌘]+[C]））したら、［OK］ボタンをクリックしてダイアログを閉じます。

STEP 4 ［レイヤー B］に回転のアニメーションを設定します。ここでは先頭のキーフレームを［-1（回転）］❻、最後のキーフレームを［0（回転）］❼に設定します。

STEP 5 ［レイヤー B］の最後のキーフレームを選択し❼、［キーフレーム速度］ダイアログを開きます。［レイヤー B］が回転を終えるときの速度は［入る速度］で指定するので、STEP 3 でコピーした値を［編集］→［ペースト］（Ctrl+V（⌘+V））します❽。その下の［影響］ではキーフレームのハンドルの長さを決めます❾。値を大きくするほどハンドルが長くなります。ここでは［20%］に設定して［OK］ボタンをクリックします。

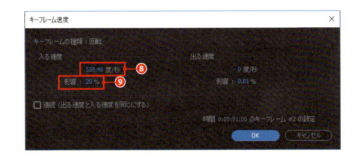

STEP 6 タイムラインの表示をグラフエディターに切り替えて結果を確認してみましょう❿。［レイヤー A］と［レイヤー B］の回転速度がぴったりと一致していることがわかります⓫。

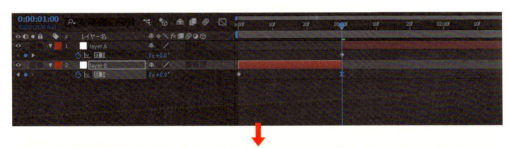

083 キーフレーム補間法を変える

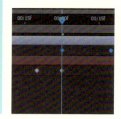

NO. 081 キーフレームやプロパティをコピー&ペーストする

VER. CC/CS6

あるレイヤーに設定されたキーフレームやプロパティを[コピー]して、別のレイヤーに[ペースト]すると同じ動きになります。

キーフレームを持たないプロパティをコピー&ペースト

STEP 1 タイムラインパネルで目的のプロパティを表示します。プロパティ名を選択して❶、[編集]→[コピー]([Ctrl]+[C]([⌘]+[C]))します。

STEP 2 別のレイヤーを選択して、[編集]→[ペースト]([Ctrl]+[V]([⌘]+[V]))を実行します。すると選択したレイヤーに[コピー]([Ctrl]+[C]([⌘]+[C]))したプロパティの値が設定されます❷。このとき現在の時間インジケーターはどこにあってもかまいません。

プロパティ内のすべてのキーフレームをコピー&ペースト

STEP 1 タイムラインパネルで目的のプロパティを表示します。プロパティ名をクリックして選択します❶。するとそのプロパティに作成したすべてのキーフレームが選択されるので❷、[編集]→[コピー]([Ctrl]+[C]([⌘]+[C]))を実行します。

STEP 2 ペースト先のレイヤーを選択します❸。現在の時間インジケーターをペーストしたい位置に移動し❹、[編集]→[ペースト]([Ctrl]+[V]([⌘]+[V]))を実行します。すると現在の時間インジケーターある位置からキーフレームがペーストされます❺。

特定のキーフレームだけをコピー&ペースト

STEP 1 タイムラインで目的のレイヤーを選択し、Uキーを押してすべてのキーフレームを表示します❶。次にコピーしたいキーフレームをドラッグして選択し❷、[編集]→[コピー]([Ctrl]+[C]([⌘]+[C]))を実行します。

STEP 2 現在の時間インジケーターをペーストしたい位置に移動し❸、[編集]→[ペースト]([Ctrl]+[V]([⌘]+[V]))を実行します。すると現在の時間インジケーターある位置からキーフレームがペーストされます❹。

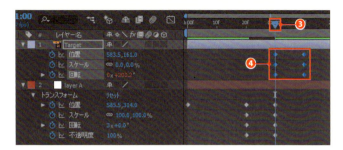

レイヤー内のすべてのキーフレームとエクスプレッションをコピー&ペースト

STEP 1 タイムラインで目的のレイヤーを選択し、Uキーを押してすべてのキーフレームとエクスプレッションを表示します。コピーするプロパティ名を[Shift]キーを押しながらクリックして選択し❶、[編集]→[コピー]([Ctrl]+[C]([⌘]+[C]))を実行します。

STEP 2 ペースト先のレイヤーを選択します❷。現在の時間インジケーターをペーストしたい位置に移動し❸、[編集]→[ペースト]([Ctrl]+[V]([⌘]+[V]))を実行します。すると現在の時間インジケーターある位置からキーフレームがペーストされます❹。

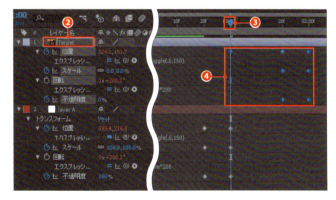

> **MEMO**
> After Effectsで扱う主なプロパティは[位置][スケール][回転][不透明度]の4つです。プロパティ名が違っても種類が同じであれば、ここで解説したコピー&ペーストが行えます。たとえば[位置]をエフェクトの位置設定や、[アンカーポイント]にコピー&ペーストできます。右図では[位置]のキーフレームを[レンズフレア]エフェクトの[光源の位置]にコピー&ペーストしています。

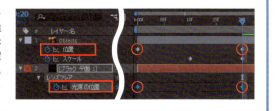

082 複数のプロパティをリンクさせる
083 キーフレーム補間法を変える

NO.
082 複数のプロパティを
リンクさせる

VER.
CC / CS6

プロパティをリンクしておくと、大元のプロパティに加えた変更が、すべてのリンク先に反映されます。同じエフェクトやトランスフォームを適用したいときに役立ちます。

STEP 1　ここでは「A」レイヤーに適用した［ドロップシャドウ］エフェクト❶をほかの複数のレイヤーにリンクさせてみます。まず［ドロップシャドウ］を選択し❷、[編集]→[プロパティリンクと一緒にコピー] を実行します。

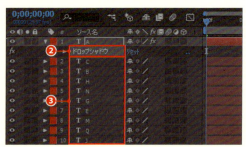

STEP 2　リンクさせたいレイヤー（プロパティ）をすべて選択し❸、［編集］→［ペースト］を実行します。すると選択したすべてのレイヤーに［ドロップシャドウ］が適用されます❹。

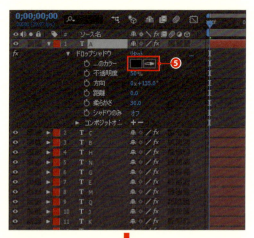

STEP 3　コピー元のプロパティを変更してみます。「A」レイヤーに適用した［ドロップシャドウ］の［シャドウのカラー］❺を青色に変更してみました❻。するとペーストしたすべてのレイヤーの［シャドウのカラー］に結果が反映されます❼。

STEP 4
「A」レイヤーとそのほかのレイヤーに適用された［ドロップシャドウ］のプロパティを見てください。「A」レイヤーの［ドロップシャドウ］のプロパティは、すべて青色で表示されています❽。それに対してペースト先のプロパティは赤色です❾。赤で表示されたプロパティは直接編集することができません。

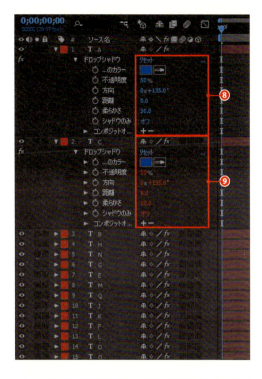

> **MEMO**
> プロパティリンクの［編集］メニューには、ここで紹介した［プロパティリンクと一緒にコピー］と［相対的なプロパティリンクと一緒にコピー］の2つがあります。どちらもコピー元のプロパティを参照することに変わりありませんが、記述されるエクスプレッションが「comp(コンポ 1).layer…」と参照コンポジションを限定する［プロパティリンクと一緒にコピー］の記述に対し、［相対的なプロパティリンクと一緒にコピー］は「thisComp.layer…」と相対的な記述になります。これは、複数のコンポジションにある複数レイヤーを制御させる場合に、コピーの大元を1つのレイヤーに限定するか、各コンポジションにコピー元をつくるかの違いを表しています。

STEP 5
リンクされたプロパティを編集したい場合は、変更したいプロパティのエクスプレッションを無効にするか、エクスプレッションを消去してください❿。するとペーストした直後の状態に戻ります⓫⓬。

「C」レイヤーの［シャドウのカラー］プロパティのエクスプレッションを無効にして、シャドウカラーを元の黒に戻した例

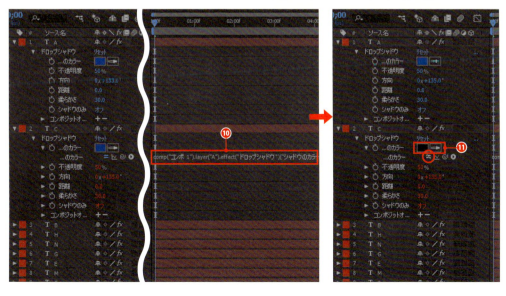

081　キーフレームやプロパティをコピー＆ペーストする
174　エクスプレッションを追加、編集、削除する

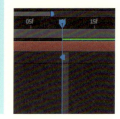

NO.
083 キーフレーム補間法を変える

VER.
CC / CS6

キーフレームのアイコンには大きく3つの種類があります。はキーフレームとキーフレームの間の時間補間法（つながり方）を表しています。

リニアから自動ベジェに変更する

初期設定ではリニアに設定されています。`Ctrl`（`⌘`）キーを押しながらクリックすると、リニア❶→自動ベジェ❷→リニア……の順に切り替わります。

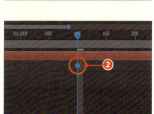
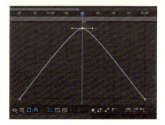

> **MEMO**
> リニアは、キーフレーム間の変化率を一定に割った均等な補間方法です。一方の自動ベジェは、キーフレーム間の変化率をスムーズになるよう自動調整する補間方法です。自動ベジェの特徴は、キーフレームの間隔に応じてハンドルが自動的に設定されることです。

リニアから停止に変更する

`Ctrl`+`Alt`（`⌘`+`Option`）キーを押しながらキーフレームをクリックすると、リニア❶→停止❸→リニア…の順に切り替わります。

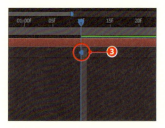

> **MEMO**
> 停止とは、キーフレーム間の変化がない補間方法です。停止のキーフレームに設定された値が、次のキーフレームまで持続します。リニア、自動ベジェ、停止のほかに連続ベジェ❹があります。これはグラフエディターでキーフレームのハンドルを編集して、任意の変化を加えたときに表示されるキーフレームです。

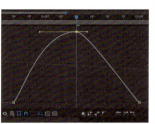

NO.
084 複数のレイヤーに同じ設定の キーフレームを一括作成する

VER.
CC / CS6

複数のレイヤーを選択した状態で、そのうちの1つのレイヤーに
キーフレームを作成すると、選択中のすべてのレイヤーに結果
が反映されます。

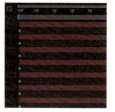

STEP 1
タイムラインパネルで目的のレイヤーを1つ選択し、キーフレームを作成するプロパティを表示します❶。次に [Ctrl] ([⌘]) キーを押しながらキーフレームを作成するすべてのレイヤーをクリックして選択していきます❷。[Shift] キーを使って一括選択してもかまいません。

STEP 2
プロパティを表示しているレイヤーでキーフレームを作成します❸。

STEP 3
現在選択しているすべてのレイヤーに同じ設定のキーフレームが作成されます❹。

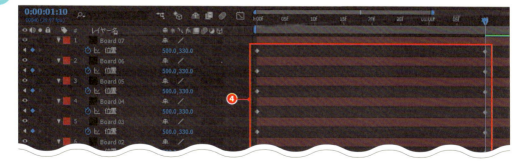

 MEMO

同じようにして、選択中のすべてのレイヤーのキーフレームを削除することもできます。該当のレイヤーをすべて選択したら、そのうちの1つで削除したいプロパティを表示し、ストップウォッチをクリックします。

第4章 基本アニメーション

129

NO. 085 キーフレーム間を時間的な比率を変えずに伸縮する

VER. CC / CS6

レイヤーの各プロパティに設定されたキーフレームは、それぞれのタイミングを維持したまま、デュレーションだけを伸縮することができます。

STEP 1　タイムラインパネルで目的のレイヤーを選択し、Uキーを押してすべてのキーフレームを表示します❶。次に時間伸縮させたいキーフレームをすべて選択し❷、Alt（Option）キーを押しながら先頭のキーフレームか最後のキーフレームをドラッグして、キーフレーム間を伸縮します❸。

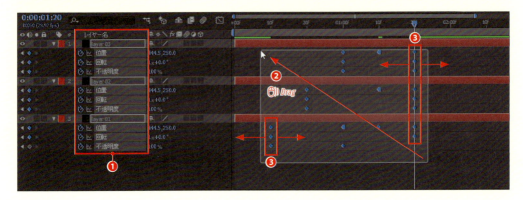

STEP 2　各キーフレームの時間的な比率を保ったまま、キーフレームが再配置されます。

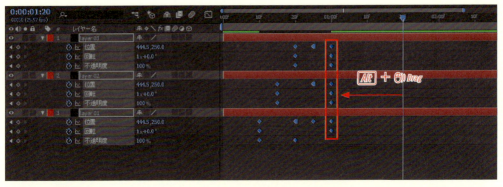

キーフレーム間を縮めた例

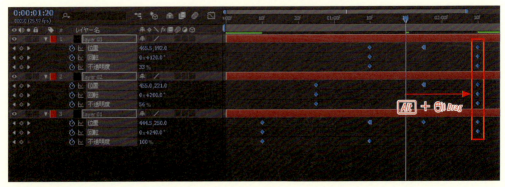

キーフレーム間を伸ばした例

After Effects Design Reference

NO. 086 モーションブラーを適用する

VER.
CC / CS6

［モーションブラー］とは、オブジェクトの動きに合わせて残像をつける機能です。動きの速いアニメーションで使うと勢いや滑らかさを表現できます。

STEP 1
タイムラインパネルで［位置］［回転］［スケール］のアニメーションを設定したレイヤーを選択し、[モーションブラー］スイッチをクリックしてオンにします❶。レイヤーを選択せずに、1つずつ［モーションブラー］スイッチをクリックしてもかまいません。

STEP 2
タイムラインパネルで［モーションブラーを適用］ボタンをオンにします❷。すると［モーションブラー］スイッチがオンに設定されたすべてのレイヤーにモーションブラーが適用されます❸。

MEMO

オブジェクトの動きが速すぎて、モーションブラーがきれいに表示されていない場合は、［コンポジション設定］ダイアログの［高度］タブで調整できます。2Dのアニメーションの場合は［最大適応サンプル数］、3Dのアニメーションの場合は［フレームあたりのサンプル数］の数値を上げてみましょう。

 200 ムービーフッテージにモーションブラーをつける
228 コンポジションをムービー出力する

第4章 基本アニメーション

131

NO.
087

VER.
CC / CS6

レイヤーの動きを保ったまま表示位置だけを変える

タイムラインパネルでレイヤーの動きを設定したキーフレームを選択し、その状態のままコンポジションパネルでレイヤーの位置を修正します。

STEP 1
左からスライドインして画面中央で決まるテキストがあります。このアニメーションの動き（左から入って中央で決まる）は変えずに、決まる位置をもう少し上に移動してみます❶。まず、タイムラインパネルで該当のレイヤーを選択し、Pキーを押して［位置］のキーフレームを表示します❷。次に［位置］プロパティをクリックしてすべてのキーフレームを選択し❸、現在の時間インジケーターを最後のキーフレームに合わせます❹。

STEP 2
コンポジションパネルでテキスト（オブジェクト）をドラッグして上に移動します❺。するとレイヤーの動きを保ったまま位置の修正ができます❻。いちいちそれぞれのキーフレームで数値を変更する必要はありません。

第 5 章　テキストアニメーション

NO. 088 テキストレイヤーを作成する

VER.
CC / CS6

キャッチコピーやタイトルに使用するテキストは、文字ツールで作成できます。文字ツールで入力した文字はテキストレイヤーとして追加されます。

STEP 1

ツールパネルで横書き文字ツールか縦書き文字ツールを選択し❶、文字パネルでフォントやサイズ、色などを設定します❷。これらの文字の設定は入力後に変更することもできます。

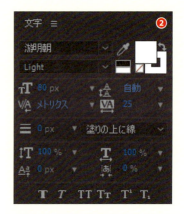

STEP 2

コンポジションパネル上でクリックして文字の入力位置を決めます。カーソルが点滅するので❸、文字を入力していきます。途中で文字の設定を変更して、特定の文字だけを別の色にしたり、書体を変えたり、アウトラインを加えたりすることができます。文字を入力したあと、テンキーの [Enter]（[⌘]+[Return]）キーを押して入力を終了します。

STEP 3

タイムラインパネルにテキストレイヤーが作成されます❹。レイヤー名には入力した文字が反映されます。

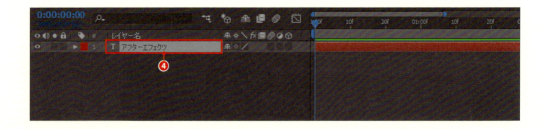

STEP 4 コンポジションパネルやタイムラインパネルでテキスト（レイヤー）をダブルクリックすると、文字が選択された状態になります❺。すべての文字を変更する場合は、そのまま文字を入力します。部分的に変更する場合は、該当の文字をドラッグして選択してから文字を入力し直します❻。文字のスタイルを変更する場合も同じように作業します。

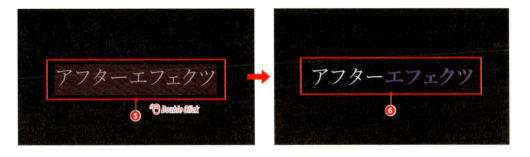

MEMO

縦書き文字ツールで半角英数字を入力すると、その文字だけが横書き表記になってしまうことがあります。縦書きにしたい場合は、目的の文字を選択してから文字パネルの左上にある ≡ をクリックして、表示されるメニューから［縦組み中の欧文回転］か［縦中横］を実行します。前者は1文字ずつ、後者は2文字以上をセットで縦書きにするときに使用します。

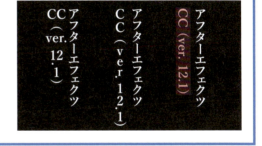

STEP 5 テキストレイヤーのアンカーポイントの位置は段落パネルで変更できます。テキストが選択された状態で［テキストの右揃え］をクリックするとアンカーポイントは文字列のベースラインの右端に設定されます。同様に［テキストの中央揃え］ではベースラインの中央、［テキストの左揃え］では左端になります❼。2行以上にわたるテキストの場合も、アンカーポイントは1行目の文字列のベースラインに設定されます❽。

［中央揃え］に設定された2行のテキストレイヤーのアンカーポイントの位置

MEMO

文字ツールを選択中に［Ctrl］（［⌘］）キーを押すと、一時的に選択ツール▶に切り替わります。また、選択ツール▶を選んでいるときに［Ctrl］+［T］（［⌘］+［T］）キーを押すと、文字ツールに切り替わります。

071 アンカーポイントの位置を移動する

NO. 089 段落形式のテキストレイヤーを作成する

VER. CC / CS6

文字ツールでバウンディングボックスを作成してから文字を入力するか、クリップボードにコピーしたテキストをペーストします。

STEP 1

ツールパネルで横書き文字ツール T か縦書き文字ツール T を選択し ❶、コンポジションパネル上でドラッグしてバウンディングボックスを作成します ❷。ボックスのサイズはあとから調整できます。この時点ではおおよそのサイズで作っておけばよいでしょう。

STEP 2

キーボードから直接文字を入力するか、別のファイルから文字をコピーして、[編集]→[ペースト]（Ctrl + V（⌘ + V））を実行します ❸。文字が入り切らない場合や、バウンディングボックスが大きすぎる場合は、ボックスの□をドラッグしてサイズを調整します ❹。

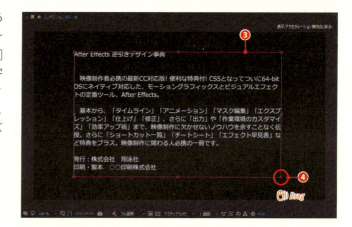

STEP 3

バウンディングボックス内での文字の配置は段落パネルで変更します ❺。横書き文字ツール T か縦書き文字ツール T でテキスト内の変更部分をドラッグして文字を選択してから、文字の配置を変更してください。

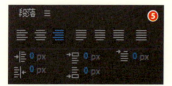

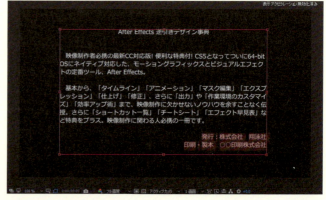

行ごとに揃え方を変更した例

After Effects Design Reference

NO.
090 文字のアウトラインを
作成する

VER.
CC / CS6

文字をアウトライン化すると、文字の一部を変形させたり、
アニメーションさせたりできます。

STEP 1
タイムラインパネルでテキストレイヤーを選択し❶、
[レイヤー] → [テキストからシェイプを作成] を実
行します。すると新たにシェイプ（アウトライン）レ
イヤーが作成されます❷。

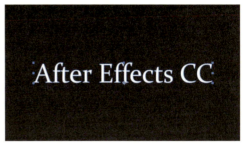

STEP 2
アウトライン化した文字には、文字単位でパスが作成されています。パスをダブルクリックしてから Shift キー
を押してポイントを編集❸すると、❹のように文字の一部を変形することができます。

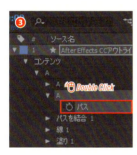

STEP 3
タイムラインパネルで [パス] プロパティにキーフレームを作成して❺、文字の変形をアニメーションにするこ
ともできます。

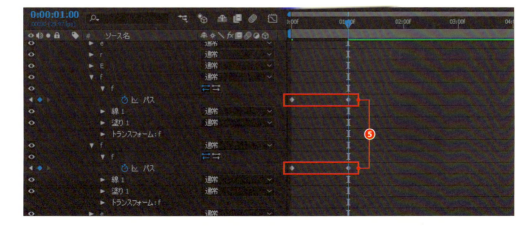

第5章 テキストアニメーション

137

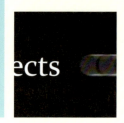

NO. 091 文字が横にスライド移動して決まる

VER. CC / CS6

［位置］アニメーターのX値で始点を決め、［シェイプ］や［オフセット］で動きを設定します。1文字ずつ、あるいは単語ごとや行単位で動かすことができます。

STEP 1
アニメーションさせる文字（ここでは「After Effects CC」）を用意し❶、レイヤー名の左側にある▶をクリックしてテキストレイヤーのプロパティを開きます❷。次に［アニメーター］の▶をクリックして［位置］を選択し❸、［位置］プロパティを表示します❹。［位置］のX値をスクラブして❺、コンポジション中央にあったテキストが右端に消えてなくなる数値に設定します❻。

STEP 2
［範囲セレクター 1］にある［高度］プロパティを開きます❼。［シェイプ］から［上へ傾斜］を選択し❽、［オフセット］を［-100％］に設定してから❾ストップウォッチを押してキーフレームを作成します❿。次に現在の時間インジケーターを（たとえば15フレーム後に）移動して、［オフセット］を［100％］に設定します。すると新たにキーフレームが作成されます⓫。

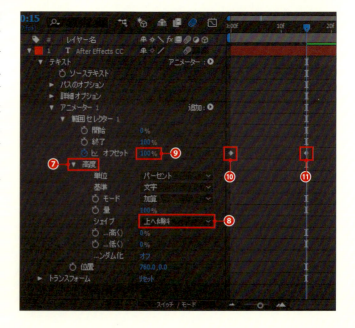

| STEP 3 | これで文字が1文字ずつスライド移動して決まるアニメーションになります。

| STEP 4 | 単語単位で決まるアニメーションに変更してみましょう。ここでは「After」→「Effects」の順にスライド移動させます。［高度］の［基準］を［単語］に設定します⓬。これで単語ごとにスライド移動して決まるアニメーションになります⓭。なお、［行］に設定した場合は、行単位でスライド移動して決まるアニメーションになります⓮。

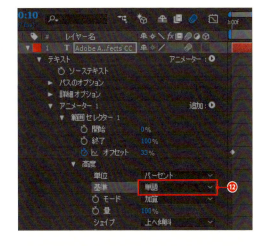

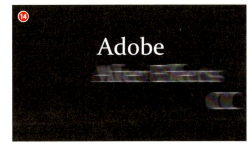

> **MEMO**
>
> ［シェイプ］を［矩形］に設定し、［開始］プロパティのキーフレームを使って似通ったアニメーションを作ることができます。この設定では一文字目が決まらないと次の文字が動き出しません。ここで解説した［上へ傾斜］と［オフセット］を使った方が、繊細で滑らかな動きになります。実際にどれだけ違いが出るのか試してみるとよいでしょう。

NO. 092 文字がジャンプして決まる

VER. CC/CS6

［位置］アニメーターのY値で始点を決め、［シェイプ］や［オフセット］で動きを設定します。［円形］を使ってジャンプさせることもできます。

STEP 1　アニメーションさせる文字（ここでは「After Effects CC」）を用意し❶、レイヤー名の左側にある▶をクリックしてテキストレイヤーのプロパティを開きます❷。次に ［アニメーター］ の▶をクリックして ［位置］を選択し❸、［位置］プロパティを表示します❹。［位置］のY値を元の位置から［70］ピクセルほど上げます❺。

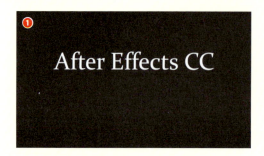
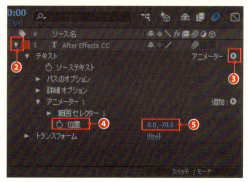

STEP 2　［範囲セレクター1］にある［高度］プロパティを開きます❻。［シェイプ］から［円形］を選択し❼、［オフセット］を［-100%］に設定してからストップウォッチを押してキーフレームを作成します❽。次に現在の時間インジケーターを（たとえば20フレーム後に）移動して❾、［オフセット］を［100%］❿、［イーズ（高く）］を［50%］に設定します⓫。これで文字が1文字ずつジャンプして決まるアニメーションになります。

> **MEMO**
> ［イーズ（高く）］を使うと、ジャンプした文字が空中でしばらく浮いている「溜め」の効果を演出できます。

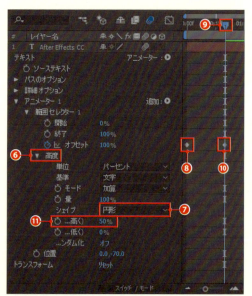

After Effects Design Reference

NO.
093   1文字ずつ現れて
ジャンプして決まる

［アニメーター］を2つ用意し、1つには文字が出現するアニメーション、もう1つには文字がジャンプするアニメーションを設定します。

VER.
CC / CS6

STEP 1

文字（ここでは「After Effects CC」）がジャンプするアニメーション（140ページ参照）に動きを追加していきます。［アニメーター］の▶をクリックして［不透明度］を選択します❶。すると［アニメーター2］が追加され、［不透明度］プロパティが表示されます❷。［不透明度］を［0%］❸、［アニメーター2］の［範囲セレクター1］の［開始］を0フレームで［0%］❹、10フレームで［100%］❺、［高度］の［なめらかさ］を［0%］に設定します❻。

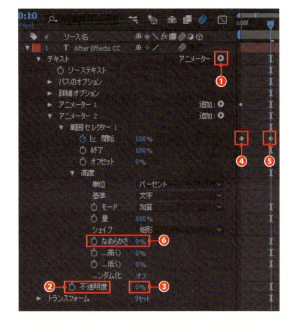

STEP 2

文字が現れるタイミングとジャンプのタイミングが同じ時間に設定されているので調整します。ここでは「文字が出現」→「文字がジャンプ」としたいので、ジャンプを設定した［アニメーター1］の［オフセット］のキーフレームを1フレームずつ後ろにずらします❼。これで1文字ずつ文字が現れ、ジャンプして決まるようになります❽。

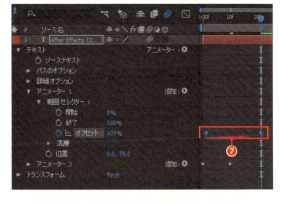

> **MEMO**
> ［範囲セレクタ］のタイミングが共有できない（タイミングをずらしたい）場合は、複数の［アニメーター］を使ってアニメーション設定します。ここでは［アニメーター1］でジャンプの動き、［アニメーター2］で［不透明度］を設定しました。

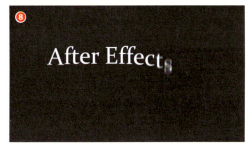

092 文字がジャンプして決まる

NO.
094 1文字ずつ画面に飛び込んで決まる

VER.
CC / CS6

［スケール］アニメーターで文字を拡大し、画面の手前から飛び込んできて中央で決まるアニメーションにします。

STEP 1
アニメーションさせる文字（ここでは「After Effects CC」）を用意し❶、レイヤー名の左側にある▶をクリックしてテキストレイヤーのプロパティを開きます❷。次に［アニメーター］の▶をクリックして［スケール］を選択し❸、［スケール］を［400, 400%］（拡大させる）に設定します❹。続いて［詳細オプション］の［アンカーポイント］のY値をスクラブして❺、文字の中心（アンカーポイント）がコンポジションの中心に重なるようにします❻。なお、ここでの［スケール］の値は、アンカーポイントを調整するための仮の設定です。

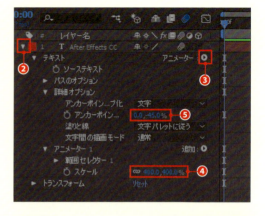

STEP 2
［範囲セレクター 1］にある［高度］プロパティを開きます❼。［シェイプ］から［上へ傾斜］を選択し❽、［オフセット］を［-100%］に設定してからストップウォッチを押してキーフレームを作成します❾。次に現在の時間インジケーターを（たとえば15フレーム後に）移動して、［オフセット］を［100%］❿、［イーズ（低く）］を［100%］に設定します⓫。これで400%に拡大された文字が、縮小しながら画面の中央に決まるアニメーションになります⓬。

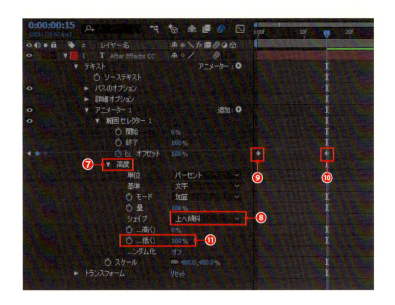

> **MEMO**
> ［イーズ（低く）］を［100%］に設定すると、拡大された文字ほどすばやく動くようになります。

STEP 3 ［アニメーター1］の［追加］にある▶をクリックして、［プロパティ］→［不透明度］を選択し⓭、［不透明度］を［0%］に設定します⓮。次にSTEP 1で仮に設定した［スケール］を［1000, 1000%］に変更します⓯。これで1文字ずつ画面に飛び込んで決まるアニメーションの完成です⓰。

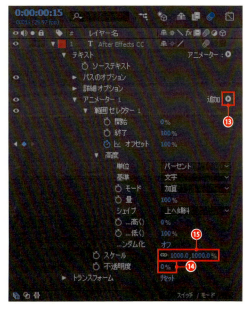

NO. 095 文字が回転しながら決まる

VER. CC/CS6

［回転］アニメーターを使って文字を回転し、画面中央で決まるアニメーションにします。［アンカーポイント］を調整することで多彩な表現ができます。

STEP 1

アニメーションさせる文字（ここでは「After Effects CC」）を用意し❶、レイヤー名の左側にある▶をクリックしてテキストレイヤーのプロパティを開きます❷。次に ［アニメーター］の▶をクリックして［回転］を選択し、［回転］プロパティを表示します❸。［回転］を［4x + 0.0°］（4回転）❹、［範囲セレクター 1］の［オフセット］を 0 フレームで［-100％］❺、20 フレーム後で［100％］に設定します❻。さらに［高度］の［シェイプ］を［上へ傾斜］❼、［イーズ（低く）］を［100％］にします❽。これで 1 文字ずつ回転して決まるアニメーションになります❾。

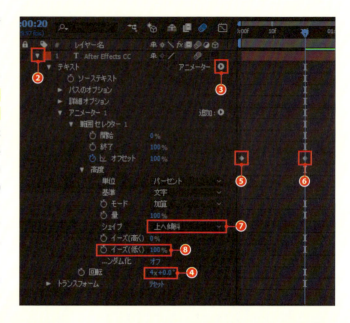

STEP 2

［アニメーター 1］の［追加］にある▶をクリックして［プロパティ］→［位置］を選択し、［位置］プロパティを表示します❿。［位置］のX値をスクラブして⓫、コンポジション中央にあったテキストが右端に消えてなくなる数値に設定します。これで文字がコンポジションの右端から回転しながら現れて、1 文字ずつ画面の中央で決まるアニメーションになります⓬。

> **MEMO**
> 初期設定では、テキストレイヤーのアンカーポイントは文字の下部分に設定されています。このため回転時に上下動を起こし少し乱暴な感じになります。スムーズな回転にしたい場合は、[詳細オプション]にある[アンカーポイントの配置]でY値を変更し、アンカーポイントが文字の中央にくるようにします。

STEP 3 [詳細オプション]でアンカーポイントの位置を変更すると、回転のバリエーションが簡単に作り出せます。たとえば、[アンカーポイントのグループ化]を初期設定の[文字]から[単語]に変更すると❸、各単語の文字幅の中央にアンカーポイントが設定され、単語単位(ここでは「After」「Effects」「CC」)で回転するようになります❹。

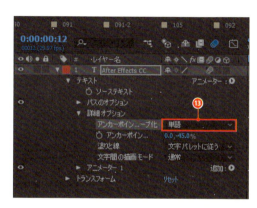

STEP 4 また[アンカーポイントのグループ化]を[すべて]に変更すると❺、テキスト幅の中央を基点に回転し、文字が決まるたびに基点が変わるようになります❻。その様子はチェーンが回転し、その鎖が1つずつ抜けていくかのようです。

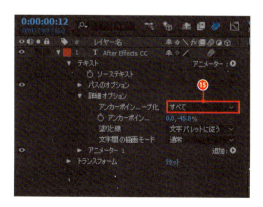

145

NO. 096 タイプライター風に1文字ずつ現れる

VER. CC / CS6

[不透明度]と[文字コード]のアニメーターを使用します。[文字コード]を設定すると、常に同じ文字(今回はカーソル)を表示させることができます。

STEP 1

アニメーションさせる文字(ここでは「After Effects CC」)を用意し❶、レイヤー名の左側にある▶をクリックしてテキストレイヤーのプロパティを開きます❷。次に[アニメーター]の▶をクリックして[不透明度]を選択し❸、[不透明度]を[0%]❹、[範囲セレクター 1]の[開始]を0フレームで[0%]❺、1秒で[100%]❻、[高度]の[なめらかさ]を[0%]に設定します❼。これでタイプライターの基本的な動きができます。

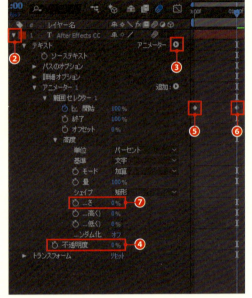

STEP 2

タイプライターのカーソルを「_(アンダーバー)」で表示させます。[アニメーター]から[文字コード]を選択し❽、[アニメーター 2]を追加します。[文字コード]を[95]❾、[範囲セレクター 1]の[開始]を0フレームで[0%]❿、1秒で[100%]に設定します⓫。そして最後にSTEP 1で作成した[アニメーター 2]の[開始]の2つのキーフレームを1フレームだけ後ろにずらします⓬。するとカーソルが表示されたあとに、1文字目が現れるようになります。

> **MEMO**
>
> [アニメーションプリセット]に用意されている[Text]→[Animate In]→[タイプライタ]を使って、タイプライター風のテキストアニメーションを作ることもできます。

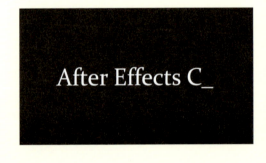

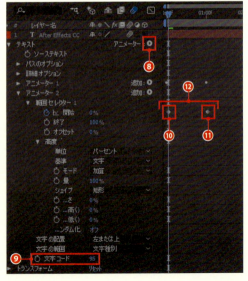

NO. 097 文字がランダムに飛び込んで決まる（3Dテキストアニメーション）

VER. CC / CS6

［文字単位の3D化を使用］アニメーターを使って文字に動きをつけ、［順序をランダム化］をオンにして文字がランダムに飛び込んでくるようにします。

STEP 1
アニメーションさせる文字（ここでは「After Effects CC」）を用意し❶、レイヤー名の左側にある▶をクリックしてテキストレイヤーのプロパティを開きます❷。次に［アニメーター］の▶をクリックして［位置］を選択し、［位置］プロパティを表示します❸。続いて［アニメーター］から［文字単位の3D化を使用］を選択します❹。すると［位置］プロパティにZ値が追加され、3次元での設定が可能になります❺。

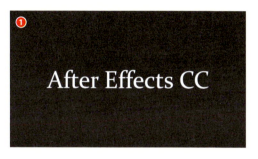
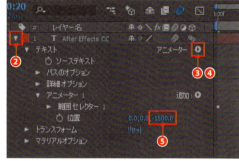

STEP 2
［位置］のZ値を［-1500］に設定し❻、［範囲セレクター 1］の［オフセット］を0フレームで［-100％]❼、20フレームで［100％]❽、［高度］の［シェイプ］を［上へ傾斜］に設定します❾。これで文字が奥行き感を持って、1文字ずつ画面中央に飛び込んでくるアニメーションになります。最後に［範囲セレクター 1］の［高度］にある［順序をランダム化］を［オン］にして❿、文字がランダムに飛び込んでくるようにします⓫。

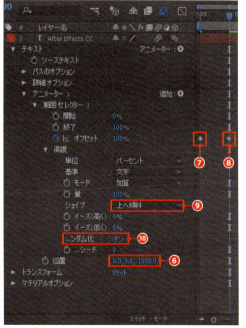

NO. 098 パスに沿って文字を動かす

VER. CC / CS6

パスに沿って文字をアニメーションさせる場合は、[パスのオプション]で文字をパスに沿わせ、[位置]アニメーターで動きをつけます。

STEP 1
まず、==テキストレイヤーが移動するパス（ここでは楕円）を用意==します。タイムラインパネルでテキストレイヤーを選択し、ツールパネルで楕円形ツールを選びます❶。そしてコンポジションパネルで❷のような楕円を描きます。

> **MEMO**
> 選択ツール▶でパスをダブルクリックすると、トランスフォームボックスが表示されます。パスを移動する場合はそのままドラッグ、サイズを変える場合は□部分をドラッグします。

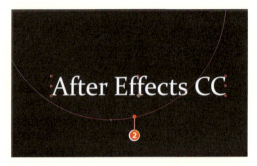

STEP 2
するとテキストレイヤーに[マスク]プロパティが追加されます❸。[マスク1]の▼をクリックして[なし]を選択し❹、マスクを解除しておきます。

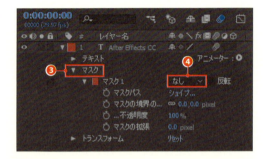

STEP 3
テキストレイヤーの==[パスのオプション]を表示==し❺、==[パス]を[マスク1]に設定==します❻。するとテキストがパスに沿って配置されます❼。続いて文字が最終的に決まる位置を[最初のマージン]と[最後のマージン]をスクラブして調整します❽。

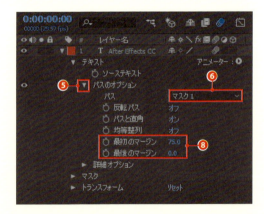

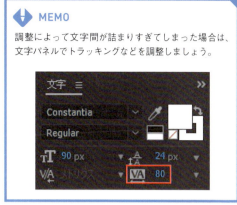

> **MEMO**
> 調整によって文字間が詰まりすぎてしまった場合は、文字パネルでトラッキングなどを調整しましょう。

STEP 4

最後にアニメーションの設定を行います。[アニメーター]の▶をクリックして[位置]を選択し、[位置]プロパティを表示します❾。[位置]のX値をスクラブして文字がコンポジションの外に出るようにし❿、[範囲セレクター 1]の[オフセット]を 0 フレームで[-100%]⓫、10 フレームで[100%]⓬、[高度]の[シェイプ]を[上へ傾斜]に設定します⓭。これで1文字ずつパスに沿って移動するアニメーションになります⓮。

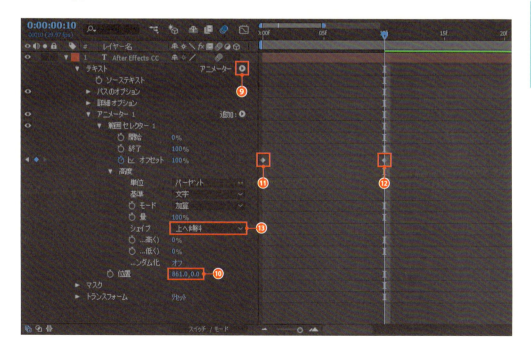

088 テキストレイヤーを作成する
152 映像の一部を隠す、切り抜く

第 5 章 テキストアニメーション

149

NO. 099 作成したアニメーションをプリセットとして保存する

VER. CC / CS6

テキストレイヤーのアニメーション設定は、エフェクト＆プリセットの［アニメーションプリセット］として保存、登録、利用ができます。

STEP 1
テキストレイヤーに設定したプロパティを表示し、保存したいプロパティをドラッグ、あるいは Shift キーを押しながら選択していきます❶。そして［アニメーション］→［アニメーションプリセットを保存］を実行します。

> **MEMO**
> テキストレイヤーの設定だけでなく、静止画を使ったアニメーション設定も同様に、アニメーションプリセットとして保存、登録、利用ができます。

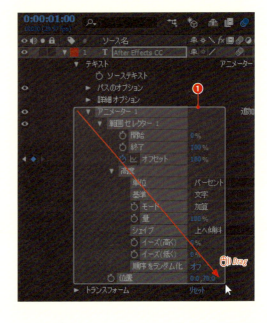

STEP 2
［アニメーションプリセットに名前を付けて保存］ダイアログが表示されるので、［ファイル名］と保存先を指定して［保存］ボタンをクリックします。プリセットファイルの拡張子は「FFX」です。

STEP 3
アニメーションプリセットは、「ユーザー / ドキュメント / Adobe / After Effects CC / User Presets」（「ユーザー / 書類 / Adobe / After Effects CC / User Presets」）フォルダーに保存しておくと、エフェクト＆プリセットパネルで選択、適用できるようになります❷。保存したプリセットが表示されていない場合は、エフェクト＆プリセットパネルの左上にある■をクリックして、［リストを更新］を実行してみましょう❸。

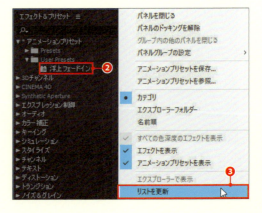

第 **6** 章　シェイプレイヤー

NO. 100 シェイプレイヤーを作成する

VER. CC/CS6

［シェイプレイヤー］とは、各種シェイプツールやペンツールを使って描くベクトルグラフィックです。変形させてアニメーションにもできます。

STEP 1
ツールパネルから、シェイプツール（長方形ツール■、角丸長方形ツール■、楕円形ツール●、多角形ツール●、スターツール★）❶、あるいはペンツール✐❷を選択し、［塗り］と［線］のカラーや幅を設定します。

MEMO
［塗り］や［線］のカラーは透明にできます。［塗り］や［線］❸をクリックして表示されるオプションダイアログで［なし］を選択します。シェイプレイヤーの［不透明度］プロパティを「0」にしても透明になります。

STEP 2
<mark>コンポジションパネル上でドラッグして目的のシェイプを描いていきます。</mark>たとえば❹のようなシェイプを描くことができます。シェイプを描くとタイムラインパネルに［シェイプレイヤー］が追加されます❺。シェイプレイヤーの最大の特徴は、ベクトルオブジェクトであることです。どれだけ表示を拡大してもピクセルは荒れません❻。またシェイプやパスが変形するアニメーションにすることもできます。

MEMO
シェイプレイヤーを作成する場合、タイムラインパネルでほかのレイヤーが選択されていない状態からシェイプツールやペンツールで描き始めます。ほかのレイヤーが選択されているとマスクパスが作成されます。

パスが変形する効果や拡大するスケールの設定をしてもクオリティは損なわれません

After Effects Design Reference

NO. 101 シェイプパスの種類を決める

VER.
CC / CS6

シェイプパスには大きくわけて2つの種類があります。パラメトリックシェイプパスとベジェシェイプパスです。描く内容によって使い分けます。

パラメトリックシェイプパスを描く

ツールパネルで長方形ツール■、角丸長方形ツール■、楕円形ツール●、多角形ツール●、スターツール★を選択し、==コンポジションパネルでドラッグ==します。するとパラメトリックシェイプパスが作成されます❶。パスはそれぞれ固有のプロパティを持ち、その範囲内での変形が可能です❷。たとえばスターツール★ならあとから頂点の数を変更する、角丸長方形ツール■ならば角丸の半径を変更するといったことができます。ただし、パスにポイントを追加したり、形状そのものを大きく変更することはできません。

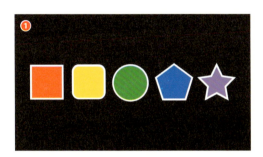

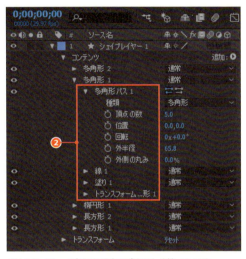

パラメトリックシェイプパスは固有のプロパティを持っています

ベジェシェイプパスを描く

ツールパネルで長方形ツール■、角丸長方形ツール■、楕円形ツール●、多角形ツール●、スターツール★を選択し、==Alt（Option）キーを押しながらコンポジションパネルでドラッグ==します。するとポイントごとに形状を自由に変形できるベジェシェイプパスが作成されます。たとえば、楕円形ツール●で作成した各ポイントのハンドルを使ってハート型に変形できます。また、ペンツールを使ってシェイプを描いた場合もベジェシェイプパスになります。

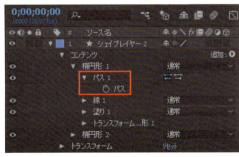

ベジェシェイプパスは［パス］の情報しか持っていません

第6章 シェイプレイヤー

153

NO.
102 パスの選択モードを
切り替える

VER.
CC / CS6

シェイプパスの選択モードは4種類あります。シェイプレイヤーの変形、移動、回転、形状編集は用途に合わせた選択モードに切り替えてから行います。

レイヤー選択モード

タイムラインパネルでシェイプレイヤーをクリックします❶。するとレイヤーに含まれるすべてのシェイプが選択され❷、コンポジションパネル上でドラッグしてすべてのシェイプを同時に移動したり❸、トランスフォームボックスを使って変形できるようになります❹。

グループ選択モード

タイムラインパネルかコンポジションパネルで特定のシェイプを1つだけクリックします❶。するとグループ選択モードになり❷、選択したシェイプの移動やトランスフォームボックスによる変形のほか、四隅のポイントをドラッグして回転することができます❸。

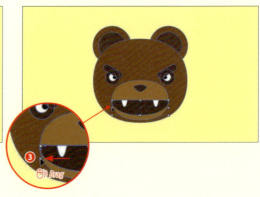

自由変形モード

コンポジションパネルでベジェシェイプパスをダブルクリックすると、パスのストロークを選択して移動できる自由変形モードになります❶。自由変形モードでは、グループ選択モードで行える、シェイプの移動やトランスフォームボックスによる変形、回転も可能です❷。

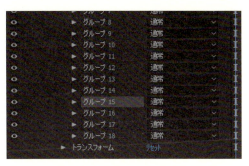

パス編集モード

自由変形モードで [Shift] キーを押しながら頂点のポイントをクリック、またはグループの選択からパスをクリックすると、パスのポイントを編集できるパス編集モードになります❶。ポイントの移動やハンドルの編集に加え、ペンツール を使用してポイントを追加することも可能です❷。

> **MEMO**
> パラメトリックシェイプパスでは、自由変形モードとパス編集モードを使用できません。

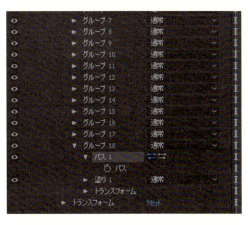

NO.
103 シェイプのサイズや形を変える

VER.
CC / CS6

パラメトリックシェイプとベジェシェイプでは、シェイプの編集方法が異なります。前者は元のプロパティを生かした調整、後者は自由な調整ができます。

STEP 1

長方形ツール■や角丸長方形ツール■で描いたパラメトリックシェイプパスのサイズは、トランスフォームボックス❶をドラッグして調整できます。このときに[Shift]キーを押しながら操作すると正方形になります。ただし、この方法でサイズを調整すると角丸部分まで同時に変形されて❷のような状態になってしまいます。角丸はそのままでサイズだけを変えたい場合は❸、タイムラインパネルで［長方形パス］にある［サイズ］プロパティを変更しましょう❹。

 角丸の半径を増減 ▶ 🖱Drag+[↑]・🖱Drag+[↓]

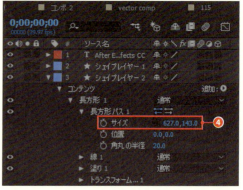

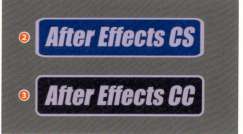

STEP 2

楕円形ツール●で描いたパラメトリックシェイプパスのサイズは、トランスフォームボックスをドラッグして調整できます❺。このときに[Shift]キーを押しながら操作すると正円になります。またタイムラインパネルで［楕円形パス］にある［サイズ］プロパティで調整してもかまいません❻。ドラッグ中に[Ctrl]([⌘])キーを押すとドラッグ開始位置を中心に円を描くことができます❼。

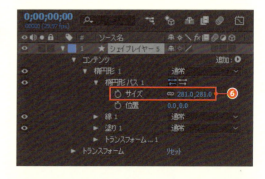

> **MEMO**
> シェイプレイヤーの作成中（ドラッグ中）に[Space]キーを押すと描画中のシェイプレイヤーが停止して位置を移動できるようになります。[Space]キーを放すと変更した位置から再びシェイプレイヤーの描画を開始できます。

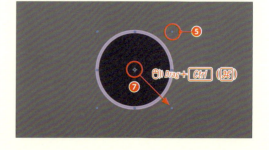

156

STEP 3 多角形ツール ■ で描いたパラメトリックシェイプパスの頂点の数は、タイムラインパネルの［多角形パス］にある［頂点の数］プロパティで変更できます❽。最大まで増やすと円になります。また、［外側の丸み］を増大させて❾、シェイプを膨張させたり、収縮させることも可能です。シェイプのサイズは［外半径］❿、あるいはコンポジションパネルでトランスフォームボックスをドラッグして変更します。

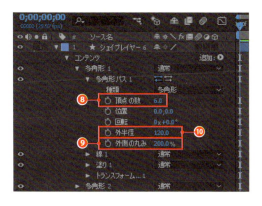
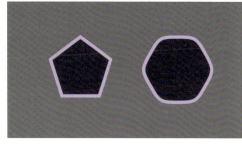

STEP 4 スターツール ■ で描いたパラメトリックシェイプパスは、内と外の2つの半径を持ちます。トランスフォームボックスをドラッグした場合は両方の半径が同時に変更されます。個別に調整したい場合は、タイムラインパネルの［多角形パス］にある［内半径］や［外半径］で調整しましょう⓫。またそれぞれの丸みを［内側の丸み］や［外側の丸み］で変えられます⓬。これらを組み合わせることで無限にバリエーションが作成できます。

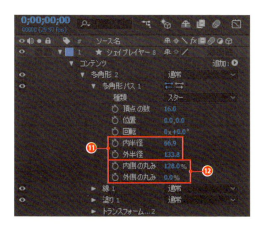

STEP 5 各種シェイプツールやペンツール ■ で作成したベジェシェイプパスは、直接ポイントをドラッグして編集します。コンポジションパネル上でダブルクリックすると自由変形モードになります。この状態で Shift キーを押しながら頂点をクリックするとポイントが選択され⓭、変形（ポイントの移動）が可能になります。また頂点を切り替えツール ■ に切り替えると、ポイントにハンドルをつけ⓮、さらに自由度の高い編集が行えます。

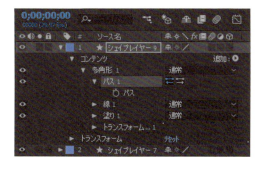
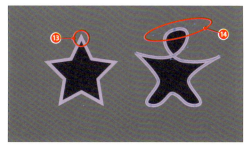

NO.
104 シェイプを重ねて複雑な形状を作る

VER.
CC / CS6

1つのシェイプの中に複数のシェイプパスを作ることができます。複数のシェイプを組み合わせることで、複雑な形状を作り出せます。

STEP 1
シェイプレイヤーの［コンテンツ］で目的のシェイプを選択します❶。次に［追加］の▶をクリックして❷、追加したいシェイプを［長方形］［楕円形］［多角形］の中から選択します。すると同じグループ内に選択したシェイプが追加されます❸❹。同じ操作を繰り返して、1つのシェイプレイヤー内にいくつものシェイプを作成することができます。

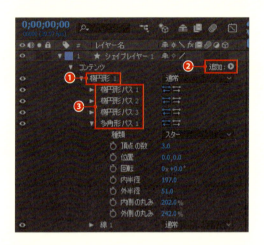

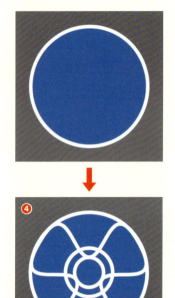

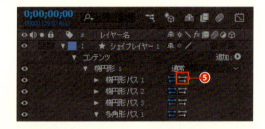

［楕円形パス］に2つの［楕円形パス］と［多角形パス］を組み合わせた例

STEP 2
パスのプロパティにある［パスの方向反転をオン］をクリックすると❺、パスとパスの重なり部分をくりぬくことができます❻。このように異なるシェイプを重ねていくことで、複雑な形状を作り出すことができます。下図はその1例です。

NO. 105 塗りや線にグラデーションを設定する

VER.
CC / CS6

シェイプレイヤーの［塗り］や［線］には、グラデーションを塗り重ねることができます。半透明を使った表現も可能です。

STEP 1

塗りにグラデーションを追加するには、シェイプレイヤーの［コンテンツ］で目的のシェイプを選び❶、[追加]の▶をクリックして［グラデーションの塗り］を選択します❷。すると［グラデーションの塗り1］が追加されるので❸、グラデーションの［種類］［開始点］［終了点］などを設定します。［グラデーションの塗り1］は元の［塗り］の上に着色され、［不透明度］を下げることで下の塗りを透かして見せることができます。

> **MEMO**
> ［開始点］と［終了点］は、コンポジションパネルに表示されるハイライトコントロールポイントを使って調整することもできます。これは塗りも線も同様です。

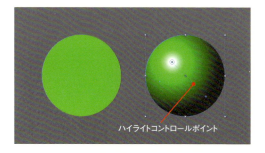

ハイライトコントロールポイント

STEP 2

線にグラデーションを追加するには、シェイプレイヤーの［コンテンツ］で目的のシェイプを選び❹、[追加]の▶をクリックして［グラデーションの線］を選択します❺。すると［グラデーションの線1］が追加されるので❻、グラデーションの［種類］［開始点］［終了点］［線幅］などを設定します。このとき［線幅］を元の線より下げると❼、線が二重に重なって見えます❽。

> **MEMO**
> ［カラー］プロパティの右にある［グラデーションを編集］をクリックすると、［グラデーションエディター］ダイアログが開きます。この画面でグラデーションの配色を変更できます。

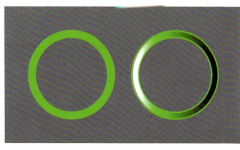

左の円形は［線幅］を［30］ピクセルに設定。右は元の［線幅］より下げた［19］ピクセルのグラデーションの線を重ねたもの

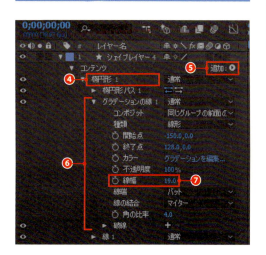

第6章 シェイプレイヤー

159

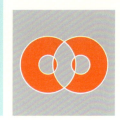

NO.
106 複数のシェイプを結合する

VER.
CC / CS6

パスの結合モードは全部で5種類あります。［モード］を変えることで、違ったシェイプを作り出すことができます。アニメーションの設定も可能です。

STEP 1 同じコンテンツ内に複数のシェイプを用意します❶。［追加］の▶をクリックして［パスを結合］を選択すると❷、［パスを結合1］プロパティが追加されます❸。

［パスを結合］前のシェイプレイヤー表示

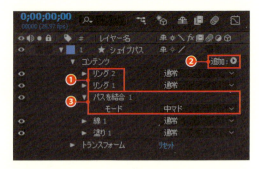

STEP 2 ［パスを結合］の［モード］から目的の結合方法を選択します❸。初期設定の［結合］❹、元のシェイプに重ねたシェイプを足す［追加］❺、重ねたシェイプで元のシェイプをくり抜く［型抜き］❻、重なりあった部分だけを残す［交差］❼、重なり合った部分を抜く［中マド］❽の5種類があります。

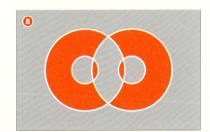

160

NO.
107

VER.
CC / CS6

シェイプをパンク・膨張、旋回、ジグザグさせる

［パンク・膨張］［旋回］［ジグザグ］を設定すると、シェイプをさまざまな形状に変形できます。もちろんアニメーションを設定することも可能です。

パンク・膨張で変形させる

シェイプレイヤーの［コンテンツ］にある[追加]の▶をクリックして、[パンク・膨張]を選択します❶。すると［パンク・膨張 1］が追加されます❷。［量］の値をマイナスにするとパスが食い込むような形状になり、逆にプラスの値にすると放射状に変形します❸。

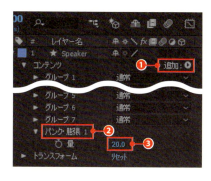

変形前、［量：000］

［量：20］に設定

旋回で変形させる

シェイプレイヤーの［コンテンツ］にある[追加]の▶をクリックして、[旋回]を選択します。すると［旋回 1］が追加されます。［角度］の値をマイナスにすると反時計回りに中心から少しずつ回転する変形になり、プラスの値にすると時計周りに変形します。

［中央：0,0］［角度：400］に設定

［中央：100,0］［角度：400］に設定

ジグザグで変形させる

シェイプレイヤーの［コンテンツ］にある[追加]の▶をクリックして、[ジグザグ]を選択します。すると［ジグザグ 1］が追加されるので、［サイズ］や［セグメントごとの折り返し］に任意の数値を設定していきます。小さい数値にすると輪郭線がよじれ、大きな数値にすると幾何学的な変形効果を演出できます。

［サイズ：5］［セグメントごとの折り返し：10］［ポイント：滑らかに］に設定

［サイズ：5］［セグメントごとの折り返し：0］［ポイント：直線的に］に設定

NO. 108 リピーターで仮想コピーの大群を作る

VER.
CC / CS6

同一のシェイプを大量にコピーする場合は、[リピーター] を使います。リピーターで作った仮想コピーは、元のシェイプとまったく同じ動きをします。

STEP 1　楕円形ツール◉で描いたグラフィック（和風な波）のシェイプレイヤーを規則正しく大量にコピーして波柄を作成します。まずグラフィックをグループ選択モードにして中央下に配置します❶。ここが最前列になります。

STEP 2　シェイプレイヤーの [コンテンツ] にある [追加] の▶をクリックして、[リピーター] を選択します❷。[リピーター1] が追加されるので、[コピー数] で前列に複製する数を設定します❸。次に [コピー数] を2で割ったマイナス値を [オフセット] に入力します❹。これで元のグラフィックを中心にコピーが行われます。続けて [トランスフォーム] の [位置] のX値をスクラブして、グラフィック同士の隙間がない間隔に調整します❺。以上で前列のコピーは完了です。

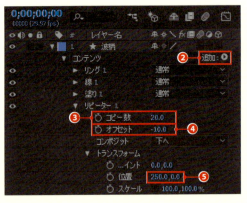

STEP 3　今度は縦方向のコピーを行います。再度 [追加] の▶から [リピーター] を選択して❻、[リピーター2] を追加します❼。[リピーター2] の [コピー数] で縦方向に複製する数を設定します❽。最前列より前にコピーは必要ないため、[オフセット] は [0] のままです❾。次に [リピーター2] の [トランスフォーム] の [位置] でX値とY値を調整して波の間に波が配置されるよう設定します❿。ベースとなる波柄の設定はこれで完了です。

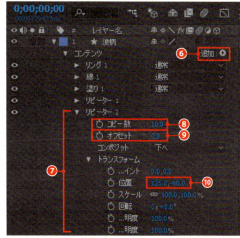

^{STEP} 4 カメラが斜め上から見下ろしているような傾きをつける設定もできます⓫。この場合は[アンカーポイント]のY値をマイナスに設定して⓬、[スケール]を100％以下にします⓭。奥行き感はこの2つのプロパティで調整します。

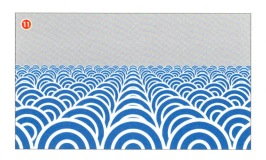

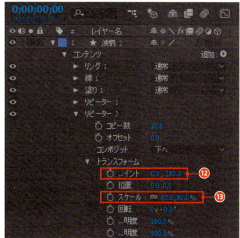

^{STEP} 5 STEP 3 で完成させた波柄を、シェイプレイヤーを選択してから S キーを押して表示される[スケール]⓮で調整すると⓯のようになります。この方法を用いるとリピーターの間隔を崩すことなく拡大・縮小ができます（シェイプレイヤー →[コンテンツ]→[シェイプ]→[トランスフォーム]→[スケール]ではないことに注意）。縮小したサイズに合わせて[リピーター 1]と[リピーター 2]の[コピー数]をあとから調整することも可能です。

NO. 109 アウトラインが少しずつ描かれていくアニメーションを作る

VER. CC/CS6

シェイプレイヤーに[パスのトリミング]を設定すると、アウトラインが少しずつ描かれ、最後にシルエットが完成するアニメーションが作れます。

STEP 1
アニメーションさせるシェイプレイヤーを作成します。[塗り]は透明に設定してください。ここでは❶のようなテキストのアウトラインを使います。

STEP 2
シェイプレイヤーの[コンテンツ]にある[追加]の▶をクリックして、[パスのトリミング]を選択します❷。すると[パスのトリミング 1]が追加されます❸。初期設定では[開始点]が[0%]、[終了点]が[100%]、つまりシェイプが完成した状態に設定されています。[開始点]は[0%]のままにし、[終了点]に[0%]❹から[100%]❺に変化するキーフレームを作成します。[終了点]は[100%]のままにし、[開始点]に[100%]から[0%]に変化するキーフレームを作成してもかまいません。

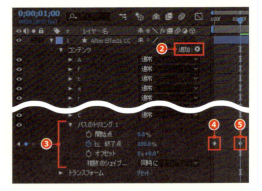

作業中の画面。青線の部分がこれから描かれるアウトライン

プレビュー画面

> **MEMO**
> 書き始めの位置は[オフセット]プロパティで設定します。複数のシェイプがある場合は[複数のシェイプをトリム]で[同時に]書き始めるか、[個別に]書き始めるかを選ぶこともできます。

> **MEMO**
> マスクパス（イラスト）に[線]エフェクトを適用すると同様のアニメーションを作成できます。

217 マスクパスにエフェクトを適用する

After Effects Design Reference

NO. 110 手描き風のアニメーションを作る

VER.
CC / CS6

［パスのウィグル］を使うと、TVCMなどでよく目にする、線が暴れる手描き風のアニメーションを簡単に作れます。キーフレームの設定はいりません。

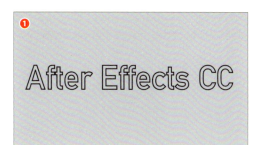

STEP 1
アニメーションさせるシェイプレイヤーを作成します。［塗り］は透明に設定してください。ここでは❶のようなテキストのアウトラインを使います。

STEP 2
シェイプレイヤーの［コンテンツ］にある［追加］の▶をクリックして、［パスのウィグル］を選択します❷。すると［パスのウィグル 1］が追加されます❸。［パスのウィグル 1］では、キーフレームやエクスプレッションの設定はいりません。時間の経過にあわせて自動的にアニメーションします❹。動きの間隔は［ウィグル／秒］で決めます❺。数値を上げるほど動きの間隔は短くなります。

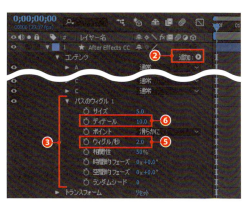

STEP 3
［ディテール］では、どれだけパスを正確に描くかを決めます❻。小さい値にするとパスの正確さは失われますが、シンプルな動きになります❼。逆に高い値にするとシェイプの形状を維持することができ、また起伏の間隔が狭いので細かい範囲で動くアニメーションに仕上がります❽。

［ポイント］を［滑らかに］、［ディテール］を［10］に設定　　　［ポイント］を［直線的に］、［ディテール］を［0］に設定

第6章 シェイプレイヤー

 100 シェイプレイヤーを作成する

165

NO. **111**

VER. CC / CS6

ベクトルレイヤーから
シェイプを作成する

［ベクトルレイヤーからシェイプを作成］を実行します。シェイプに変換すると、Illustrator などの作成元ソフトに戻ることなく、色や形状を編集できるようになります。

STEP 1 変換したいベクトルレイヤーを選び❶、［レイヤー］→［ベクトルレイヤーからシェイプを作成］を選択します。選択したベクトルレイヤーが非表示になり❷、アウトラインで構成されたシェイプレイヤーができます❸❹。

ベクトルレイヤー

変換後のシェイプレイヤー

STEP 2 シェイプレイヤーに変換したあとは、通常のシェイプレイヤーと同じように色や形（アウトラインのパス）を編集できます❺。

髪の色を黄色に変更した例

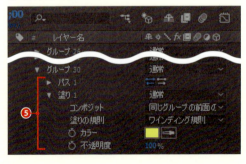

MEMO

複雑な構造のベクトルレイヤーを変換するときには注意しましょう。グラデーションで着色した塗り部分など、塗りのマスクが外れツールパネルに設定された単色に変換されることがあります。

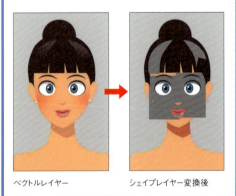

ベクトルレイヤー　　　シェイプレイヤー変換後

第 **7** 章　3Dアニメーション

NO.
112 3Dレイヤーの位置を変更する

VER.
CC / CS6

［位置］プロパティの数値を変更するか、コンポジションパネルでオブジェクトをドラッグして移動します。ドラッグ時には3つのモードが選べます。

STEP 1

タイムラインパネルで3Dレイヤーを選び❶、[P] キーを押して［位置］のプロパティを表示します。［位置］にはZ値が追加されています❷。初期設定は［0］です。値をプラスにすると画面の奥へと遠のき、マイナスにする手前に近づいてきます。XYZのそれぞれの値の上でスクラブするか、クリックして数値を変更します。これは2Dレイヤーのときと同じです。

> **MEMO**
>
> Z値をマイナスに設定するとレイヤーが拡大表示されます。このときフッテージがラスター画像で、かつ解像度が足りていない場合、表示が荒れてしまうことがあります。拡大して使うことがわかっている場合は、その点を考慮して高解像度の素材を用意しましょう。

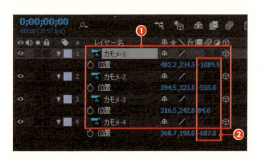

STEP 2

コンポジションパネル上でレイヤーをドラッグして移動することもできます。3Dレイヤーの移動は軸セットにしたがって行います❸。ツールパネルで選択ツール を選び、タイムラインパネルで3Dレイヤーを選択すると赤（X方向）、緑（Y方向）、青（Z方向）の矢印が表示されます。これらが軸セットです。軸セットには、ローカル軸モード 、ワールド軸モード 、ビュー軸モード の3種類があり、用途に応じて切り替えながら作業します。切り替えはツールパネルで行います❹。

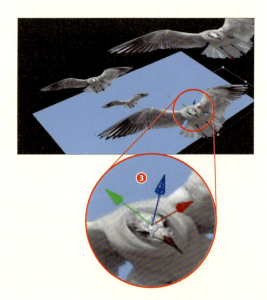

| STEP 3 | ここでは 3D レイヤーに設定したベクトルレイヤーを移動してみます。最初は初期設定のローカル軸モードからです。ローカル軸モード ￼ では、オブジェクトのアンカーポイントが中心となり、そこから出ている矢印をドラッグすると❺、その軸に沿って平行移動ができます❻。 |

> **MEMO**
> ここではオブジェクトの動きがわかりやすいように、地面にオブジェクトが落とす影を設定しています。オブジェクトを少し傾くアングルにカメラレイヤーを設定したうえで、Z方向の矢印をドラッグしています。

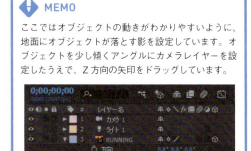

［位置］を［417, 78, 194］から［350, 63, -24］に移動

| STEP 4 | ツールパネルでワールド軸モード ￼ に切り替えます。ワールド軸モードでは、ローカル軸モードのようにオブジェクトの向きには左右されず、3D空間上に設定された XYZ 軸に沿って移動ができます❼❽。 |

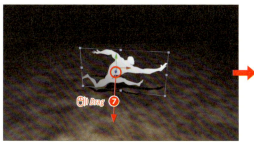

［位置］を［417, 78, 194］から［417, 78, 60］に移動

| STEP 5 | ツールパネルでビュー軸モード ￼ に切り替えます。ビュー軸モードでは、カメラビューが基準になります。このためオブジェクトの向きには左右されず、カメラビューを中心にした平行移動ができます❾❿。 |

［位置］を［417, 78, 194］から［417, -49, -143］に移動

NO. 113 3Dレイヤーを回転する

VER. CC / CS6

3Dレイヤーの回転は、[方向]プロパティか、[X回転][Y回転][Z回転]プロパティで設定します。

STEP 1
タイムラインパネルで目的の3Dレイヤーを選択し❶、Rキーを押します。すると[方向]と[X回転][Y回転][Z回転]プロパティが表示されます❷。

STEP 2
[方向]でXYZの角度をそれぞれ指定するか、[X回転][Y回転][Z回転]で数値を入力します。ただし、[方向]では0°から359°の間でしか角度を指定できません。複数回回転させたい場合やマイナスの値で設定したい場合は、[回転]プロパティを使います。

> **MEMO**
> オブジェクトが進む方向（角度）は[方向]で指定し、オブジェクトが自転する角度は[X回転][Y回転][Z回転]で設定するとよいでしょう。

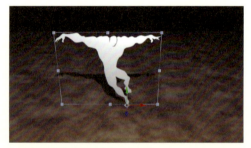

[X回転：0°][Y回転：0][Z回転：0]

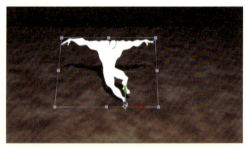

[X回転：0×-30°][Y回転：0][Z回転：0]

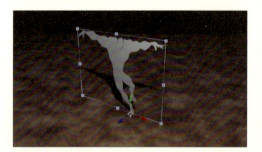

[X回転：0][Y回転：0×40°][Z回転：0°]

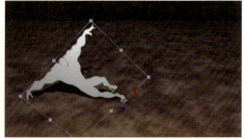

[X回転：0][Y回転：0°][Z回転：0×-45°]

> **MEMO**
> 回転ツール を使って設定することもできます。コンポジションパネルでオブジェクトの四隅中央にあるポイントをドラッグして回転します。3D空間ではカメラの視点によって回転させたい軸がわかりにくくなるため、直感的に操作できる回転ツールは有効です。どの方向に回転するかは、各ポイントにカーソルを重ねるとわかります。

NO.
114

[位置]のキーフレームを次元ごとに設定する

VER.
CC / CS6

[アニメーション]→[次元に分割]を実行すると、XYZの各次元ごとにキーフレームを作成し、個別に制御できるようになります。通常は、XYあるいはXYZの値をひとまとめにして扱います。

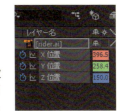

STEP 1

タイムラインパネルで[位置]キーフレームが設定されたレイヤーを選択し、Pキーを押して[位置]プロパティを表示します❶。次に[位置]を選択した上で[アニメーション]→[次元に分割]を選択するか、[位置]プロパティを右クリックし[次元に分割]を選択します。すると各次元に分割されたプロパティ表示に切り替わります❷。

> **MEMO**
> ここでは3Dレイヤーを例に解説していますが、2Dレイヤーの場合も同様に作業できます。

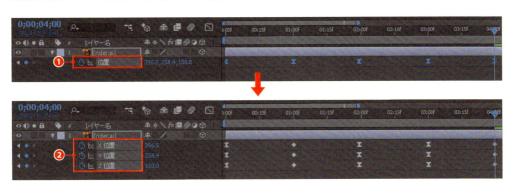

STEP 2

グラフエディターモードでも[次元に分割]ができます。[位置]プロパティ❸を選択してから[グラフエディター]ボタンをクリックし、グラフエディターモードに切り替えます❹。次にグラフエディターの下部にある[次元に分割]ボタンをクリックします❺。すると次元ごとにプロパティが用意されます❻。

> **MEMO**
> 再度[アニメーション]→[次元に分割]を実行すると、元のプロパティ表示に戻ります。なお[回転][アンカーポイント][スケール]プロパティでは[次元に分割]はできません。

079 グラフエディターを使ってオブジェクトの速度を変える

NO.
115

VER.
CC / CS6

スナップ機能を使って オブジェクトを配置する

［スナップ］機能を使うと、レイヤーのバウンディングボックスを基準にオブジェクトを配置できます。位置を把握しづらい、3D 環境でのレイアウト作業に役立ちます。

STEP 1 ツールパネルで［スナップ］のチェックをオンにします❶。移動したいオブジェクト（ここではシルエットの 3D レイヤー）を選択し❷、目的の方向へドラッグします。するとスナップが有効になるポイントが、四角いアウトラインで囲まれます❸。

> **MEMO**
> ドラッグしたときに、マウスカーソルからもっとも近い位置にあるバウンディングボックス上のポイントが、スナップの有効ポイントになります。

正方形の平面レイヤーに正円のマスクパスが設定された 3 つの円とシルエットの 3D レイヤー

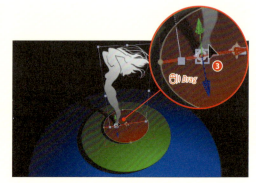

ドラッグ中の描画。レイヤーのアンカーポイント付近をドラッグしているので、アンカーポイントがスナップポイントになっています

STEP 2 スナップポイントが別のレイヤーのバウンディングボックスに近づくと、スナップが効いてピッタリとくっつきます❹。

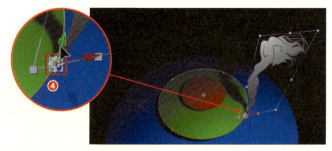

スナップポイントがバウンディングボックスで揃うと、四角い2重のアウトラインで囲まれます

STEP 3 スナップ機能は、アンカーポイントの移動にも利用できます。ツールパネルでアンカーポイントツール❺選択し❺、アンカーポイントを目的の位置にドラッグします❻。

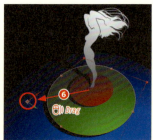

緑色の円の中央にあるアンカーポイントをバウンディングボックス左上のコーナーにスナップさせた例

| STEP 4 | 同じようにして、スナップポイントをマスクパス❼上にスナップすることもできます。そのほかにライトレイヤーやカメラレイヤーの位置合わせでも利用できます。

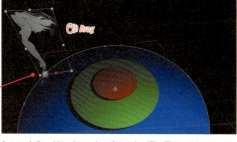

シルエットのレイヤーのアンカーポイントを、青い円のレイヤーのマスクパス上にスナップさせた例

| STEP 5 | バウンディングボックスの延長上のラインを「パースライン」と呼びます。このパースラインに沿ってレイヤーをスナップ移動することも可能です。ツールパネルで[スナップ]と <mark>[レイヤーの境界線を越えて延長している端をスナップ]</mark> をオンにし❽、目的の方向にドラッグします❾❿。

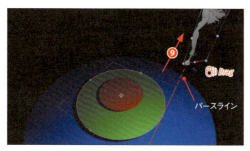
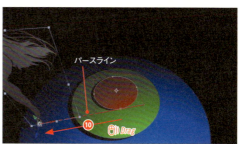

バウンディングボックスの延長上に「パースライン」が破線で表示されます。緑の円のレイヤーのパースラインにスナップさせた例

赤い円のレイヤーのパースラインにスナップさせた例

| STEP 6 | テキストレイヤーの任意の文字にスナップさせたい場合は、ツールパネルで[スナップ]と<mark>[コラップスされているコンポジション内およびテキストレイヤー内の機能へスナップして表示]</mark>をオンにします⓫。すると各文字の中央にあるポイントやバウンディングボックスにスナップするようになります⓬。

シルエットのレイヤーを文字「E」の中央のポイントにスナップさせた例

> **MEMO**
> [コラップスされているコンポジション内およびテキストレイヤー内の機能へスナップして表示]の機能が使えるのは、[文字単位の3D化を使用]を設定したテキストレイヤーに限ります⓭。

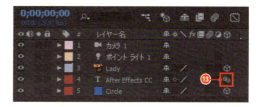

 097 文字がランダムに飛び込んで決まる(3Dテキストアニメーション)
126 テキストレイヤー内の各文字が常にカメラの正面を向くようにする

NO. 116 カメラレイヤーを追加する

VER.
CC / CS6

カメラレイヤーを追加すると、複数のアングルからオブジェクトを表示できます。カメラモーションをつけたアニメーションの作成も可能です。

STEP 1

[レイヤー]→[新規]→[カメラ]を選択すると[カメラ設定]ダイアログが表示されます。[種類]からカメラの種類を選択し❶、[プリセット]でレンズの焦点距離を決めて❷、[OK]ボタンをクリックします。

S 新規カメラ▶
Ctrl + Alt + Shift + C （⌘ + Option + Shift + C）

STEP 2

タイムラインパネルにカメラレイヤーが追加されます❸。最初に作成したカメラレイヤーはアクティブカメラに設定されます。同様にしてカメラレイヤーを複数作成することができます。

> **MEMO**
> カメラレイヤーの設定を変更したい場合は、タイムラインパネルで目的のカメラレイヤーをダブルクリックします。すると[カメラ設定]ダイアログが表示され、設定を変更することができます。

> **MEMO**
> カメラは2種類あります。目標点を持たない[1ノードカメラ]と❹、目標点を持った[2ノードカメラ]です❺。[1ノードカメラ]は、カメラ自身が中心となって回転するカメラです。目標点を持たないため、カメラツール を使用した視点調整の際、カメラの視界にないオブジェクトへのパンやフォーカスが簡単に行えます。カメラを設定する際に大切となるのは[ズーム]と[被写界深度を使用]です。[ズーム]の設定は、表示内容に大きな影響を与えます。[プリセット]を変更するとわかるように、[ズーム]の値が下がると[ビューの角度]が広がり、より広い範囲が映し出されるようになります（広角レンズの効果）。一方の[被写界深度を使用]は、カメラのリアルな特性を演出したい場合に有効な機能です。
>
>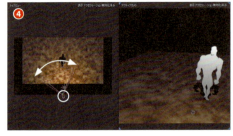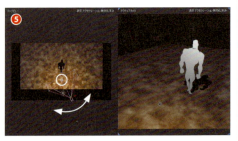
>
> [1ノードカメラ]で軌道カメラツールを使用すると、カメラの位置（白丸の部分）を起点にカメラが回転します
>
> [2ノードカメラ]で軌道カメラツールを使用すると、目標点（白丸の部分）を起点にカメラが回転します

NO.
117 カメラに被写界深度を加える

VER.
CC / CS6

[カメラオプション]の[被写界深度]プロパティをオンにすると、ピントの合った被写体以外をぼかすことができます。

STEP 1
タイムラインパネルで目的のカメラレイヤーを選び❶、Aキーを2回押します。すると[カメラオプション]が表示されます❷。その中の[被写界深度]を[オン]に設定します❸。するとフォーカス(ピント)の合った3Dレイヤー(ここではAのレイヤー)以外がぼけて表示されます❹。

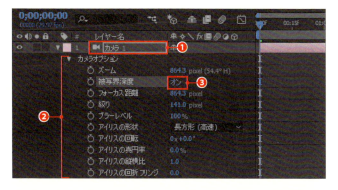

「A」レイヤーにピントが合っています。それ以外のレイヤー「B」や「C」がややぼやけて見えます

STEP 2
カメラの焦点距離(プリセットの種類)によっては、[被写界深度]の効果がうまく出ないことがあります。大きくぼかしたいときは[カメラオプション]にある[絞り]を大きい値にします❺。ピントが合っている範囲が狭まり(ぼかす範囲が広がり)、効果がわかりやすくなります❻。

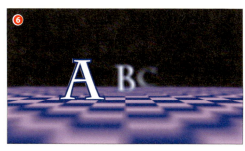

「A」のレイヤーから離れれば離れるほど大きくぼけているのがはっきりとわかります

118 ピントが合う場所を変更する
216 3Dレイヤーにレンズのぼけや霧の効果を加える

NO.
118 ピントが合う場所を変更する

VER.
CC / CS6

カメラのピントが合う位置は［カメラオプション］にある［フォーカス距離］で変更できます。同プロパティにキーフレームを追加すると「ピント送り」が作れます。

STEP 1

[Ctrl]（[⌘]）キーを押しながら、カメラレイヤー❶と［フォーカス距離］を合わせたいレイヤーをクリックして選択します（ここでは「C」のレイヤーを選択）❷。[レイヤー]→[カメラ]→[フォーカス距離をレイヤーに設定] を選択します。するとカメラレイヤーの［フォーカス距離］が選択したレイヤーに合わせて自動的に変更されます❸。

> **MEMO**
> カメラレイヤーの［フォーカス距離］は、［カメラオプション］にある［ズーム］の値とピントが合っているレイヤーの［Z］値を足したものになっています。たとえば「B」レイヤーにピントが合っているときは、［ズーム：864.3］＋［Z：450］＝［フォーカス距離：1314.3］になるといった具合です。

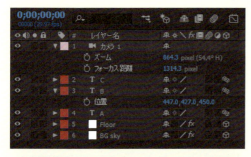

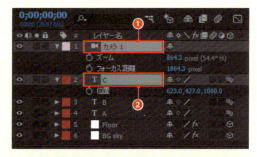

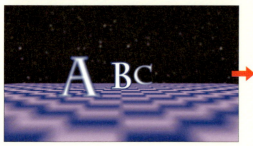

調整前。「B」のレイヤーにピントが合っています

カメラレイヤーと「C」のレイヤーを選択してから［フォーカス距離をレイヤーに設定］すると、一番奥の「C」レイヤーにピントが移動します

STEP 2

タイムラインパネルでカメラレイヤーの［フォーカス距離］のプロパティをスクラブして変更することもできます❹。この場合はコンポジションパネルで状態を確認しながら作業します。

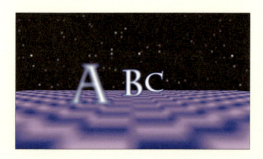

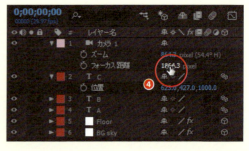

176

STEP 3　［フォーカス距離］にキーフレームを設定することで、簡単にピント送りのアニメーションが作れます。まず現在の［フォーカス距離］にキーフレームを作成します❺。現在の時間インジケーターを目的の時間まで移動し❻、ピントを合わせたいレイヤーとカメラレイヤーを Ctrl （⌘）キーを押しながら選択します❼。そして先ほどと同じように［レイヤー］→［カメラ］→［フォーカス距離をレイヤーに設定］を実行。これでカメラレイヤーの［フォーカス距離］にキーフレームが追加され、ピント送りのアニメーションができます❽。

一番奥の「C」レイヤーから一番手前の「A」レイヤーにピント送りするアニメーション

STEP 4　ぼけ具合は［カメラオプション］の［ブラーレベル］❾（ぼけの大きさ）や［アイリスの形状］❿（ぼけの形）などで変更できます。そのほかにぼけの角度（［アイリスの回転］）や縦横比（［アイリスの縦横比］）などを変えるプロパティも用意されています⓫。

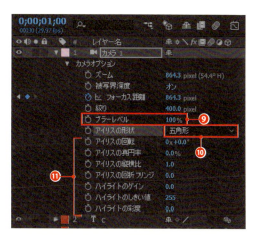

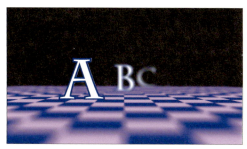

［アイリスの形状］を［五角形］に設定した例

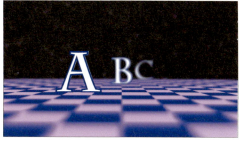

［アイリスの形状］を［三角形］に設定した例

117　カメラに被写界深度を加える
216　3Dレイヤーにレンズのぼけや霧の効果を加える

NO. 119 カメラの向きや位置を変更する

VER. CC / CS6

カメラの向きは、カメラレイヤーの[目標点]プロパティで変更します。そのほかにカメラの角度（アングル）や位置を変えることもできます。

STEP 1

カメラの種類が[2ノードカメラ]で、カメラの向きと目標とするオブジェクト❶の位置がずれている場合は、カメラレイヤーの[目標点]を調整します。まずコンポジションパネルの[3Dビュー]をクリックして、コンポジションパネルにカメラが表示される[トップビュー]を選びます❷。すると[目標点]アイコンが表示されるので❸、選択ツール▶でドラッグして向きを変更します❹。

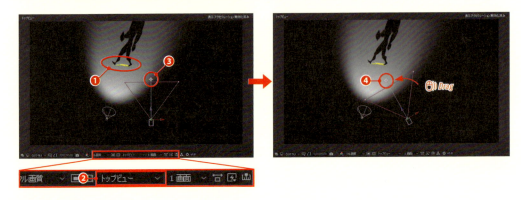

STEP 2

カメラの角度（アングル）を調整する場合は、[3Dビュー]を[アクティブカメラ]に戻し、ツールパネルで統合カメラツール■か軌道カメラツール◎を選びます。そしてコンポジションパネルでカメラを目的の角度にドラッグします❺。すると[目標点]を軸にカメラが回転し、コンポジションの表示がそれに合わせて変わります❻。

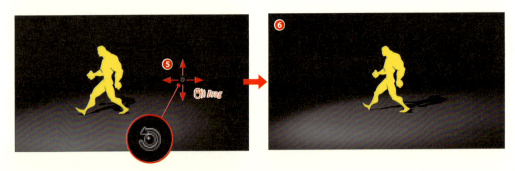

STEP 3

カメラの位置の変更には、XY軸カメラツール✥やZ軸カメラツール■を使います。これらのツールは、ツールパネルで統合カメラツール■❼を長押しして表示されるメニューから選択します。

> **MEMO**
>
> Cキーを押すと、統合カメラツール■→軌道カメラツール◎→XY軸カメラツール✥→Z軸カメラツール■…の順にツールが切り替わります。[統合カメラツール]■を選択した状態でマウスホイールを前後に回すと、Z軸カメラツールでドラッグしたのと同じ結果が得られます。

| STEP 4 | アクティブカメラの状態で、XY 軸カメラツール ✥ か Z 軸カメラツール ⬚ に切り替え、コンポジションパネルでドラッグしてカメラの位置を移動します❽❾。上下左右方向の移動には XY 軸カメラツール ✥、奥行き方向の移動には Z 軸カメラツール ⬚ を使います。 |

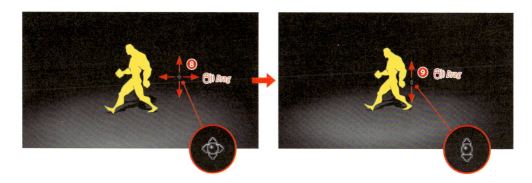

| STEP 5 | アクティブカメラ以外のビューでカメラの位置を調整することもできます。［3D ビュー］をクリックして［トップビュー］を選択、コンポジションパネルにカメラを表示してから、タイムラインパネルで目的のカメラレイヤーを選択します。軸セットが表示されるので、選択ツール ▶ で軸の矢印をドラッグします❿。このとき［目標点］も一緒に移動します⓫。［目標点］は変えずにカメラ本体を移動するには、Ctrl （⌘）キーを押しながら軸の矢印をドラッグします⓬。 |

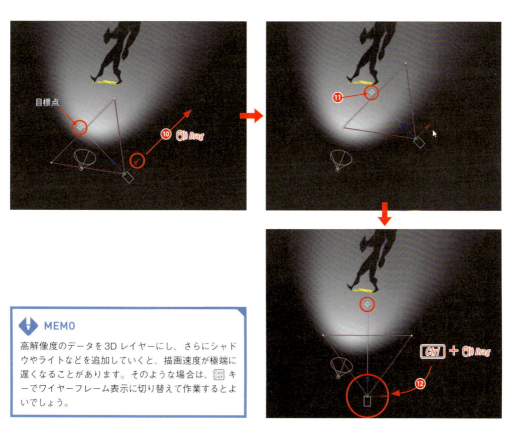

> **MEMO**
> 高解像度のデータを 3D レイヤーにし、さらにシャドウやライトなどを追加していくと、描画速度が極端に遅くなることがあります。そのような場合は、Caps Lock キーでワイヤーフレーム表示に切り替えて作業するとよいでしょう。

112　3D レイヤーの位置を変更する
116　カメラレイヤーを追加する

NO.
120 カメラをパンさせる

VER.
CC / CS6

カメラレイヤーの [回転] プロパティにキーフレームを作成すると、カメラをパンさせる (カメラを上下左右に振る) ことができます。

STEP 1　タイムラインパネルで目的のカメラレイヤーを選び❶、Rキーを押します。[X回転] [Y回転] [Z回転] プロパティが表示されるので❷、パンさせたい方向を設定していきます。ここでは正面から左方向へパンさせてみましょう。

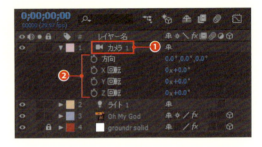

STEP 2　現在の時間インジケーターを 0 フレームに移動し❸、[Y回転] のストップウォッチをクリックします❹。これで 0 フレームに [0°] のキーフレームが作成されます❺。

0 フレームの表示

STEP 3　現在の時間インジケーターをパンが終了する位置 (時間) に移動し❻、[Y回転] を任意の角度に変更します❼。これでカメラが正面から左方向へパンするようになります❽。

カメラを正面から左方向にパンすると、オブジェクトは中央から右へ移動します

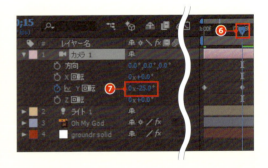

180

After Effects Design Reference

NO. 121 選択したオブジェクトにカメラを向ける

VER.
CC / CS6

フォーカスしたい 3D レイヤーを選択し、
Ctrl + Alt + Shift + ¥ (⌘ + Option + Shift + ¥) キーを押します。
作業ビューでも使用できます。

第 7 章　3D アニメーション

STEP 1
カメラレイヤーが設定された 3D 空間のコンポジションでフォーカスしたい 3D レイヤーを選択し❶、Ctrl + Alt + Shift + ¥ (⌘ + Option + Shift + ¥) キーを押します。

ここでは「E」レイヤーを選択しています

STEP 2
アクティブカメラに設定されたカメラレイヤーが、選択した 3D レイヤーの前まで移動し、コンポジション画面にピッタリと収まるようフォーカスされます❷。

カメラレイヤーが「E」レイヤーの正面に移動します

STEP 3
Ctrl (⌘) キーを押しながら複数の 3D レイヤーを選択してから❸、Ctrl + Alt + Shift + ¥ (⌘ + Option + Shift + ¥) キーを押すと、選択された範囲の中心にカメラが移動し、選択した複数レイヤーがコンポジション画面内に収まるようフォーカスされます❹。

MEMO
このショートカットは作業用ビュー（トップビューやフロントビューなど）でも使用できます。アクティブカメラの位置を変更せずに編集作業を行いたい場合に便利です。

ここでは「H」「M」「D」の3つのレイヤーを選択しています

「H」「M」「D」レイヤーが画面に収まる位置にカメラレイヤーが移動します

181

NO.
122 カメラをズームイン／ズームアウトする

VER.
CC / CS6

[カメラオプション] の [ズーム] の値を変更すると、カメラの位置は変更せずに、3Dレイヤーをズームイン、ズームアウトできます。

 タイムラインパネルで目的のカメラレイヤーを選び❶、Aキーを2回押します。すると [カメラオプション] が表示されます❷。現在の時間インジケーターを0フレームに移動し❸、[ズーム] のストップウォッチをクリックします❹。これで0フレームにキーフレームが作成されます❺。必要に応じて [ズーム] の値を変更します。

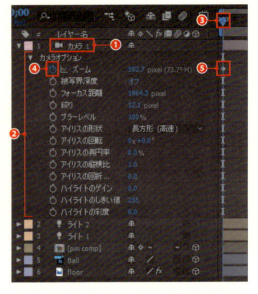

0フレームの表示

 現在の時間インジケーターをズームが終了する位置（時間）に移動し❻、[ズーム] の値を変更します❼。数値を増やすとズームイン（拡大表示）❽、減らすとズームアウト（縮小表示）します❾。

ズームインした例

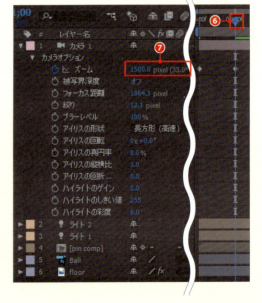

ズームアウトした例

182

After Effects Design Reference

NO.
123 複数のカメラを切り替えて使う

VER.
CC / CS6

カメラレイヤーは複数配置できます。その際、一番上のレイヤーがアクティブカメラになります。ビューの切り替えは[3Dビュー]で行います。

第7章 3Dアニメーション

STEP 1 コンポジションパネルの[3D ビュー]をクリックして❶、目的の[カメラのレイヤー名]を選択します❷。するとコンポジションパネルの表示が、選択したカメラからのビューに切り替わります。

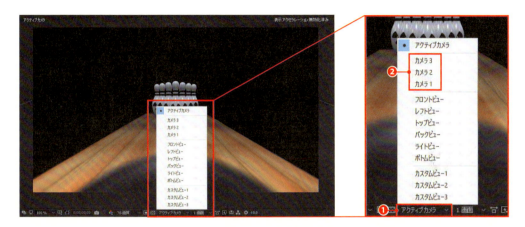

STEP 2 タイムラインパネルで一番上に配置されたカメラレイヤーが[アクティブカメラ]に設定されます❸。アクティブカメラを切り替えるには、カメラレイヤーの位置を入れ替えるか、目的のカメラレイヤーよりも上にあるものを非表示にします❹。

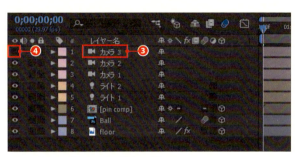

アクティブカメラを[カメラ 2]に設定した例

STEP 3 カメラレイヤーを追加する前のアクティブカメラに戻すには、タイムラインパネルにあるすべてのカメラレイヤーを非表示にします❺。

S
3D ビュー 1 に切り替え
（初期設定ではフロントビュー）▶ F10
3D ビュー 2 に切り替え
（初期設定ではカスタムビュー 1）▶ F11
3D ビュー 3 に切り替え
（初期設定ではアクティブカメラ）▶ F12
前のビューに戻る▶ Esc

183

NO. 124 時間の経過にあわせて複数のカメラを切り替える

VER. CC / CS6

同じコンポジション内に用意した複数のカメラレイヤーを時間の経過とともに切り替わるようにできます。次々とカメラを切り替えていくことで、カット編集の効果が出せます。

STEP 1

［位置］や［目標点］、アングルなどがそれぞれ違う複数のカメラレイヤーを用意します。切り替える順番にカメラレイヤーを並べておくとわかりやすいでしょう❶。ここでは3つのカメラレイヤーを下から順に「カメラ1」❷→「カメラ2」❸→「カメラ3」❹の順に切り替わるように配置します。

カメラ1

カメラ2

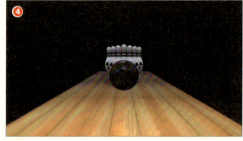

カメラ3

STEP 2

切り替える時間に合わせて、各カメラレイヤーのレイヤーデュレーションバーをトリミングしていきます❺。これでアクティブカメラが「カメラ1」→「カメラ2」→「カメラ3」の順番で切り替わるようになります。

> **MEMO**
> コンポジション内の一番上にあるビデオスイッチがオンのカメラレイヤーが、アクティブカメラに設定されます。

After Effects Design Reference

NO. **125** 選択した3Dレイヤーを
ビュー画面に表示する

VER.
CC / CS6

ビュー画面に目的のレイヤーが表示されていない場合は、
［ビュー］→［選択したレイヤーを全体表示］を実行すると簡
単に見つけ出せます。

第7章 3Dアニメーション

STEP 1　コンポジションパネルの［3Dビュー］をクリックして、目的のビューを選択します❶。目的のレイヤーがビュー画面から外れて表示されていない場合は、タイムラインパネルで表示したいレイヤーを選択し、[ビュー] → [選択したレイヤーを全体表示] を実行します。すると選択したすべてのレイヤーがビュー画面に収まるように表示を変更してくれます❷。

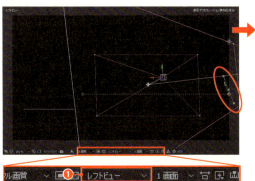
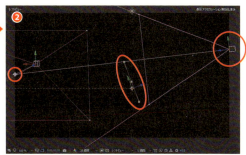

選択したカメラレイヤーの目標点までがピッタリ表示されます

ここではコンポジション画面から見切れてしまっている3Dレイヤーとカメラレイヤーを選択

STEP 2　すべてのレイヤーをビュー画面に表示することもできます。その場合は [ビュー] → [すべてのレイヤーを全体表示] を実行します。するとタイムラインパネルに配置されているすべてのレイヤーがビュー画面に収まるように表示を変更してくれます❸❹。

> **MEMO**
>
> Space キーを押して手のひらツール に切り替え、そのままの状態で、コンポジションパネル上をドラッグして、画面の表示位置を移動することもできます。

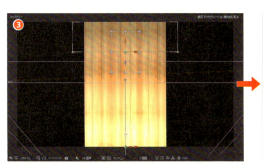
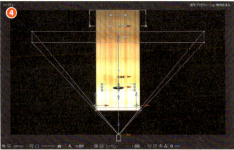

［選択したレイヤーを全体表示］で表示した例　　　［すべてのレイヤーを全体表示］で表示した例

NO.
126

VER.
CC / CS6

テキストレイヤー内の各文字が常にカメラの正面を向くようにする

テキストレイヤーに［各文字を個別に方向設定］を適用すると、レイヤー内の各文字が常にカメラの正面を向くように設定できます。3D回転やカメラパンした際でも文字を認識しやすくなります。

STEP 1 カメラレイヤーが設定された3D空間のコンポジション内で目的のテキストレイヤーを選択します❶❷。このときにテキストレイヤーは3Dレイヤー化されていなければなりません❸。

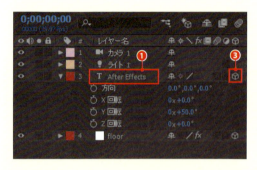

STEP 2 ［レイヤー］→［トランスフォーム］→［自動方向］を選択して、［自動方向］ダイアログを表示します。［各文字を個別に方向設定（文字単位の3D化を使用）］❹にチェックを入れて、［OK］ボタンをクリックします。

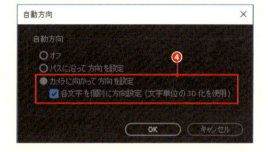

STEP 3 選択したテキストレイヤーに［文字単位の3D化を使用］スイッチのアイコンが表示されます❺。選択したテキストレイヤーを［回転］のプロパティで回転させるか、各種カメラツールを使用してカメラアングルを変更してみましょう。テキストレイヤーの各文字が常にカメラの正面を向くように変換されていることが確認できます❻。

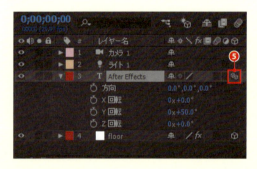

After Effects Design Reference

NO.
127 ライトレイヤーを追加する

VER.
CC / CS6

ライトレイヤーを追加すると、3Dレイヤー（オブジェクト）にライトを当てたような効果がつけられます。ライトは全部で4種類あります。

第7章 3Dアニメーション

STEP 1

［レイヤー］→［新規］→［ライト］を選択して、［ライト設定］ダイアログを表示します。［ライトの種類］を選び❶、ライトの［強度］や［カラー］、ライトが落とす影（シャドウ）などを設定し、［OK］ボタンをクリックします。

S 新規ライト▶
Ctrl + Alt + Shift + L （⌘ + Option + Shift + L）

STEP 2

タイムラインパネルにライトレイヤーが追加され❷、3Dレイヤーに照明効果が加わります❸❹。

> **MEMO**
> ライトレイヤーは3Dレイヤーにのみ有効です。2Dレイヤーには影響しません。

ライトレイヤーなし

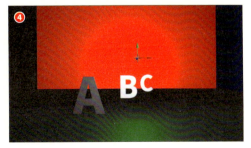

ライトレイヤーあり

128 ライトの種類やライトのカラーを変更する
129 光の届く範囲や減衰を設定する

187

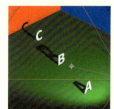

NO. 128 ライトの種類やライトのカラーを変更する

VER. CC / CS6

ライトの種類やライトが落とす影（シャドウ）の調整は、［ライト設定］ダイアログかタイムラインパネルの［ライトオプション］で行います。

STEP 1

タイムラインパネルで目的のライトレイヤーをダブルクリックします。［ライト設定］ダイアログが表示されるので、［ライトの種類］から目的のライトを選びます❶。ライトレイヤーの［ライトオプション］プロパティで変更することもできます。

STEP 2

［平行］ライトは、ライトの位置から目標点に向かって無限に照射します❷。ライト自体を回転することはできませんが、シャドウ効果がつけられます。［スポット］ライトは、ライトの位置から目標点に向かって円錐状の光を照射します❸。ライト自体を回転したり、シャドウ効果をつけることができます。［ポイント］ライトは、ライトの位置から全方向に放射状の光を照射します❹。［目標点］の設定はありませんが、シャドウ効果はつけられます。［アンビエント］ライトは、暗く影になる箇所を明るく補正し、全体的にコントラストを弱める効果があります❺。位置の設定やシャドウ効果はありません。ほかのライトの補正に使います。

> **MEMO**
> ［スポット］ライトだけが回転のプロパティを持っています。回転のプロパティを変更すると、ライトの位置を中心に［目標点］の方向を変えられます。

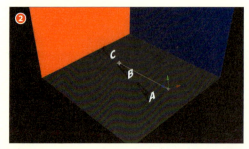

［平行］ライト

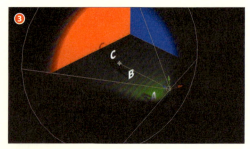

［スポット］ライト

［ポイント］ライト

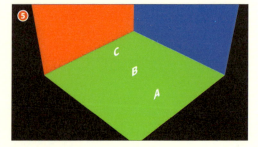

［アンビエント］ライト

112　3Dレイヤーの位置を変更する

STEP 3 ライトのカラーは［ライト設定］ダイアログの［カラー］で変更します❻。白以外に設定するとレイヤーの［カラー］にライトの［カラー］が加わります❼。このときハイライト部分にはライトのカラーが強く表示され、ライトが遠のくほどレイヤーとライトのカラーが混ざり合うようになります。

白い［ポイント］ライトを設置したときの描画

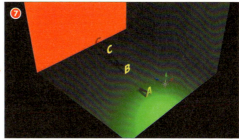

ライトの［カラー］を黄色に変更。白いテキストは黄色く、赤や緑や青の壁面は元のカラーにライトの黄色が混じった色で描画されています

STEP 4 ライトレイヤーもカメラレイヤーと同様に［目標点］を持っています。［目標点］を変えるとライトの向きが変わります❽。変更方法はカメラレイヤーと同じで、コンポジションパネルにライトレイヤーを表示して、［目標点］をドラッグして移動します❾。また、ライト本体の位置を変える場合は、3Dレイヤーのときと同じように、軸セットに沿って移動することになります。このとき［目標点］も一緒に移動します。［目標点］の位置は変えずにライト本体を移動するには、［Ctrl］（⌘）キーを押しながらライトをドラッグします❿。

MEMO
目標点を持っているのは、［スポット］ライトと［平行］ライトだけです。

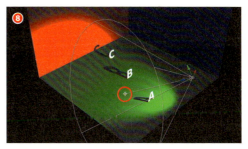

［目標点］移動前

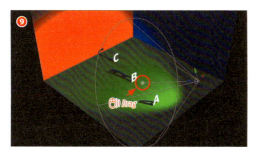

［目標点］移動後

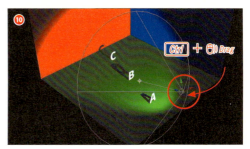

［目標点］を固定してライト本体を移動

119　カメラの向きや位置を変更する
127　ライトレイヤーを追加する

NO. 129 光の届く範囲や減衰を設定する

VER. CC/CS6

［ライト設定］の［フォールオフ］で設定します。［スムーズ］で光が届く範囲を限定できます。［逆二乗クランプ］で距離によって減衰する照明効果が再現できます。

STEP 1 設定は［ライト設定］ダイアログか［ライトオプション］で行います。［フォールオフ］を［なし］に設定すると❶、ライトと3Dオブジェクトライト（光源）がどれだけ離れていても光の影響を受けるようになります（3Dレイヤーの［ライトを受ける］は［オン］に設定）❷。なお、ここではライトと［フォールオフ］の効果がわかりやすいよう、すべての3Dレイヤーを白色にしています。

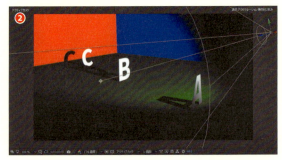

［フォールオフ］を［なし］に設定したスポットライト。ライトの真正面にある壁は、距離が一番離れているにもかかわらずライトから強い光を受けています

STEP 2 ［フォールオフ］を［スムーズ］に設定すると［半径］と［フォールオフの距離］がアクティブになります。［半径］で100%光を受ける範囲、［フォールオフの距離］で光が届かなくなる境界を決定します❸。

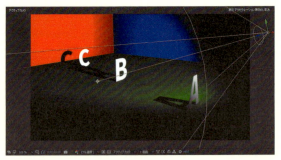

［フォールオフ：スムーズ］［半径：1400］［フォールオフの距離：1700］に設定した［スポット］ライト。正面の壁には、円のグラデーション状に減衰する光が投影されています

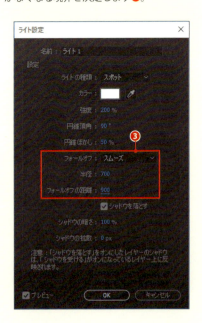

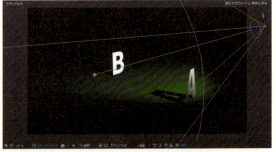

［フォールオフ：スムーズ］［半径：700］［フォールオフの距離：900］に設定した［スポット］ライト。光の［強度］は変えずに、光が届く範囲だけを調整することができます

STEP 3 ［ライトオプション］にある［フォールオフ］を［逆二乗クランプ］に設定すると［半径］がアクティブになります。［逆二乗クランプ］では、［半径］の外の光量が距離の二乗に反比例して低下していきます❹。

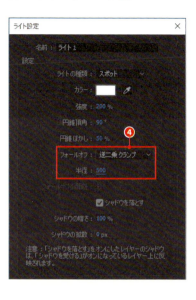

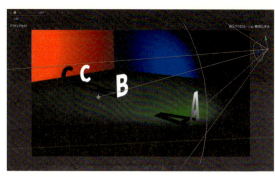

［フォールオフ:逆二乗クランプ］［半径:1400］に設定した［スポット］ライト。［スムーズ］よりもやや暗い印象となる分、柔らかさが感じられます

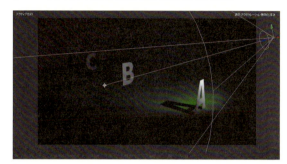

［フォールオフ:逆二乗クランプ］［半径:500］に設定した［スポット］ライト。光が減衰していく様子がリアルに再現されます

STEP 4 ［フォールオフ］は、同じシーンに複数のライトを配置した場合にも有効です。CS5.5よりも前のバージョンには［フォールオフ］機能がなく、［強度］で光の届く範囲を調整していました。その点［フォールオフ］では、［半径］や［フォールオフの距離］のプロパティを使って光が届く範囲を細かく調整していけるので、これまで以上にリアルな表現が可能になっています。

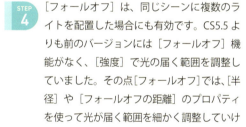

［フォールオフ：なし］に設定したスポットライトとポイントライト。［ポイント］ライトは全方向に光を放つので、影響を受ける3Dオブジェクトが多いほど［強度］だけでオブジェクト全体を調整することは困難です

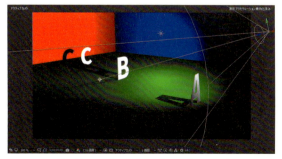

［フォールオフ:逆二乗クランプ］に設定した［スポット］ライトと［フォールオフ:スムーズ］に設定した［ポイント］ライト。上図と同じ強度であっても［フォールオフの距離］によって壁まで光は到達していません

127 ライトレイヤーを追加する
128 ライトの種類やライトのカラーを変更する

NO. 130 ライトが落とす影を設定する

VER.
CC / CS6

3Dレイヤーの［マテリアルオプション］プロパティで、影のつき具合を調整することができます。

STEP 1

タイムラインパネルで目的の3Dレイヤーを選び❶、[A]キーを2回押します。すると［マテリアルオプション］の各プロパティが表示されるので❷、[シャドウを落とす]を[オン]に設定します❸。すると［シャドウを落とす］が［オン］❹に設定されているライトの影が描画されるようになります❺。ライト側の設定が［オフ］になっている場合は（初期設定）、クリックして［オン］にするか、ライトレイヤーを選択してから、[Alt]+[Shift]+[C]（[Option]+[Shift]+[C]）キーを押します。

> **MEMO**
> [マテリアルオプション]にある[シャドウを受ける]を[オフ]にすると、周囲のレイヤーが落とす影の影響を受けないようにできます。

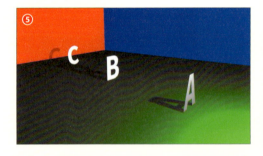

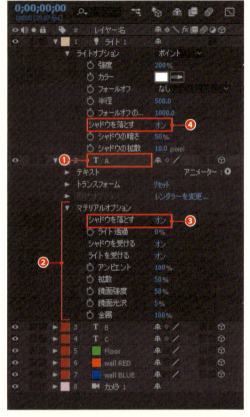

S シャドウを落とす▶
[Alt]+[Shift]+[C]（[Option]+[Shift]+[C]）

STEP 2

3Dレイヤーの[シャドウを落とす]の[オン]をクリックすると❻、[効果のみ]に設定されます。この設定では、影の元となるオブジェクトは表示されず、影だけが3Dレイヤー上に表示されます❼。

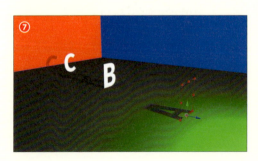

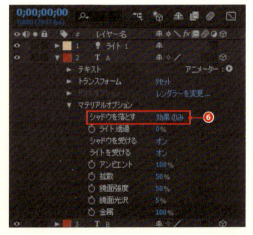

NO.
131 3Dレイヤーを床や壁に投影する

VER.
CC / CS6

［マテリアルオプション］にある［ライト透過］プロパティを設定して、3Dレイヤーの画像やシェイプを床や壁に投影します。

STEP 1

タイムラインパネルで目的の3Dレイヤーを選び❶、Aキーを2回押します。すると［マテリアルオプション］の各プロパティが表示されます❷。この中の［ライト透過］を［100%］に設定すると❸、3Dレイヤーが完全な状態で投影されます。さらに［シャドウを落とす］を［効果のみ］に変更すれば❹、レイヤー（オブジェクト）は消えて、投影だけが表示されるようになります。❺は［スポット］ライトで3Dレイヤーを投影した例です。

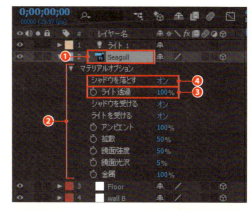

> **MEMO**
> ［ライト透過］プロパティは、［シャドウを落とす］が［オン］か［効果のみ］に設定されているときのみ有効です。これは、レイヤーのカラーがシャドウ（影）として投影されているためです。ステンドグラスのように、オブジェクト（レイヤー）そのものが半透明になって投影されているわけではありません。

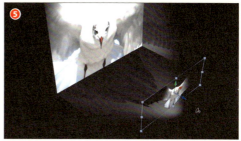

STEP 2

［ライトオプション］の［シャドウの暗さ］や［シャドウの拡散］の値を変えると、投影の濃度やぼけ具合を調整できます。❻では、［シャドウの暗さ］を［80%］、［シャドウの拡散］を［20pixel］に変更しています。

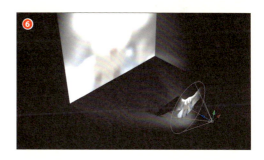

STEP 3

［ライトの種類］を変更すると、投影のされ方が違ってきます。❼は［平行］ライトで3Dレイヤーを投影したものです。光を平行に放つ照明なので、投影される場所までの距離によって絵柄の大きさが変わってきます。

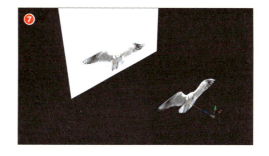

128 ライトの種類やライトのカラーを変更する
130 ライトが落とす影を設定する

NO. 132　3Dレンダラーを変更して作業する

VER. CC / CS6

[3D レンダラー] を [クラシック 3D] から [CINEMA 4D] や [レイトレース 3D] に変更すると、オブジェクトの押し出しや質感設定などより多彩な表現が可能になります。

STEP 1

タイムラインパネルで [3D レイヤー] スイッチをオンにします❶。するとコンポジションパネルの右上に [レンダー:クラシック 3D] と表示されます（初期設定）❷。

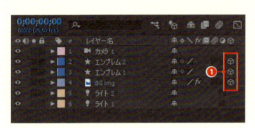

STEP 2

[クラシック 3D] と書かれたボタンをクリックします❸。[コンポジション設定] ダイアログの [3D レンダラー] タブが表示されます。[レンダラー] を [CINEMA 4D] (CC 2017 のみ) ❹か [レイトレース 3D] ❺に変更し、[OK] ボタンをクリックします。

STEP 3

[レンダラー] を [CINEMA 4D] や [レイトレース 3D] へ切り替えると、[クラシック 3D] ではできなかった 3D 表現が可能になります。またその逆に [クラシック 3D] でないと機能しないものもあります（MEMO 参照）。

> **MEMO**
> [描画モード][トラックマット][レイヤースタイル]、ラスタライズされたテキスト、シェイプレイヤーへのマスクとエフェクト、背景の透明保持を使用する場合は、[クラシック 3D] 環境で行います。

[CINEMA 4D] や [レイトレース 3D] 環境では、たとえば厚みを持った 3D オブジェクトが作り出せます

同じオブジェクトを [クラシック 3D] で表示するとこのようになります

133　高速プレビューで作業効率を高める

After Effects Design Reference

NO.
133 高速プレビューで作業効率を高める

VER.
CC / CS6

[CINEMA 4D] あるいは [レイトレース 3D] レンダラー環境で作業をするときは、[高速プレビュー] 機能を使うとよいでしょう。描画による負荷を軽減できます。

STEP 1
[3D レンダラー] を [CINEMA 4D] (CC 2017 のみ) や [レイトレース 3D] に変更すると、コンポジションの描画に時間がかかるようになります。[クラシック 3D] 環境ではスムーズにできていた作業でも [レンダラー] を切り替えた結果、プレビューに時間がかかり、それが作業の負担になってしまうことがあります。そうした描画によるロスを減らしてくれるのが [高速プレビュー] 機能です。コンポジションパネルの下部にある [高速プレビュー] をクリックして切り替えます。

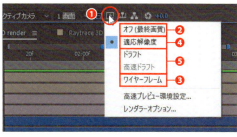

[高速プレビュー] をクリックし、その中から目的のプレビュー方法を選択します

オフ（最終画質）
最高品質で描画されますが、描画にもっとも時間がかかります

ワイヤーフレーム
オブジェクトを選択するとシェイプのアウトラインが表示されます。もっともレスポンスがよく、レイアウトの作業などに向いています

適応解像度
[CINEMA 4D] と [レイトレース 3D] レンダラーの初期設定です。コンポジションパネルの解像度が [フル画質] に設定されている場合は [オフ（最終画質）] と同じ画質になります

ドラフト／高速ドラフト
[レイトレース画質] が [1]（STEP2 参照）に引き下げられますが、一部の処理をのぞき、おおよその仕上がりが確認できます。本モードに対応した GPU（ビデオカード）を使用すると作業効率が向上します

STEP 2
[CINEMA 4D] や [レイトレース 3D] にはクオリティを調整するためのオプションが用意されています。設定は [レンダラー] の右側に表示されている [オプション] ボタンをクリックして表示される、[CINEMA 4D レンダラーオプション] か [レイトレース 3D レンダラーのオプション] ダイアログで行います。

[CINEMA 4D] は [品質] のスライダーで調整します。数値で指定することも可能です

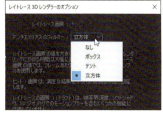

[レイトレース 3D] は [レイトレース画質] と [アンチエイリアスのフィルター] で調整。品質は [ボックス] < [テント] < [立体] の順

NO. 134 シェイプレイヤーを押し出して立体的なオブジェクトにする

VER. CC / CS6

シェイプレイヤーの［形状オプション］にある［押し出す深さ］で設定します。押し出しの作業は［CINEMA 4D］や［レイトレース 3D］レンダラー環境で行う必要があります。

STEP 1

シェイプレイヤーを作成し❶、［3D レイヤー］スイッチをクリックしてオンにします❷。レイヤーが選択された状態で A キーを2回押します。［形状オプション］❸が表示されるので［押し出す深さ］に数値を入力します❹。

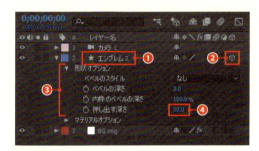

MEMO

形状を押し出せるのはシェイプレイヤーのみです。ラスター画像や平面レイヤーでは作成できません。唯一、ベクトル画像とテキストレイヤーは、シェイプレイヤーに変換することで適用できるようになります。「090 文字のアウトラインを作成する」「111 ベクトルレイヤーからシェイプを作成する」を参照してください。

押し出す前のシェイプレイヤー　　　［押し出す深さ：50］で押し出したシェイプレイヤー

STEP 2

押し出しただけでは陰影がつかず、このままでは立体的なオブジェクトに見えません。そこでライトを追加します。［レイヤー］→［新規］→［ライト］を選択して、［アンビエント］以外のライトを追加します❺。

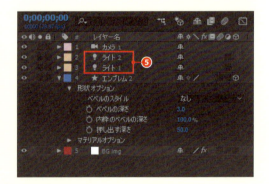

ライトを加えることで 3D らしい立体感が出ます。ここではオブジェクトの前と後に［ポイントライト］を配置しました

| STEP 3 | ベベルをつけます。シェイプレイヤーの［形状オプション］にある［ベベルのスタイル］で形状を選び❻、［ベベルの深さ］で斜角を設定します❼。ベベルは［角型］❽、［凹型］❾、［凸型］❿の3種類から選べます。［ベベルの深さ］の値が大きいほど角が外側に膨らみます。文字シェイプに適用するとよりボールド感が強い印象になります。 |

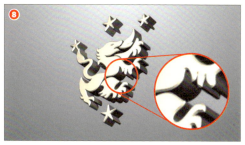

［ベベルスタイル：角型］［ベベルの深さ：3］に設定した例

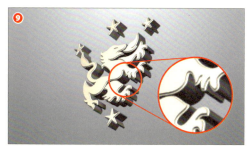

［ベベルスタイル：凹型］［ベベルの深さ：3］に設定した例

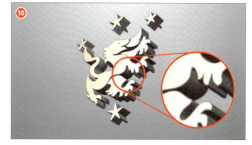

［ベベルスタイル：凸型］［ベベルの深さ：3］に設定した例

| STEP 4 | ベベルを加えるとシェイプが外側に膨らみます。「R」の文字のように、ベベルを加えた結果、内側の穴が埋まってしまうような場合は［形状オプション］にある［内枠のベベルの深さ］で調整します⓫。 |

［内枠のベベルの深さ：100］に設定した例

［内枠のベベルの深さ：70］に設定した例

NO. 135 オブジェクトに質感を加える

VER.
CC / CS6

3Dレイヤーの［マテリアルオプション］で設定します。［3Dレンダラー］を［CINEMA 4D］や［レイトレース3D］にすると、［クラシック3D］ではできなかった多彩な表現が可能になります。

STEP 1

［クラシック3D］環境では、STEP 2以降で紹介する映り込みや半透明の表現ができません。==ハイライト効果や原色のバランスを調整するための［マテリアルオプション］==が中心となります。以下に［クラシック3D］環境下で作成した質感設定のサンプルを紹介します。中央のエンブレム形状の台座はシェイプレイヤー（［塗り］は紫色）で作成したものです。

設定項目	概要
アンビエント	［アンビエント］ライト設定時にライトの影響をどの程度受けるかを指定します。なければ数値に関わらず影響はありません
拡散	ハイライトエリアを除いた部分の原色表示の濃度を設定します。［0%］で黒に、［100%］で原色になります
鏡面強度	ハイライト効果の強度を設定します。［0%］でハイライトなしに［100%］で最大のハイライト効果になります。ライトに色がついている場合は原色にライトカラーがプラスされます
鏡面光沢	ハイライト効果のサイズを設定します。［100%］でハイライトサイズは一番小さく、［0%］で最大サイズになります
金属	ハイライトカラーが原色の影響を受ける割合を設定します。［0%］で真っ白のハイライトになり、［100%］でハイライトエリアが原色になります

［クラシック3D］環境の［マテリアルオプション］

［アンビエント：100］［拡散：50］［鏡面強度：50］［鏡面光沢：5］［金属：100］に設定した例

［アンビエント：100］［拡散：100］［鏡面強度：100］［鏡面光沢：100］［金属：0］

［アンビエント：100］［拡散：0］［鏡面強度：100］［鏡面光沢：100］［金属：100］

［アンビエント：100］［拡散：0］［鏡面強度：100］［鏡面光沢：0］［金属：0］

STEP 2 [3Dレンダラー] を [CINEMA 4D]（CC 2017 のみ）や [レイトレース 3D] に変更すると [マテリアルオプション] プロパティが一気に増えます。[CINEMA 4D] や [レイトレース 3D] 環境で設定できるプロパティは右表のとおりです。

設定項目	概要
反射強度	映り込みの強度を設定します。周囲の 3D レイヤーや環境レイヤーが表示できます。鏡の表現では [100%] に近い値を使用します
反射シャープネス	映り込みの鮮明さを設定します。値を大きくするとシャープに、小さくするとぼけます
反射ロールオフ	透明に見られる、角度によって反射や屈折が起こる「フレネル効果」の映り込みの強度を設定します
透明度 （レイトレース 3Dのみ）	透明度を設定します。クリアなガラスの表現では値を大きくして、くすんだ表現では下げます
透明度ロールオフ （レイトレース 3Dのみ）	透明に見られる、角度によって反射や屈折が起こる「フレネル効果」の透明度の強度を設定します
屈折率 （レイトレース 3Dのみ）	オブジェクト通過したあとの屈折率を設定します。[1] 以上で屈折が大きくなります

［レイトレース 3D］環境の［マテリアルオプション］

STEP 3 最後にサンプルをいくつか紹介します。[CINEMA 4D] と [レイトレース 3D] 環境下で床の上にある押し出しオブジェクトに対して質感設定したものです（[CINEMA 4D] は半透明と屈折の設定ができません）。

●ゴールド艶出し：シェイプレイヤーの塗り：オレンジ
[アンビエント：100]［拡散：75］［鏡面強度：100］［鏡面光沢：25］［金属：75］［反射強度：75］［反射シャープネス：90］［反射ロールオフ：25］

●ゴールド艶消し：シェイプレイヤーの塗り：オレンジ
[アンビエント：100]［拡散：75］［鏡面強度：100］［鏡面光沢：25］［金属：75］［反射強度：75］［反射シャープネス：10］「反射ロールオフ：25］

●ミラー
[アンビエント：0]［拡散：0］［鏡面強度：0］［鏡面光沢：100］［金属：100］［反射強度：100］［反射シャープネス：100］［反射ロールオフ：10］

●ガラス：シェイプレイヤーの塗り：黒
[アンビエント：0]［拡散：0］［鏡面強度：100］［鏡面光沢：100］［金属：0］［反射強度：20］［反射シャープネス：100］［反射ロールオフ：10］［透明度：90］［透明度ロールオフ：20］［屈折率：1.5］

132　3D レンダラーを変更して作業する

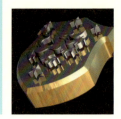

NO. 136 オブジェクトの映り込みを表現する

VER.
CC / CS6

［レイトレース3D］レンダラー環境では、オブジェクトに別の素材を映り込ませることができます。映り込み用の画像を用意し、［環境レイヤー］に設定します。

STEP 1 オブジェクトに映り込ませたい画像を用意し、タイムラインに配置します❶。［レイヤー］→［環境レイヤー］を選択します。すると［環境レイヤー］に設定した画像が背景に表示され、同時に3Dオブジェクトに映り込みます❷。

> **MEMO**
> 映り込みの質感設定をしただけでは、映り込みは表現できません。必ずオブジェクトに映り込ませるための素材が必要です。ここではパノラマ画像を用意しました。

映り込みに使用するパノラマ画像

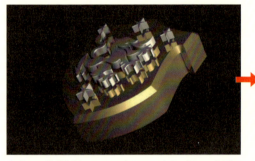

映り込みの質感設定をした3Dオブジェクト。上部の銀のロゴ以外に金のエンブレムに映り込む要素がないため何も映り込んでいません

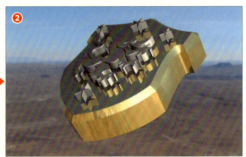

［環境レイヤー］に設定すると、あたかも画像が球体にマッピングされたような状態になります。カメラツールでアングルを変えるとその動きに同期して背景も移動します

STEP 2 ［環境レイヤー］を映り込みにのみ反映させたい場合（背景は非表示にする）には、環境レイヤーの［オプション］にある［反射内に表示］を［効果のみ］に変更します❸。

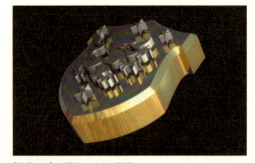

［効果のみ］に設定したときの描画

200

第 **8** 章　高度なアニメーション

NO.
137 ［位置］にウィグラーを適用して ランダムに揺れるようにする

VER.
CC / CS6

［位置］のキーフレームに［ウィグラー］を適用すると、上下左右にランダムに揺れる動きが加わります。2D レイヤー、3D レイヤーで利用できます。

STEP 1 効果がわかりやすいように、イラストの車が左から右に移動するアニメーションにウィグラーを適用してみます❶。タイムラインパネルで［位置］のキーフレームを 2 つ以上選択し❷、［ウィンドウ］→［ウィグラー］を実行してウィグラーパネルを表示します。

> **MEMO**
> ウィグラーを使用するには 2 つ以上のキーフレームが必要です。キーフレームの数値は同じでもかまいません。3D レイヤーに適用すると Z 値にもウィグラーの効果が反映されます。

STEP 2 ウィグラーパネルで［適用先：空間パス］［ノイズの種類：ギザギザ］［次元：全次元個別に］に設定します❸。その下の［周波数］ではウィグラーによって追加するキーフレームの間隔❹、［強さ］では動きの激しさをピクセル単位で指定します❺。最後に［適用］ボタンをクリックします。すると選択したキーフレームの直線的な動きを基準に、上下左右にランダムに揺れるキーフレームが追加されます❻❼。

NO. 138 レイヤーに親子関係を設定する

VER.
CC / CS6

レイヤーに親子関係を設定すると、親レイヤーの動きに子レイヤーが追従します。設定はタイムラインのピックウィップで行います。

STEP 1　まず親子関係を設定するレイヤーを用意します。そして子に設定したいレイヤー（「F tire」「R tire」）を選択し❶、レイヤーのピックウィップをドラッグして、親レイヤー（「CAR Body」）にドロップします❷。すると子レイヤーの［親］メニューに親レイヤー（「CAR Body」）の名前が表示されます❸。ピックウィップを使わずに、［親］メニューから親レイヤーを選んでもかまいません❹。

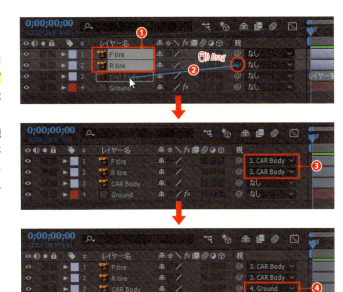

STEP 2　親レイヤーのプロパティを変更すると、子レイヤーのプロパティもそれに合わせて自動的に変更されます❺❻。一方、子レイヤーのプロパティを変更しても、親レイヤーに影響はありません。つまり子レイヤーの動きは、「親に強制される動き＋子レイヤー独自の動き」になります。ただし、［不透明度］プロパティだけは同期することはできません。

> **MEMO**
> 親子関係を解除するには、［親］メニューから［なし］を選択します。このときに注意したいのは、解除前のプロパティがそのまま子レイヤーに引き継がれる点です。つまり「親レイヤーのプロパティ＋子レイヤーのプロパティ」が解除後のプロパティになるわけです。

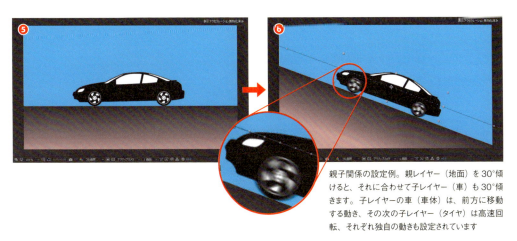

親子関係の設定例。親レイヤー（地面）を30°傾けると、それに合わせて子レイヤー（車）も30°傾きます。子レイヤーの車（車体）は、前方に移動する動き、その次の子レイヤー（タイヤ）は高速回転、それぞれ独自の動きも設定されています

139　親子関係を使って蝶に動きをつける

NO.
139 親子関係を使って蝶に動きつける

VER.
CC / CS6

胴体を親レイヤー、左右の羽を子レイヤーに設定すると、胴体の移動に羽が追随するようになります。羽ばたく様子は子レイヤー自体に設定します。

STEP 1

Illustrator で蝶の胴体、右の羽、左の羽をそれぞれ別々のレイヤーに分割し❶、After Effects に [コンポジション] として読み込みます❷。

Illustrator ファイル

STEP 2

左右の羽のレイヤーを選択し❸、[3D レイヤー] スイッチをクリックします❹。胴体は 2D レイヤーのままです。次に左右の羽のレイヤーのピックウィップを胴体のレイヤーにドラッグ&ドロップします。これで胴体が、左右の羽の親レイヤーに設定されます❺。

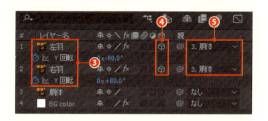

STEP 3

羽のレイヤーに動きをつけます。ツールパネルでアンカーポイントツール を選びます。そして左右の羽が胴体を起点に回転するよう、[右羽] と [左羽] レイヤーのアンカーポイントを調整します。続いて [Y 回転] にキーフレームを作成して、羽が上下に羽ばたくようにします❻。さらにグラフエディターを使って動きに強弱をつけるとリアリティが増します。その際、左右の羽の動きが対称になるようにしましょう❼。

137 [位置] にウィグラーを適用してランダムに揺れるようにする
138 レイヤーに親子関係を設定する

STEP 4　[Y回転]にエクスプレッションを設定して、左右の羽の動きをループさせます。ループのエクスプレッションは、[loopOut（type = "cycle", numKeyframes = 0）] です❽。以上で羽の設定は完了です。

STEP 5　胴体のサイズを調整した後、[スケール]プロパティに [+5%] から [-5%] 程度の強弱をつけたキーフレームを作成し、蝶がふわふわと宙に浮かんでいるようにします❾。そして胴体の [位置] プロパティにキーフレームを設定し❿、蝶が画面内を移動していく様子を表現します⓫。

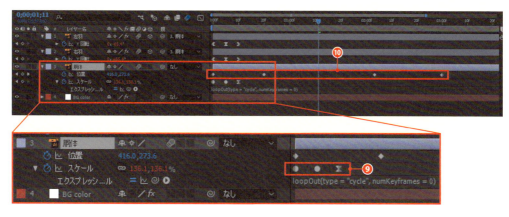

STEP 6　最後に[位置]のキーフレームをすべて選択し❿、[ウィンドウ] → [ウィグラー] を実行して、上下左右にランダムに揺れる動きをつけます⓬。これで親子関係を使った蝶の動きが完成します。

174　エクスプレッションを追加、編集、削除する
184　キーフレーム間をループさせる

205

NO.
140
VER.
CC / CS6

コンポジションをネスト化して
複雑なアニメーションを作る

コンポジションを別のコンポジションに配置することを「コンポジションのネスト化」と呼びます。ネスト化することで複雑なアニメーションが作れます。

STEP 1　ここではボールの動きを例に取り上げます。ボールの静止画像を使って、反時計周りに回転するアニメーションを作ります。次にそのコンポジションを別のコンポジションにネスト化して、さらにバウンドと変形の動きを加えていきます。

STEP 2　まずボールに回転のアニメーションを設定します。プロジェクトパネルに読み込んだボール画像（フッテージ）を［新規コンポジションを作成］にドラッグして重ねます❶。ボールのサイズで作成されたコンポジションを開き、［回転］のキーフレームを作成します❷。このコンポジション❸を［basket ball］という名前にします。

STEP 3　［コンポジション］→［新規コンポジション］を選択し、ボールのバウンドと変形を設定するためのコンポジションにします。これを［ball bound］コンポジションとします❹。次にプロジェクトパネルで［basket ball］コンポジションを［ball bound］コンポジションのアイコンにドラッグ＆ドロップします❺。これで［basket ball］コンポジションが［ball bound］コンポジションに配置されます。

STEP 4 ネスト化された［basket ball］コンポジションは、タイムラインパネルにレイヤーの1つとして配置されます❻。［basket ball］の［位置］のプロパティを表示して、ボールがバウンドするアニメーションを設定します。ここではキーフレームを4つ設定し、画面右から左にバウンドするようにしました❼❽。その際、グラフエディターを使ってスピードにメリハリをつけるとよいでしょう❾。

STEP 5 バウンドのタイミングに合わせてボールが縦に縮まり横に広がるよう、［スケール］のキーフレームを設定すれば完成です❿⓫。このようにコンポジションをネスト化することで、1つのコンポジションでは設定できない、ボールの［回転］とバウンドによる［スケール］の変形を両立できるようになります。

> **MEMO**
> 現在使用中のコンポジションにネスト化したレイヤーやプリコンポーズしたレイヤーが配置されている場合は、関連するコンポジションの時間を同期しておくとよいでしょう。修正ポイントを探し出す手間が省けます。その場合は、［編集］→［環境設定］→［一般設定］（［After Effects］→［環境設定］→［一般設定］）で［一般設定］ダイアログを表示し、［すべての関連アイテムの時間を同期］にチェックを入れます。

078 レイヤーの動きを反転する
079 グラフエディターを使ってオブジェクトの速度を変える

207

NO.
141

VER.
CC / CS6

プリコンポーズで複数のレイヤーを1つのコンポジションにまとめる

複数のレイヤーを［プリコンポーズ］機能によってグループ化すると、グループ全体にエフェクトを適用したり、マスク処理が行えるようになります。

STEP 1　タイムラインパネルで1つにまとめたいレイヤーを選択し❶、［レイヤー］→［プリコンポーズ］を実行します。［プリコンポーズ］ダイアログが表示されるので、［すべての属性を新規コンポジションに移動］にチェックを入れます❷。選択したレイヤーに時間を合わせたい場合は、［選択したレイヤーの長さに合わせてコンポジションのデュレーションを調整する］❸にチェックを入れて［OK］ボタンをクリックします。［新規コンポジション名］は必要に応じて設定してください❹。

S　プリコンポーズ▶
　　　Ctrl + Shift + C （⌘ + Shift + C ）

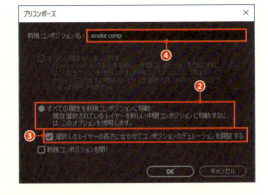

STEP 2　選択したレイヤーが1つのコンポジションレイヤーにまとめられます❺。プリコンポーズしたコンポジションレイヤーは、通常のレイヤーと同じように［トランスフォーム］プロパティを変更したり、エフェクトを適用できます。

STEP 3　プリコンポーズした元のレイヤーを編集する場合は、タイムラインパネルで目的のコンポジションレイヤーをダブルクリックします❺。するとプリコンポーズしたコンポジションに含まれるレイヤーが別のタブに表示されます❻。

NO. 142 ヌルオブジェクトを使ってアニメーションを設定する

VER. CC / CS6

ヌルオブジェクトは、最終出力には現れない作業用のオブジェクトです。親レイヤーに設定したり、エクスプレッションの制御などに用います。

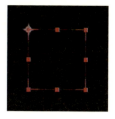

STEP 1

[レイヤー] → [新規] → [ヌルオブジェクト] を選択します。するとタイムラインパネルとコンポジションパネルに [ヌル] レイヤーが作成されます❶❷。

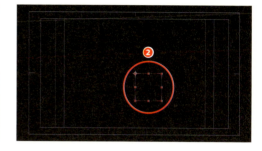

S 新規ヌルオブジェクト ▶ [Ctrl] + [Alt] + [Shift] + [Y] ([⌘] + [Option] + [Shift] + [Y])

STEP 2

ヌルオブジェクトは、[幅]と[高さ]が[100 ピクセル]、[アンカーポイント]は左上に設定されています。[アンカーポイント]を中心に移動したい場合は、タイムラインパネルで「ヌル」レイヤーを選択し、[A] キーを押して[50, 50]に変更します❸。またサイズの変更は、タイムラインパネルで[ヌル]レイヤーを選択してから、[レイヤー] → [平面設定] で表示される[平面設定]ダイアログで行います❹。

MEMO

ヌルオブジェクトは次のような場面で利用します。

①親子関係を設定する際の親レイヤーとして使う
ヌルオブジェクトを起点にレイヤーに動きをつけることができます。3Dレイヤーにも対応しています。

②中間のコンポジションを制御する
中間のコンポジション（ネスト化やプリコンポーズしたコンポジション）に使用しているエフェクトを最終コンポジションで制御したい場合には、ヌルオブジェクトを作成して同じエフェクトを適用します。そして制御したいエフェクトのプロパティをエクスプレッションでリンクさせます。すると最終コンポジションで中間コンポジションのエフェクトが制御できるようになります。

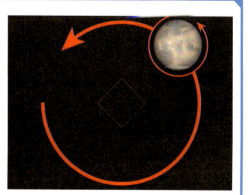

ヌルオブジェクトを親レイヤーに設定し、自転するオブジェクトに公転の動きを加えた例

---

143 ヌルオブジェクトに親子関係を設定し、ウォークスルーアニメーションを作る

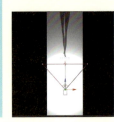

NO. 143 ヌルオブジェクトに親子関係を設定し、ウォークスルーアニメーションを作る

VER. CC / CS6

ヌルオブジェクトを親レイヤー、カメラを子レイヤーに設定し、ヌルオブジェクトに動きをつけていきます。

STEP 1
カメラの視点を対象の動きに合わせて移動する「ウォークスルーアニメーション」では、カメラ本体の[位置]と[目標点]の調整が必要になります。しかし、カメラで対象を捕えながらカメラだけが回り込む処理をしようとすると、カメラの調整がたいへんです❶。このような場合は、画面には表示されないヌルオブジェクトをカメラの親に設定すると簡単に処理できます。ここではカメラのフレーム内に対象が映ったら、対象を捕えながらカメラが回り込む（180°パンする）ように設定してみましょう。

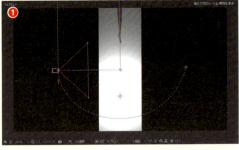

カメラレイヤーだけで対象レイヤーを追従したカメラモーション設定例（トップビュー表示）。180°パンする際のカメラワークがたいへんです

STEP 2
対象となるグラフィックレイヤーが画面奥から移動してきて正面で止まるフレームに現在の時間インジケーターを合わせます（ここでは2秒）❷。次に[カメラ1]と[ヌル1]レイヤーを用意し❸、[ヌル]レイヤーを3Dレイヤーにします❹。続いて[カメラ1]レイヤーの[目標点]と[ヌル1]レイヤーの[位置]をグラフィックレイヤーに合わせ❺、[3Dビュー]を[トップビュー]にしてカメラを対象の真横に移動します❻。

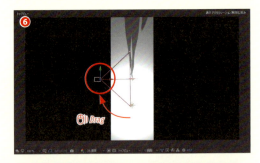

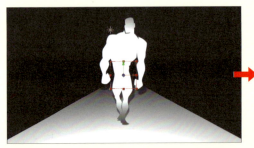

グラフィックレイヤーが2秒間かけて奥から正面に移動してくる動きをカメラで追い180°パンするよう設定します。追加した「ヌル」レイヤーのアンカーポイントは中央に設定しています（左）。右図にはカメラアングルを真横に変更したときのアクティブビューの表示です

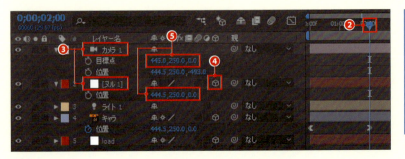

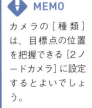

MEMO
カメラの[種類]は、目標点の位置を把握できる[2ノードカメラ]に設定するとよいでしょう。

After Effects Design Reference

STEP 3　［カメラ1］レイヤーのピックウィップを［ヌル1］レイヤーにドラッグ&ドロップします❼。現在の時間インジケーターを0フレームに移動し❽、［ヌル1］レイヤーの［位置］と［Y回転］にキーフレームを作成します❾。ここが、カメラの回り込みが始まるポイントになります。

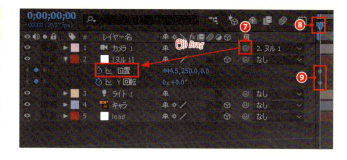

STEP 4　現在の時間インジケーターを2秒に移動して❿、［ヌル1］レイヤーの［Y回転］を［-180］に変更します⓫。これでカメラが［目標点］を起点に、180°パンするようになります。

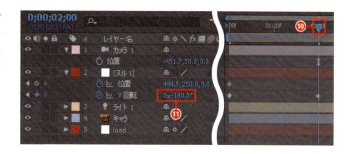

STEP 5　［ヌル1］レイヤーに設定した3つのキーフレームを選択し、先頭のキーフレームが2秒になるようドラッグして移動します⓬。そして現在の時間インジケーターを0フレームに戻し⓭、［ヌル1］レイヤーがウォークスルーを開始する［位置］を調整すれば完成です⓮⓯。

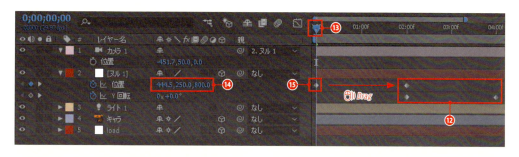

0秒

2秒

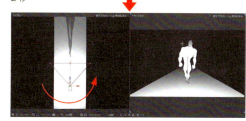

4秒

 116　カメラレイヤーを追加する
142　ヌルオブジェクトを使ってアニメーションを設定する

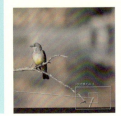

NO.
144 映像の揺れを スタビライズで止める

VER.
CC / CS6

手持ちカメラや自然現象で発生した映像の揺れは、[スタビライズ] 機能で静止することができます。

STEP 1
タイムラインパネルで目的のレイヤーを選び、[ウィンドウ] → [トラッカー] を実行します。トラッカーパネルが表示されるので、[スタビライズ] ボタンをクリックします❶。すると [ソース] に選択したレイヤーの名前が表示され❷、レイヤーパネルが開きます❸。

STEP 2
トラッカーパネルの [トラックの種類] で [スタビライズ] を選択して❹、映像のスタビライズに必要となる要素を [位置] [回転] [スケール] から選んでチェックを入れます❺。

STEP 3
レイヤーパネルに移り、[トラックポイント] を補正したい部分にドラッグします❻。STEP 2 で [位置] と [回転] [スケール] にチェックを入れた場合は、[トラックポイント 2] を [回転] や [スケール] の情報を得やすい部分に移動しましょう。

212

STEP 4 トラックポイントの設定がすんだら、トラッカーパネルの［分析］で▶をクリックします❼。するとインポイント、アウトポイント間のすべてのフレームの分析が始まり、トラックポイントがターゲットの揺れに対して同じ動きのパスを作成します。

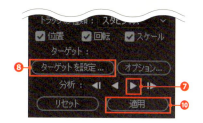

STEP 5 分析が完了したら、トラッカーパネルの［ターゲットを設定］ボタンをクリックします❽。［ターゲット］ダイアログが表示されるので、［スタビライズ］を適用するレイヤーを指定し❾、［OK］ボタンをクリックします。そしてトラッカーパネルの［適用］ボタンをクリックします（STEP 4 の❿）。

STEP 6 ［モーショントラッカー適用オプション］ダイアログが開くので、［次の軸に適用］で［X および Y］を選び⓫、［OK］ボタンをクリックします。これで選択したレイヤーに［モーショントラッカー］プロパティが追加され、揺れを静止するためのキーフレーム（［トラックポイント］［位置］［回転］など）が設定されます⓬。

> **MEMO**
> ［スタビライズ］を使うと、レイヤーが上下左右に移動したり、回転したりします。このためフレームが見切れます。フルサイズで使う場合は、レイヤーを拡大、トリミングして対処しましょう。

スタビライズ処理によって左側と上部が見切れ▶ていきます

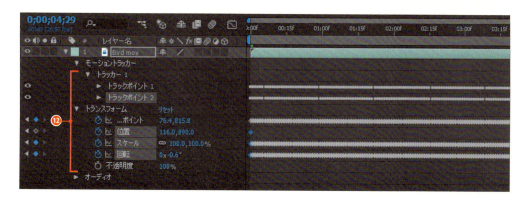

145 ワープスタビライザー VFX で映像の揺れを減らす   213

NO.
145 ワープスタビライザーVFXで映像の揺れを減らす

VER.
CC / CS6

手持ちのカメラや自然現象で発生した映像の「揺れ」は［ワープスタビライザーVFX］機能で補正できます。対象物を指定して重点的に揺れを抑えることも可能です。

STEP 1 タイムラインパネルで目的のレイヤーを選択し、［エフェクト］→［ディストーション］→［ワープスタビライザー VFX］を選択します。揺れの分析が始まり❶、エフェクトコントロールパネルには［ワープスタビライザーVFX］で分析中のフレームと残り時間が表示されます❷。

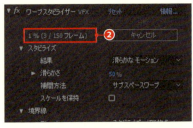

分析とスタビライズの処理はバックグラウンドで行われるため、処理中に他の作業を併行して進められます

STEP 2 分析が終了したらプレビューしてみましょう。元の映像に比べて揺れが軽減されているはずです。スタビライズの度合いは、エフェクトコントロールパネルの［ワープスタビライザー VFX］で行います。初期設定では［スタビライズ］の［結果］は［滑らかなモーション］❸、［滑らかさ］は［50％］になっています❹。［滑らかさ］の数値を上げるとさらに揺れを減らすことができます。ただし、それに合わせて［自動スケール］（画面の拡大率）が上がります❺。

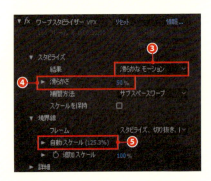

STEP 3 ［スタビライズ］の［結果］を［モーションなし］❻に変更すると、映像の内容によっては完全に揺れを止めることができます。ただし、この場合も［自動スケール］の値が増えます❼。拡大率が高くなりすぎるようなら、［補間方法］を初期設定の［サブスペースワープ］以外に変更するとよいでしょう❽。拡大をある程度、抑えることができます。

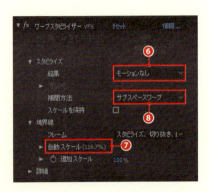

ここで取り上げた飛行機の映像で［結果］を［モーションなし］に変更したところ、うまく処理できずにアラートが表示されました。カメラを移動しながら撮影した映像であることが原因のようです

STEP 4 特定の対象物を指定し、そこを重点的にスタビライズすることもできます。［ワープスタビライザー VFX］の［詳細］プロパティを展開し、［トラックポイントを表示］にチェックを入れます❾。すると拡大表示されていた画面が 100％の表示に戻り、画面上にトラックポイントが表示されます❿。

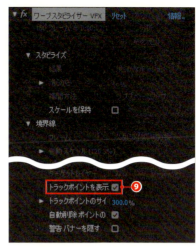

トラックポイントの表示サイズは［トラックポイントのサイズ］で変更可能です

STEP 5 ターゲットにしたい対象物以外のトラックポイントを選択して削除します。不要なトラックポイントをドラッグして囲むと、マウスポインタが に変わり、点線内のトラックポイントをまとめて選択できます⓫。トラックポイントを選択できたら [Delete] キーを押します⓬。

飛び立つジェット機をターゲットにスタビライズしたいので、それ以外のトラックポイントをドラッグしながら選択します。[Shift] キーを押しながらトラックポイントをクリックして選択していくこともできます

トラックポイントを削除すると、再度スタビライズの処理が行われます

STEP 6 ［トラックポイントを表示］のチェックを外します⓭。すると［ワープスタビライザー VFX］のすべての設定がアクティブになり⓮、飛び立つジェット機を重点的にスタビライズした結果が表示されます。プレビューで確認してみましょう。

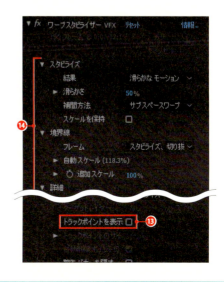

第 8 章 高度なアニメーション

144 映像の揺れをスタビライズで止める

NO. 146 映像の動きをトラッキングしてレイヤーを追従させる

VER. CC / CS6

［トラック］機能を使うと、映像の動きに特定のレイヤーを追従（トラッキング）させることができます。ここでは金魚の動きにグラフィックを追従させてみます。

STEP 1

タイムラインパネルでトラッキングするムービーレイヤーを選択して、[ウィンドウ] → [トラッカー] を実行します。トラッカーパネルが表示されるので、[トラック] ボタンをクリックします❶。すると [ソース] に選択したムービーレイヤーの名前が表示され❷、レイヤーパネルが開きます❸。ここではあらかじめ金魚の動きを追従させる [ヌル] レイヤーを用意しておきます❹。

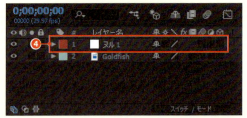

STEP 2

トラッカーパネルの [トラックの種類] で [トランスフォーム] を選択し❺、映像を追いかけるのに必要な要素を [位置] [回転] [スケール] から選んでチェックを入れます❻。

STEP 3

レイヤーパネルに移り、[トラックポイント] を追いかけたい対象にドラッグします❼。STEP 2 で [位置] や [回転] [スケール] にチェックを入れた場合は、同様に [トラックポイント 2] を対象の別の部分に設定します。

STEP 4
トラックポイントの設定がすんだら、トラッカーパネルの［分析］で▶をクリックします❽。するとインポイント、アウトポイント間のすべてのフレームの分析が始まり、トラックポイントがターゲットを追いかけるためのパスを作成してくれます❾。分析が完了したら、トラッカーパネルの［ターゲットを設定］ボタンをクリックします❿。［ターゲット］ダイアログが表示されるので、トラッキングさせる［ヌル］レイヤーを指定し⓫、［OK］ボタンをクリックします。そしてトラッカーパネルの［適用］ボタンをクリックします⓬。

STEP 5
［モーショントラッカー適用オプション］ダイアログが開くので、［次の軸に適用］で［XおよびY］を選び⓭、［OK］ボタンをクリックします。これでムービーレイヤーには［モーショントラッカー］プロパティのキーフレーム⓮、［ヌル］レイヤーには映像の動きをトラッキングするための［位置］や［回転］のキーフレームが設定され⓯、映像の動きに［ヌル］レイヤーが追従するようになります⓰。仕上げに動きを同期させるグラフィックレイヤーを配置して［ヌル］レイヤーを親レイヤーに設定して完成です⓱⓲。

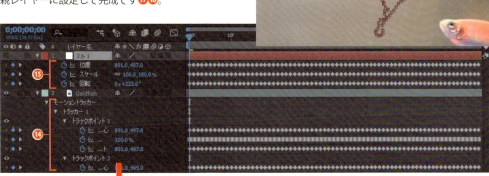

配置したグラフィックレイヤーを［ヌル］レイヤーの子レイヤーに設定します

147　奥行き方向の動きを分析して同期させる
148　mocha for After Effectsで高度なトラッキング処理を行う

NO.
147

VER.
CC/CS6

奥行き方向の動きを
分析して同期させる

［3D カメラトラッカー］を使うと、実写映像の動きにシンクロしたカメラモーションや、テキスト、平面、ヌルレイヤー、さらにはそれらが落とす影まで簡単につけられます。

STEP 1 ［3D カメラトラッカー］を適用したいムービーを選択し、［エフェクト］→［遠近］→［3D カメラトラッカー］を適用します❶。するとムービーの分析が始まります❷。

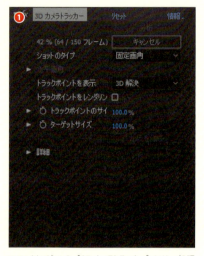

エフェクトパネルの［3D カメラトラッカー］には、処理にかかる時間と処理フレーム／総フレーム数が交互に表示されます

分析中の画面。分析はバックグラウンドで行われます。ここでは屋内空間を前に進む映像に［3D カメラトラッカー］を適用しています

STEP 2 分析が終了すると「トラックポイント」と呼ばれる×印が画面に表示されます❸。これらのトラックポイントを使って、映像内に文字やオブジェクトを配置していきます。ここでは1例として床にレッドカーペットがしかれたような映像を作成します❹。

218

STEP 3　［3Dカメラトラッカー］を選択し❺、カーペットを配置したい位置に現在の時間インジケーターを移動します❻。配置したい床にあるトラックポイントを複数選択してターゲットを作成します❼。次にターゲットを右クリックします。ポップアップメニューが表示されるので［平面とカメラを作成］を選択します❽。

表示されるターゲットが床と同じアングルになるよう、トラックポイントを複数選択していきます

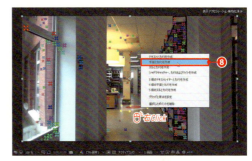

STEP 4　するとタイムラインに「3Dトラッカーカメラ」と3Dに設定された「平面1をトラック」レイヤーが追加されます❾。「3Dトラッカーカメラ」レイヤーを［トップビュー］で確認してみると、カメラの軌道が確認できます❿。次に追加された平面レイヤーを廊下に沿って平行になるよう［回転］と［位置］を調整し⓫、さらに廊下にカーペットがしかれたように縦長に［スケール］を設定します⓬。

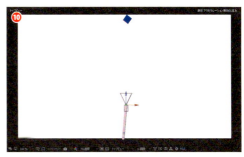

コンポジションの表示を［アクティブカメラ］から［トップビュー］に切り替えると、映像のパースに調整された「3Dトラッカーカメラ」レイヤーのモーションパスが作成されていることがわかります

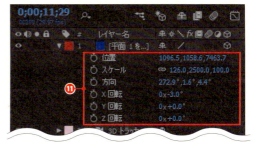

STEP 5 カーペットに乗せるテキストレイヤーを文字ツールで追加します⓭。カーペットの平面レイヤーの［位置］［方向］とXYZの［回転］プロパティをまとめて選択したあと［編集］→［コピー］し⓮、作成したテキストレイヤーを3Dレイヤーに設定してから、［編集］→［ペースト］します。ペースト後カーペットの配置に合わせて［スケール］で文字を横長にします⓯。

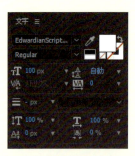

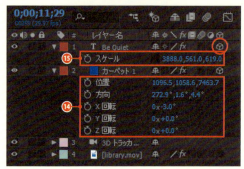

「平面1をトラック」レイヤーの名前を「カーペット1」に変更しました

STEP 6 カーペットを赤く着色します。カーペットの平面レイヤーを選択して［エフェクト］→［描画］→［グラデーション］を適用します⓰。エフェクトコントロールパネルで濃淡をつけた赤いグラデーションを設定し⓱、描画モードを［乗算］⓲に変更します⓳。

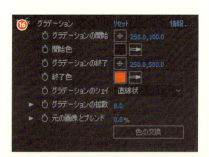

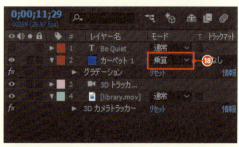

作業がしやすいようテキストレイヤーを非表示にしています

STEP 7 カーペットらしいテクスチャーをエフェクトでつけて仕上げます。まず平面レイヤーの「カーペット 1」を選択して ［編集］ → ［複製］ を実行、複製した「カーペット 2」レイヤーの描画モードを ［乗算］ から ［通常］ に戻します⓴。次に「カーペット 2」を選択して ［エフェクト］ → ［シミュレーション］ → ［CC Hair］、［エフェクト］ → ［スタイライズ］ → ［拡散］ をそれぞれ適用します㉑。この「カーペット 2」レイヤーをもう一度複製して、テキストレイヤー用に「カーペット 3」とします㉒。「カーペット 3」に適用されている ［CC Hair］ の ［Hair Color］ → ［Color］㉓を白に変更し、［トラックマット］ を ［アルファマット］㉔に設定して仕上げます。

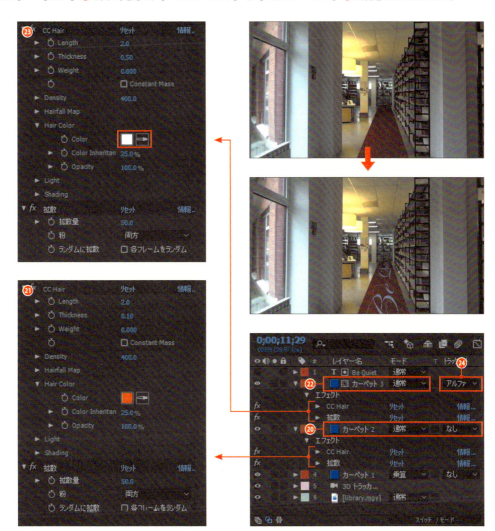

プレビューで確認すると、実写映像の進行速度や揺れの動きに合わせて平面レイヤー（レッドカーペット）がうまく合成されていることがわかります

NO.
148

VER.
CC / CS6

mocha for After Effectsで高度なトラッキング処理を行う

［mocha for After Effects］を使うと、標準の［トラック］機能では難しい、途中でパースペクティブが変わったり、フレームアウトするような映像でもより正確にトラッキングできます。

STEP 1 ここでは、都庁ビルが寄りから引きにズームアウトする映像を使い❶、映っているビルの壁面に垂れ幕❷を配置してトラッキングさせます。まず、トラッキングさせるムービーレイヤーを選択して❸、[アニメーション] → [mocha AE のトラック] を実行します。

垂れ幕の画像は映像と同サイズのコンポジションにネスト化しています

STEP 2 mocha AE が起動し、After Effects のタイムラインにレイヤー配置した映像を読み込むための [New Project] ダイアログが表示されます❹。読み込むムービーの情報（フレーム数、フィールド処理など）を確認して[OK]ボタンをクリック、ムービーを読み込みます❺。

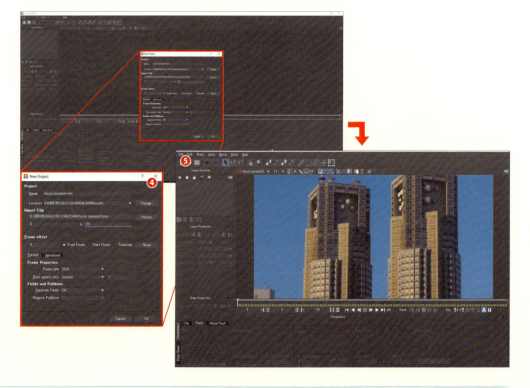

222

STEP 3 プレビュー画面の下にあるムービーのスライダーを作業を始める位置(時間)に移動します❻。ここではズームアウトしたビル全体が映っている最後のフレームから設定を始めます。次に[Create X-Spline Layer Tool]を選択し❼、ビル群をクリックしながらスプラインで囲んでいきます❽。範囲を指定できたら、[Pick Tool]に切り替え❾、囲んだすべてのポイントを右クリックして表示されるメニューから[Point]→[Linear]を選び❿、選択範囲のコーナーのスプラインをすべて直線に変換します⓫。

◀ スプラインの作成は[Create X-Spline Layer Tool]をクリックしながらざっくり囲み、スタートポイントまで戻り、クリックするか右クリックでパスを閉じます

▼ コーナーポイントを直線にして下部のポイント箇所をフレームいっぱいまで移動して整えます

ポイントを右クリックで表示されるメニューからポイントの種類を選択できます。青く伸びたハンドルの先端をドラッグして曲線の加減を調節できます

STEP 4 STEP 3で設定したフレームから逆再生してトラッキング処理をしていきます。[Track Backwards]をクリックすると⓬、自動ですべてのフレームの計算が始まります。処理が完了すると、スライダーの色が赤から青に変わります⓭。完了後、スライダー⓮を少しずつドラッグしてトラッキングの結果をフレームごとに確認します。うまく処理されていない部分は[Pick Tool]を使ってポイント(範囲)を指定し直します。調整を加えた部分には緑色のキーフレームが追加されるので[Track Backwards]をクリックして改めてトラッキング処理を行ってください。これでトラッキング処理は完了です。

STEP 5
続いて、垂れ幕をはめ込む範囲を指定します。パネル下部にある [Perspective] にチェックを入れてから⑮、パネルの上部にある [Show Planar Surface] ボタンをクリックすると⑯、STEP 3 と 4 で作成したスプラインの周囲に別の四角形のスプラインが追加されます。このスプラインのコーナーポイントをドラッグして垂れ幕をはめ込む範囲を設定します⑰。

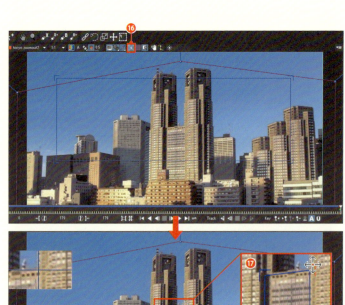

STEP 6
[Play forwards] ボタンをクリックして再生すると⑱、Surface のスプラインが都庁の壁面と同期していることが確認できます。結果に問題がなければ [Export Tracking Data] ボタンをクリックして⑲、[Export Tracking Data] ダイアログを開き⑳、[Format] から [After Effects Corner Pin (*.txt)] ㉑を選んで、[Copy to Clipboard] ボタンをクリックします㉒。これでトラッキングデータを反映したコーナーピンの情報がコピーされます。

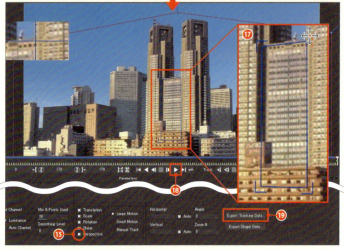

STEP 7
After Effects に戻り、0 フレームに現在の時間インジケーターを移動して㉓、垂れ幕のレイヤーを選択㉔、[編集] → [ペースト] を実行します。これでトラッキング処理された [コーナーピン] エフェクトのキーフレームが追加され㉕、カメラのズームアウトの動きと垂れ幕がピッタリと同期するようになります㉖。

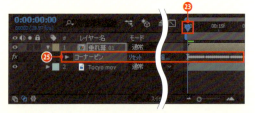

| STEP 8 | mocha AE で指定した範囲では垂れ幕が縦長に縮小されてしまったため㉗、垂れ幕の文字が正体に見えるよう「垂れ幕」コンポジションで垂れ幕レイヤーのXスケールを調整します㉘。 |

| STEP 9 | 垂れ幕の文字は正体になりましたが、今度は都庁の手前のビルにも垂れ幕がかかってしまっています㉙。手前のビルに垂れ幕がかからないよう mocha AE で手前のビルの壁面をトラッキングしてマット合成します。mocha AE に移り、垂れ幕のスペースに設定していた［Show Planar Surface］を手前のビルに合わせます㉚。このトラッキングデータを同様に［Copy to Clipboard］で書き出します。After Effects に戻り、［レイヤー］→［新規］→［平面レイヤー］を作成、作成した平面レイヤーを選択、現在の時間インジケーターを0フレームに移動して［編集］→［ペースト］すると平面レイヤーが手前のビルの壁面の役割を果たします㉛。次に垂れ幕レイヤーを［アルファ反転マット］に設定して㉜マット合成します㉝。同様にして垂れ幕をかけたいビルの数だけ mocha AE で同じ作業を繰り返し仕上げます㉞。 |

プレビューするとズームアウトするカメラワークに垂れ幕が同期して表示されます

146　映像の動きをトラッキングしてレイヤーを追従させる
171　トラックマットでマット合成する①＜アルファマット編＞

NO. 149 CINEMA 4Dと連携する

VER.
CC/CS6

3DCGソフト「CINEMA 4D（R17以降）」ファイルの読み込みや書き出しのほか、レンダリングせずに実写と3Dオブジェクトとの合成作業がスムーズに行えます。

STEP 1　ここでは［3Dカメラトラッカー］エフェクトを適用した映像（「147 奥行き方向の動きを分析して同期させる」参照）にCINEMA 4Dで作成したオブジェクトを合成してみます。まずオブジェクトを配置する箇所がわかりやすい時間まで現在の時間インジケーターを移動します。次に［3Dカメラトラッカー］エフェクトのトラックポイントから3Dオブジェクトを配置するための平面レイヤーを作成します❶❷。そして ［ファイル］→［書き出し］→［MAXON CINEMA 4D Exporter］を選択して、ここまでのデータをCINEMA 4Dファイルとして書き出します。

▲ ［3Dカメラトラッカー］が適用されたムービーレイヤー。3Dオブジェクトを配置するために、トラックポイントから作成したターゲットを右クリックして表示されるメニューから［平面を作成］を選択します

トラッキングされた「カメラ1」のカメラモーションと「平面レイヤー」。これらの動きと座標をCINEMA 4Dファイルとして書き出します

STEP 2　プロジェクトパネルをダブルクリックして、先ほど書き出したCINEMA 4D（C4D）のファイルを読み込みます❸。読み込んだC4Dフッテージ（ここでは「C4D object.c4d」）をタイムラインにドラッグして配置します❹。するとコンポジション画面にワイヤーフレーム状の空間とオブジェクトが追加されます。オブジェクトは、トラックポイントに描いた青い平面レイヤーにピッタリと重なり合っています❺。またエフェクトコントロールパネルには［CINEWARE］エフェクトが追加されています❻。

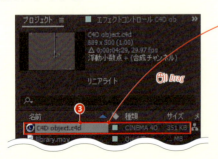

226

STEP 3 タイムラインパネルで「C4D object.c4d」レイヤーを選択し、[編集]→[オリジナルを編集]を実行します。After Effectsにバンドルされている「CINEMA 4D Lite」が起動し、STEP1で書き出した「C4D object.c4d」ファイルが開きます❼。

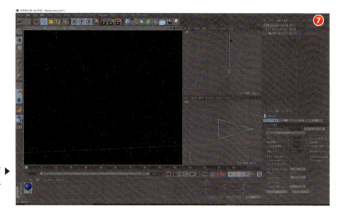

▶ CINEMA 4D Lite の作業画面。トラッキングされたカメラモーション（右上と右下）と平面レイヤー（左）が表示されています

STEP 4 CINEMA 4D Lite 上で必要なオブジェクトを追加していきます。ここでは青い平面レイヤーの座標を基準に、メタリックな質感を持った球体と人型オブジェクト、グレーのフロア、そしてライトを追加しました❽。作業が終了したら、[ファイル]メニューから[保存]でファイルをいったん保存します。

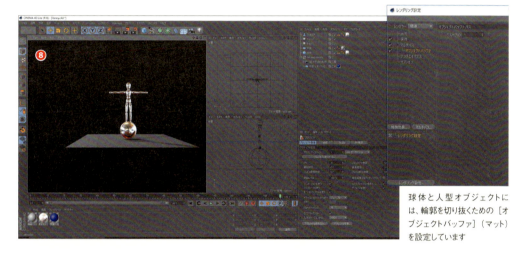

球体と人型オブジェクトには、輪郭を切り抜くための[オブジェクトバッファ]（マット）を設定しています

STEP 5 After Effects に戻ると、CINEMA 4D Lite で保存したアートワークが反映されていることがわかります。エフェクトコントロールパネルで［CINEWARE］の［Render Settings］にある［Renderer］を［Standard(Final)］❾に設定すると、最終の仕上がり具合を確認できます❿。

3D オブジェクトを作成するために用意した青い平面レイヤーは必要がないので、タイムラインから削除しておきます

STEP 6　実写と3Dオブジェクトを合成していきます。最初に3Dオブジェクトを切り抜くためにマット合成をします。「C4D object.c4d」レイヤーを複製し、「mat」に名前を変更します⓫。複製した「mat」レイヤーを選択し、エフェクトコントロールパネルで［CINEWARE］エフェクトの［Multi-Pass (Linear Workflow)］にある［CINEMA 4D Multi-Pass］にチェックを入れ⓬、［Set Multi-Pass］ボタンをクリックします⓭。すると［CINEMA 4D Multi-Pass］ダイアログが開くので、プルダウンメニューから［オブジェクトバッファ］⓮を選択して［OK］します。これで3Dオブジェクトだけが白く塗られたマット画像になります⓯。

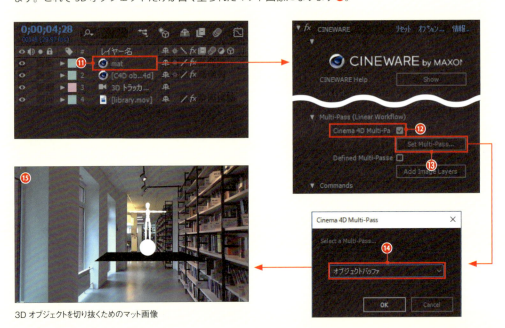

3Dオブジェクトを切り抜くためのマット画像

STEP 7　タイムラインパネルで「C4D object.c4d」レイヤーの［トラックマット］を［ルミナンスキーマット］に変更します⓰。これで3Dオブジェクトだけが切り抜かれた状態になります。

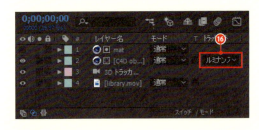

［トラックマット］でマット合成された3Dオブジェクト

STEP 8　今度は3Dオブジェクトに影をつけます。タイムラインパネルで「mat」レイヤーを複製し、カメラレイヤーの上に移動、「mat 2」という名前に変更します⓱。複製した「mat 2」レイヤーを選択し、STEP6のときと同じように［CINEWARE］の［Multi-Pass (Linear Workflow)］にある［Set Multi-Pass］ボタンをクリック。［CINEMA 4D Multi-Pass］ダイアログで［Shadow］を選択して⓲［OK］します。白地に影だけが表示されるので⓳、これをマット画像とします。次に「C4D object.c4d」レイヤーを複製し、「mat 2」レイヤーの下に移動、「shadow」という名前に変更します⓴。「shadow」レイヤーのトラックマットを［ルミナンス反転］に設定し㉑、続けて描画モードを［乗算］に設定すると㉒影だけの合成ができます㉓。

067　描画モードを変えて下のレイヤーと合成する

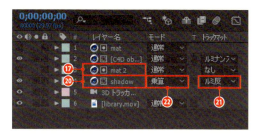
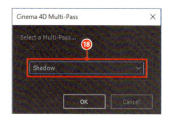

3Dオブジェクトが落とす影

3Dオブジェクトに影を合成

STEP 9　3Dオブジェクトと3Dオブジェクトが落とす影が実写映像の本棚にかかってしまうので、マスク処理して仕上げます。3Dオブジェクト「C4D object.c4d」と影の「shadow」レイヤーにペンツールでマスクパスを設定し㉔㉕、時間の経過に合わせてパス形状を調整して完成です㉖㉗。

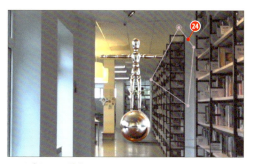

3Dオブジェクトに設定したマスクパス

3Dオブジェクトが落とす影に設定したマスクパス

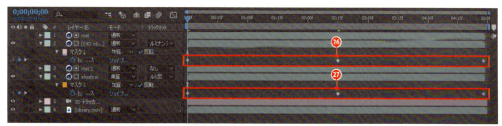

最終画質でプレビューしてみると、前方に進むカメラ移動に合わせてシンクロする3Dオブジェクトのアニメーションが確認できます

147　奥行き方向の動きを分析して同期させる
172　トラックマットでマット合成する②＜ルミナンスキーマット編＞

229

NO.
150 キャラクターアニメを作成し After Effectsに読み込む

VER.
CC / CS6

アニメーションの作成に Character Animator を使います。顔の動きや表情をサンプリングして、2D キャラクターに反映することができます。リップシンクも可能です。

STEP 1

[ファイル] → [Adobe Character Animator を開く] を選択し、ようこそパネルで [クロエ（Illustrator）] をクリックします。すると Illustrator 上にキャラクターのファイルが表示されます。キャラクターはパーツを組み替えてオリジナルに作り変えることができます。ここでは特に手を加えずにそのまま利用します。

> **MEMO**
> オリジナルのキャラクターファイルは [ファイル] → [読み込み] から読み込みます。

キャラクターのパーツごとにレイヤーが分かれています

STEP 2

Illustrator から Character Animator に移動します❸。Character Animator にキャラクター（ここでは「chloe（Illustrator）」）が読み込まれ、シーンと呼ばれるコンポーネント（ここでは「シーン -chloe（Illustrator）」）が作られます。またタイムラインにはキャラクターが配置されます。

230

STEP 3 右上のカメラとマイクパネルには PC のカメラを通してユーザーが映し出されます❹。画面の指示にしたがって [基本姿勢を設定] ボタンをクリックします❺。これでユーザーの顔の動きとキャラクターが同期されます。設定がすんだら、顔を左右に動かしたり、口を開けたり、まばたきしたりして、キャラクターが同じ動きをするか確認してみましょう❻❼。

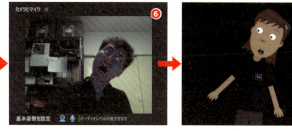

顔が囲みの中に収まるように調整し、[基本姿勢を設定] をクリックします

設定後、ユーザーの眼や鼻、口の輪郭にそって赤いドットが配置され、キャラクターの顔と動きが同期します

STEP 4 キャラクターの腕の長さや位置、角度などを変えることができます。シーンパネル上でドラッグして調整します❽。

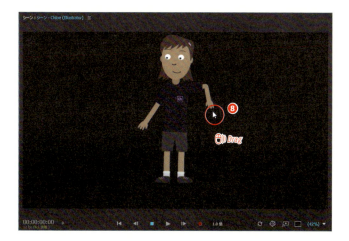

STEP 5 動きをつける前に出力サイズやフレームレートを調整しておきます。プロジェクトパネルで「シーン - chloe (Illustrator)」を選択します❾。プロパティパネルに [フレームレート][デュレーション][幅][高さ] が表示されるので、目的のプロパティを変更します❿。

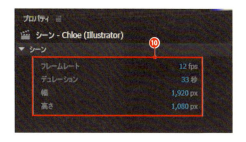

STEP 6 タイムラインパネルでキャラクター（「chloe（Illustrator）」）のレイヤーを選択します。プロパティパネルに［トランスフォーム］が表示されるので、キャラクターの位置やサイズを変更します⓫⓬。

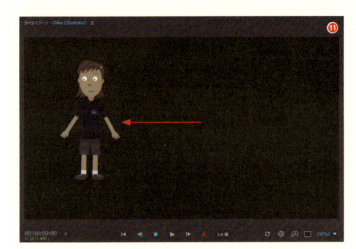

ここでは［位置 X：-550］［スケール：80］に設定しています

STEP 7 シーンパネルの録画ボタン⓭をクリックして顔や腕の動きをサンプリングします。顔の動きはカメラを通じて、腕の動きはマウスドラッグの結果が反映されます。記録し終えたら、停止ボタンをクリックします⓮。再生ボタンをクリックして動きを確認し⓯、問題がなければ［ファイル］→［プロジェクトに名前を付けて保存］を選択して、ファイル（.chproj 形式）を保存します。

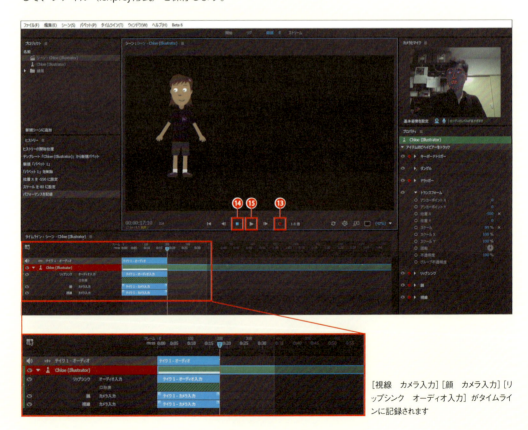

［視線　カメラ入力］［顔　カメラ入力］［リップシンク　オーディオ入力］がタイムラインに記録されます

232

STEP
8
After Effectsに移り、キャラクターと背景を合成します。[ファイル] → [プロジェクトを開く] を選択し、先ほどで保存したファイル（.chproj形式）を選択します。[Character Animator シーンを読み込み] ダイアログが表示されるので、必要なシーンを選択してから [OK] をクリックします❶。読み込んだシーンをタイムラインに配置し❶、キャラクターと背景を合成して完成させます❶。

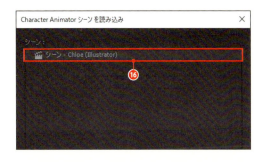

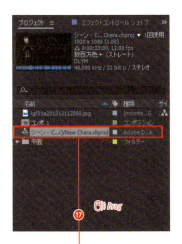

> **MEMO**
> キャラクターの画像は、プロジェクトフォルダー内の [Ch Media] → [Gathered Media] に保存されています。キャラクターに手を加えたい場合は、この画像を開いて作業をしてください。

> **MEMO**
> After Effectsに読み込んだCharactor Animatorファイル（.chproj形式）はDynamic Linkフッテージとして読み込まれるので、Premiere Pro同様、アートワーク中の修正も即座に反映されます。

NO.
151

モーショングラフィックスを
テンプレートとして保存する

VER.
CC / CS6

After Effects で作成したモーショングラフィックスをテンプレートとして保存し、Premiere Pro で活用することができます。作業はエッセンシャルグラフィックスパネルで行います。

STEP 1 ここでは5章の「091　文字が横にスライド移動して決まる」で取り上げたテキストアニメーションをモーショングラフィックテンプレートとして書き出してみます❶。書き換え可能にするのは、文字要素と文字色、文字の位置の3つです。まず<mark>テンプレートにしたいコンポジションを開きます</mark>。

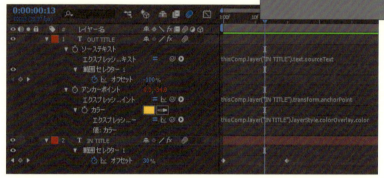

文字列「After Effects CC」が右フレームから現れ、画面中央で決まり、左フレームへ去ってゆくテキストアニメーションです

右から登場する「IN TITLE」と、左へ去る「OUT TITLE」の2レイヤーで構成され、「OUT TITLE」には「IN TITLE」の［アンカーポイント］や文字要素、文字色が揃うようエクスプレッションが設定されています

STEP 2 <mark>［ウィンドウ］→［エッセンシャルグラフィックスパネル］</mark>を選択して、エッセンシャルグラフィックスパネルを開きます。［マスター］から書き出したいコンポジションを選びます❷。

プロジェクト内にあるコンポジションが表示されます。ここでは「Motion Title」を選択します

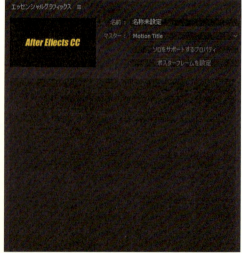

目的のコンポジションを選択するとサムネイルに動きの1コマが表示されます

STEP 3 エッセンシャルグラフィックスパネルの［ソロをサポートするプロパティ］をクリックします❸。するとタイムラインパネルにテンプレート化できるプロパティが表示されます❹。

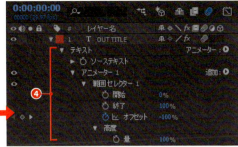

STEP 4 文字要素をテンプレートにします。テキストレイヤー「IN TITLE」の［ソーステキスト］プロパティをエッセンシャルグラフィックスパネルにドラッグ＆ドロップします❺。すると［ソーステキスト］の欄に現在の文字列「After Effects CC」が表示されます❻。これで文字要素がテンプレートとして登録されます。

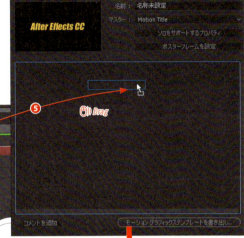

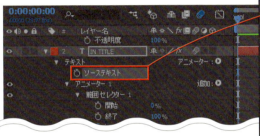

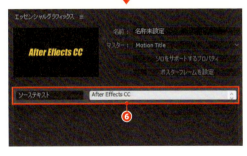

STEP 5 ［ソーステキスト］の文字を変えると別のタイトルに置き換わります❼。

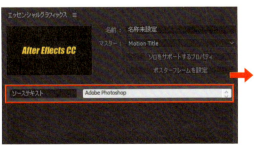

文字要素を「After Effects CC」から「Adobe Photoshop」に変更した例

STEP 6 続いて文字色をテンプレート化します。テキストレイヤー「IN TITLE」に設定された［レイヤー効果］→［カラーオーバーレイ］→［カラー］プロパティをエッセンシャルグラフィックスパネルにドラッグ＆ドロップします❽。すると［カラー］と現在の文字色が表示されます。ここで文字色がテンプレートに登録され、［カラー］で文字色が変えられるようになります❾。

エッセンシャルグラフィックスパネルの［カラー］で文字色を黄から青に変更した例

STEP 7 次に文字要素が2行になったときを見てみます。ただ2行にしてしまうと、文字列が画面中央から下にずれてしまいます。そこでテキストレイヤーの［アンカーポイント］をテンプレート化してみます。テキストレイヤー「IN TITLE」の［アンカーポイント］プロパティをエッセンシャルグラフィックスパネルにドラッグ＆ドロップします❿。すると警告画面が表示されて、［アンカーポイント］はテンプレート化できないことがわかります⓫。

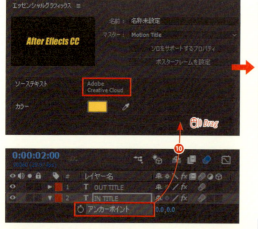

文字要素を2行にした例

> **MEMO**
> エッセンシャルグラフィックスパネルにリスト化できるプロパティは、数値のスライダー、チェックボックス、カラー、ソーステキストの4つに限られます。

236

STEP 8 エクスプレッションを使って［アンカーポイント］の位置を調整することにします。テキストレイヤー「IN TITLE」を選択し、[エフェクト]→[エクスプレッション制御]→[スライダー制御]を適用します⓬。続いて［アンカーポイント］の高さ（Y値）だけを変更できるようにエクスプレッションを設定します⓭。そして［スライダー］プロパティをエッセンシャルグラフィックスパネルにドラッグ＆ドロップします⓮。

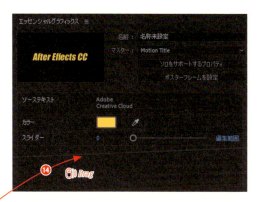

［アンカーポイント］プロパティに「value+[0,effect(スライダー制御).(スライダー)]」と記述します

STEP 9 これで［スライダー］を介して［アンカーポイント］のY値が調整できるようになります⓯。

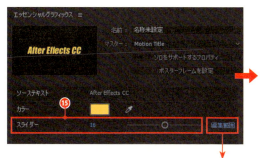

［スライダー］の値を調整して文字を画面中央に移動した例

［編集範囲］をクリックして表示される［スライダー］ダイアログの［スライダー範囲］でアンカーポイントの調整範囲を自由に設定できます。ここではコンポジションの高さを考えて［-500］から［500］に設定しています

 MEMO

［スライダー］とエクスプレッションを組み合わせれば直接リスト化できない二次元、三次元のトランスフォームプロパティでも制御できるようになります。エクスプレッションを使用しないでダイレクトに扱えるのは［不透明度］と一次元の数値プロパティです。ただし［回転］プロパティは一次元であっても制御できません。

STEP 10 テンプレートにしたい要素をすべて登録したら、各プロパティをわかりやすい名前に変更しておきます。[コメントを追加]して補足説明を加えることも可能です⓰。また画面左上にあるサムネイルの表示を変えることもできます⓱。タイムラインパネルで現在の時間インジケーターを目的のフレームに移動し、[ポスターフレームを設定]をクリックします⓲。

サムネイルに設定したフレーム

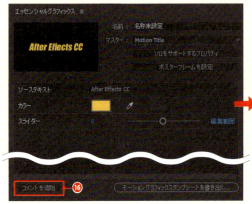
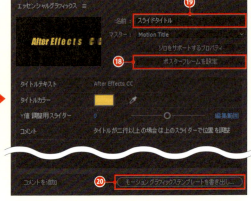

[ソーステキスト]を[タイトルテキスト]、[カラー]を[タイトルカラー]、[スライダー]を[Y値 調整用スライダー]に変更。サムネイル画面には動きがわかるフレームを設定するとよいでしょう

STEP 11 最後にテンプレートの[名前]を変更し⓳、[モーショングラフィックテンプレートを書き出し]ボタンをクリックします⓴。[モーショングラフィックテンプレートを書き出し]ダイアログが開くので、[保存先]を選択して[OK]します㉑。書き出したテンプレートファイルはPremiere Proで読み込み、リスト化したプロパティを編集できます㉒。

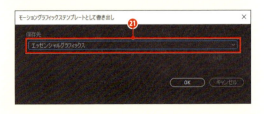

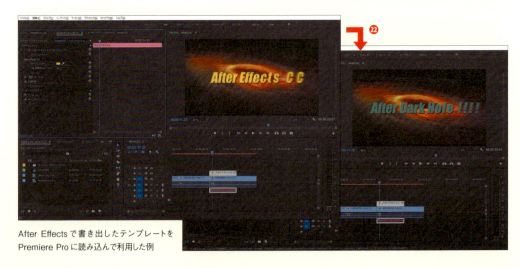

After Effectsで書き出したテンプレートをPremiere Proに読み込んで利用した例

174 エクスプレッションを追加、編集、削除する

第 9 章　マスク・トラックマット

NO. 152 映像の一部を隠す、切り抜く

VER.
CC / CS6

マスクパスを利用すると、映像の一部分を隠したり、逆に特定の部分だけ切り抜いて表示したりできます。マスクはシェイプツールやペンツールで作成します。

STEP 1

ツールパネルから<mark>各種シェイプツールかペンツール</mark><mark>を選びます</mark>❶。タイムラインパネルで目的のレイヤーを選択し❷、<mark>コンポジションパネル上でマスクしたい位置をドラッグ</mark>して囲みます❸。シェイプツールとペンツールの使い方は、シェイプレイヤーのときと同様です。マスクパスを作成すると、選択したレイヤーに［マスク］プロパティが追加され❹、マスクパスで囲んだ領域の外側が透明になります。

> **MEMO**
>
> マスクパスのカラーは、タイムラインパネルのマスク名の左にあるカラーボックスをクリックして表示される［マスクカラー］ダイアログで変更できます。また［編集］→［環境設定］→［アピアランス］（［After Effects］→［環境設定］→［アピアランス］）を選択して表示されるダイアログで［新規マスクに別のカラーを使用］にチェックを入れておくと、マスクパスを作成する度に違うカラーに変更されます。

長方形ツールで目の部分にマスクを作成

STEP 2

STEP 1 で解説したように、初期設定ではマスクパスの外側が透明になります❸。内側の領域を透明にして下のレイヤーを表示したい場合は、タイムラインパネルで［反転］にチェックを入れます❺❻。

After Effects Design Reference

NO.
153 クローズドパスと オープンパスを使い分ける

ペンツールで描いたパスは、クローズドパスとオープンパスに分けられます。マスクとして機能するのはクローズドパスの方です。

VER.
CC / CS6

STEP 1

クローズドパスとは閉じたパスのことです。クローズドパスを描くには、==始点と終点を同じにします==❶。クローズドパスを作成するとマスク名の横にあるマスクモードが［加算］になり❷、マスクとして機能するようになります。マスク機能をオフにするには、マスクモードを［なし］に変更します。

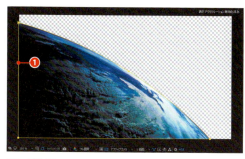
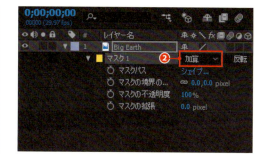

クローズドパス

STEP 2

オープンパスとは開いたパスのことです。オープンパスを描くには、==始点と終点を別の位置にします==❸。オープンパスは、マスクとしては機能しません❹。パスを使ったエフェクト処理などに利用します❺❻。

オープンパス

オープンパスに［線］と［グロー］エフェクトを適用した例

 217 マスクパスにエフェクトを適用する

NO. 154 選択ツールを使ってマスクパスを編集する

VER. CC / CS6

マスクパスの移動、回転、サイズの変更などは、選択ツールを使って行います。

STEP 1
タイムラインパネルでマスクパスが設定されたレイヤーを選択します❶。するとコンポジションパネルにマスクパスが表示されます❷。

STEP 2
ツールパネルで選択ツール▶を選び、ポイントやストロークをドラッグしてマスクパスを編集します❸❹。複数のポイントを選択する場合は、Shift キーを押しながらポイントをクリックしていきます。ポイントを1つ選択してから、Shift キーを押しながらドラッグしても、複数のポイントを選択することができます。

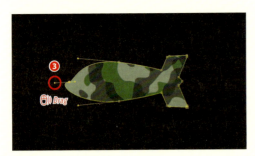

ハンドルをドラッグして変形させたマスクパス　　ストロークをドラッグして変形させたマスクパス

STEP 3
マスクパスを移動するには、まず Alt (Option) キーを押しながらパスをクリックします。パス全体が選択されるので目的の位置までドラッグして移動します❺。パスをダブルクリックしてトランスフォームボックス表示にして移動することもできます。

マスクパスをダブルクリックしてトランスフォームボックスを表示させて、移動したマスクパス

| STEP 4 | マスクパスを回転するには、トランスフォームボックスの線にカーソルを重ね、カーソルが ⬚ の状態になったら目的の方向にドラッグします❻。このときマスクパスは、トランスフォームボックス中央にできる［アンカーポイント］を中心に回転します。［アンカーポイント］の位置はコンポジションパネル上でドラッグして移動できます❼。 |

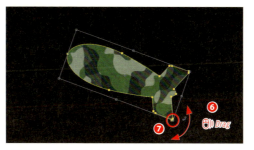

トランスフォームボックスの角のポイント付近をドラッグして回転させたマスクパス

| STEP 5 | マスクパスのサイズを変えるには、トランスフォームボックスの四隅や中央のポイントにカーソルを重ね、カーソルが ⬚ や ⬚ の状態になったら目的の方向にドラッグします❽❾。このとき Shift キーを押しながら四隅のポイントをドラッグすると縦横の比率を保ったままサイズを変えられます。 |

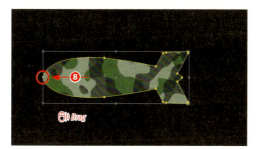 

トランスフォームボックスの中央のポイントをドラッグして横長に変形させたマスクパス

トランスフォームボックスの角のポイントを Shift キーを押しながらドラッグして正比率で拡大したマスクパス

| STEP 6 | 複数のポイントを選択した状態でマスクパスや選択ポイントをダブルクリックすると、選択されたポイントだけのトランスフォームボックスが表示されます❿。この状態で各ポイントをドラッグして変形したり、回転することもできます。このときもトランスフォームボックス中央にできる［アンカーポイント］の位置を調整して、回転時の基点を変更することが可能です。 |

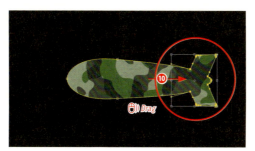

複数のポイントを選択してダブルクリック、選択範囲のトランスフォームボックスを表示させて、移動したマスクパス

NO.
155 ペンツールを使って
マスクパスを編集する

VER.
CC / CS6

マスクパスの細かい調整はペンツールを使って行います。ハンドルを使った変形や新たにポイントを追加して、さらに複雑な形状に仕上げられます。

STEP 1 タイムラインパネルでマスクパスが設定されたレイヤーを選択します❶。するとコンポジションパネルにマスクパスが表示されます。

STEP 2 ツールパネルからペンツールを選択して [Alt]([Option])キーを押しながらポイントをクリックします。カーソルが頂点を切り替えツールに替わり、曲線ポイントは直線的なポイントに、直線的なポイントは曲線的なポイントになります❷。曲線的なポイントにはハンドルが表示されるので❸、ドラッグしてパスの形状を整えます❹。

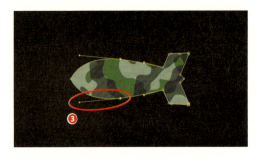

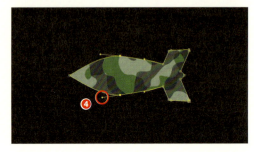

STEP 3 さらに複雑な形状にしたい場合は、マスクパス上でクリックしてポイントを追加します❺。逆にポイントを削除したい場合は、ポイントにカーソルを合わせて [Ctrl]([⌘])キーを押しながらクリックします❻。

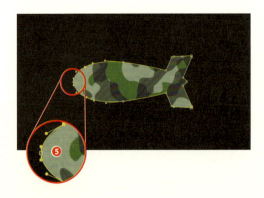

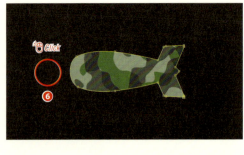

NO. 156 同じ解像度のレイヤーにマスクパスをコピー&ペーストする

VER.
CC / CS6

マスクパスは別のレイヤーへ[コピー]&[ペースト]して利用できます。コピー元とペースト先が同じ解像度であれば同位置に同サイズで複製されます。

STEP 1 タイムラインパネルでマスク設定されたレイヤーを選択し❶、[M]キーを押します。マスクのプロパティが表示されるので❷、[マスクパス]のプロパティを選択して❸、[編集]→[コピー]([Ctrl]+[C]([⌘]+[C]))を実行します。

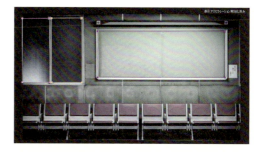

STEP 2 タイムラインパネルでペースト先のレイヤーを選択し❹、[編集]→[ペースト]([Ctrl]+[V]([⌘]+[V]))を実行します。同じ解像度のレイヤーであれば、コピー元とまったく同じ位置に同じサイズでマスクパスがペーストされます❺❻。

第9章 マスク・トラックマット

 157 解像度の異なるレイヤー間でマスクパスをコピー&ペーストする

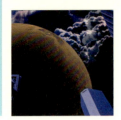

NO.
157 解像度の異なるレイヤー間で マスクパスをコピー&ペーストする

VER.
CC / CS6

解像度が異なるレイヤー間でマスクパスをコピー&ペーストする場合は、ペースト先のレイヤーを[プリコンポーズ]してから作業します。

STEP 1 タイムラインパネルでペースト先のレイヤーを選択し、[レイヤー]→[プリコンポーズ]を実行します。[プリコンポーズ]ダイアログが表示されるので、[すべての属性を「コンポ名」に残す]にチェックを入れて❶、[OK]ボタンをクリックします。

S 選択したレイヤーのプリコンポーズ▶
`Ctrl` + `Shift` + `C` (`⌘` + `Shift` + `C`)

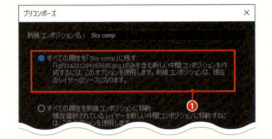

MEMO

解像度が異なるレイヤー間でマスクパスをコピー&ペーストすると位置やサイズが変わってしまいます。まったく同じ位置に同じサイズでコピー&ペーストしたい場合は、ペースト先のレイヤーをコピー元のレイヤーの解像度に合わせておく必要があります。

コピー元のマスクパス

マスクパスをペーストする画像

互いの解像度が異なると、このようにマスクパスの位置やサイズがずれてしまいます

STEP 2 タイムラインパネルでプリコンポーズしたレイヤーをダブルクリックして❷、プリコンポーズしたコンポジションを開きます。次にプロジェクトパネルでコピー元のフッテージを選択し、解像度をメモしておきます❸。

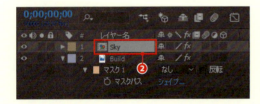

246　067 描画モードを変えて下のレイヤーと合成する

STEP 3 ［コンポジション］→［コンポジション設定］を選択し（[Ctrl]+[K]（[⌘]+[K]））、［コンポジション設定］ダイアログを開きます。［幅］と［高さ］にSTEP 2でメモした数値を入力し❹、［OK］ボタンをクリックします。するとコンポジションの解像度が変更されるので、レイヤーの［位置］や［スケール］をコンポジションに合わせて調整します❺。

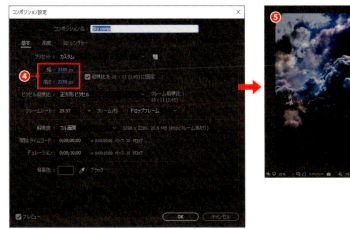

STEP 4 マスクを設定したコンポジションに戻ります。そしてコピー元のレイヤーの［マスク］とすべての［トランスフォーム］プロパティを表示します❻。表示したすべてのプロパティを選択し、［編集］→［コピー］（[Ctrl]+[C]（[⌘]+[C]））を実行します。続いてペースト先のレイヤーを選択し❼、［編集］→［ペースト］（[Ctrl]+[V]（[⌘]+[V]））を実行します。これでコピー元とまったく同じ位置にマスクパスがペーストされます❽。マスクパスが設定されたレイヤーより上にあるレイヤーで同じマスクパスを利用したい場合などに便利です❾。

ビルと空の色調をエフェクトで合わせて火星のレイヤーを足して仕上げた合成。火星のレイヤーにも同じマスクパスが使用されています

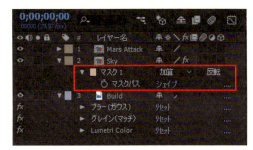

141　プリコンポーズで複数のレイヤーを1つのコンポジションにまとめる
156　同じ解像度のレイヤーにマスクパスをコピー＆ペーストする

NO.
158

VER.
CC / CS6

マスクパスに
アニメーションを設定する

[マスクパス] プロパティにキーフレームを作成すると、時間と共にマスクパスの位置や形が変わるアニメーションを作ることができます。

STEP 1　タイムラインパネルでマスクパスを設定するレイヤー（ここでは野球をするムービーレイヤー）を選択して❶、現在の時間インジケーターをマスクパスのアニメーションを始める任意の時間に移動します❷。ペンツールやシェイプツールを使用し、マスクしたい対象に合わせてマスクパスを作成します❸。マスクパスはいくつ作ってもかまいません。Mキーを押して [マスクパス] プロパティを表示させ、[マスクパス] のストップウォッチのアイコンをクリックします❹。これでキーフレームが作成されます❺。

ここではバッターとボールの2つのマスクパスを作成したので、2つのマスクパスに対してキーフレームを作成します

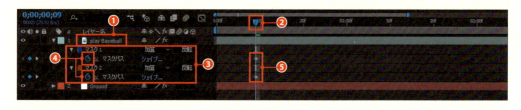

STEP 2　現在の時間インジケーターを次の任意の時間に移動して❺、コンポジションパネルでマスクパスの位置や形状を変更します❻。すると [マスクパス] に新たなキーフレームが作成されます❼。この作業を繰り返してマスクパスにアニメーションを設定します。

 MEMO

別のレイヤーからマスクパスをコピーして、[マスクパス] のキーフレームにペーストすることもできます。この場合、ある形から別の形へと変化するワーピングアニメーションになります。

 MEMO

マスクパスにアニメーションを設定する際、既存のシェイプにポイントを追加・削除すると、結果は前のキーフレームにも反映されます。追加の場合は特に問題ありませんが、ポイントを削除した場合は前のキーフレームのシェイプが崩れてしまうことがあります。

After Effects Design Reference

NO. 159 マスクの位置とサイズを数値で指定する

VER.
CC / CS6

［マスクシェイプ］ダイアログを開き、［バウンディングボックス］で数値を指定します。このダイアログでシェイプを変更することもできます。

STEP 1
タイムラインパネルでマスクパスが設定されたレイヤーを選択し❶、Mキーを押します。［マスクパス］プロパティが表示されるので、［シェイプ］をクリックします❷。

STEP 2
［マスクシェイプ］ダイアログが開くので、［バウンディングボックス］でマスクのサイズと位置を設定します❸❹。それぞれの数値はコンポジションの四辺からの距離を示しています（単位はピクセル）。よって［0］に設定するとコンポジションのいずれかの一辺と同じ位置に並ぶことになります。

MEMO

［バウンディングボックス］を使うと、コンポジションサイズ、レイヤーサイズのマスクから始まって、画面中央、レイヤー中央に消えていくマスクのワイプアニメーションが簡単に作れます。ポイントは［単位］を［%（ソース比率）］で設定することです。これによってコンポジションサイズ、レイヤーサイズに関わらず同じ使い方ができます。また［シェイプ］でマスクの形そのものを変えることも可能です。

レイヤーが回転していても同じアニメーションにできます

レイヤーサイズのマスク設定

レイヤーサイズの中央にマスクパスが縮小されるマスク設定

第9章 マスク・トラックマット

249

NO. 160 レイヤーと同じサイズのマスクを作成する

VER. CC / CS6

長方形のマスクパスは［レイヤー］メニューの［新規マスク］から、それ以外のマスクパスはツールパネルでダブルクリックして作成します。

STEP 1

レイヤーと同じサイズの長方形マスクパスを作成するには、タイムラインパネルで目的のレイヤーを選択し、［レイヤー］→［マスク］→［新規マスク］を実行します❶。長方形以外のシェイプで作成したい場合は、レイヤーが選択された状態で Alt （ Option ）キーを押しながらツールパネルのシェイプツールをダブルクリックします❷❸。この操作を繰り返すと、シェイプツールが順番に入れ替わります。もし選択したレイヤーがコンポジションサイズにピッタリと合っていない場合は、プリコンポーズですべての属性を移動させてから❶の操作を実行するとよいでしょう。

S 新規マスク▶ Ctrl + Shift + N （ ⌘ + Shift + N ）

長方形ツールで作成したマスクパス

楕円形ツールで作成したマスクパス

STEP 2

すでにマスクパスが設定してある［マスク］レイヤーに、コンポジションと同じサイズのマスクパスのキーフレームを追加することもできます。マスクパスが設定されたレイヤーを選択し❹、 M キーを押します。［マスクパス］プロパティが表示されるので、まず既存の［シェイプ］にキーフレームを作成します❺。次に現在の時間インジケーターを目的の位置に移動して❻、STEP 1 と同様にマスクパスを作成します❼❽。

スターツールで作成したマスクパス

141 プリコンポーズで複数のレイヤーを1つのコンポジションにまとめる

NO.
161 モーションパスを マスクパスに変換する

VER.
CC / CS6

モーションパスを［コピー］して、マスクレイヤーに［ペースト］すると、モーションパスがマスクパスに変換されます。

STEP 1
タイムラインパネルでモーションパスが設定されたレイヤーを選択し❶、P キーを押します。［位置］プロパティが表示されるので、[位置] をクリックしてすべてのキーフレームを選択し❷、［編集］→［コピー］（Ctrl + C）（⌘ + C ）を実行します。

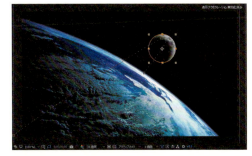

月が移動するモーションパス

STEP 2
タイムラインパネルでマスクパスを設定するレイヤーを選択し❸、［レイヤー］→［マスク］→［新規マスク］を実行します。M キーを押して［マスクパス］プロパティを表示し、[マスクパス] を選択した状態で❹［編集］→［ペースト］（Ctrl + V）（⌘ + V ）を実行します。するとコピーしたモーションパスがマスクパスとしてペーストされます❺。

> **MEMO**
> マスクパスにはエフェクトを適用することができます。下図は［線］と［グロー］エフェクトを適用した例です。

月のモーションパスをマスクパスとしてペーストします

マスクパスに［線］と［グロー］エフェクトを設定した例

217 マスクパスにエフェクトを適用する

NO.
162 PhotoshopやIllustratorのパスをマスクパスに変換する

VER.
CC / CS6

PhotoshopやIllustratorで描いたパスを［コピー］して、After Effectsのレイヤーに［ペースト］するとマスクパスとして利用できます。

STEP 1　PhotoshopやIllustratorで作成したパスを各アプリケーションで［コピー］します。ここではIllustratorで作成したパスをマスクパスに変換してみます。

MEMO

Illustratorのパスを利用する場合は、Illustrator上で［編集］→［環境設定］→［ファイル管理・クリップボード］（［Illustrator］→［環境設定］→［ファイル管理・クリップボード］）を実行して［ファイル管理・クリップボード］ダイアログを開き、［クリップボード］にある［終了時］の［AICB（透明サポートなし）］と［パスを保持］がチェックされているかどうかを確認してください。

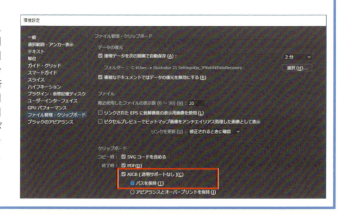

STEP 2　タイムラインパネルでマスクを設定するレイヤーを選択し、［編集］→［ペースト］（Ctrl+V（⌘+V））を実行します。するとPhotoshopやIllustratorでコピーしたパスがストロークの数だけ❸マスクパスに変換されます❹。

After Effects Design Reference

NO.
163 ［オートトレース］機能を使ってマスクパスを作成する

VER.
CC / CS6

レイヤーのアルファチャンネルや、画像の赤、緑、青チャンネル、あるいは明度のルミナンス情報からマスクパスを自動で生成することができます。

STEP 1
タイムラインパネルで目的のレイヤーを選択し、[レイヤー]→[オートトレース]を実行します。すると[オートトレース]ダイアログが開くので❶、各項目を設定して［OK］ボタンをクリックします。設定項目の概要は表のとおりです。

設定項目	内容
範囲	現在表示されているフレームにマスクパスを作成するか、あるいはワークエリアに作成するかを選びます。映像の場合は［ワークエリア］を選びます
チャンネル	マスクパスを作成するチャンネルを選びます。アルファ、赤、緑、青、ルミナンスから選択できます
ブラー	細かくギザつくパスを滑らかにできます
許容量	パスのポイントの間隔を指定します。初期設定の［1］はもっとも精度が高く、その分だけポイントの数は多くなります
最小領域	トレースする対象の細かさのレベルを決めます
しきい値	トレースする対象の範囲を広げたり狭めたりできます
コーナーの真円率	頂点の丸みを指定します
新規レイヤーに適用	マスクパスを新規レイヤーに作成します

STEP 2
［オートトレース］で作成したマスクの描画モード（マスクモード）は［なし］に設定されています❷。［新規レイヤーに適用］❸で作成すると描画モードが［差］に設定された白い平面レイヤーが追加されます❹❺。

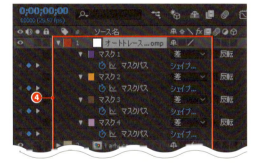

元画像

元画像への［オートトレース］適用例。マスクモードを［なし］以外にすると、パスがマスクとして機能します

［新規レイヤーに適用］をオンにして［オートトレース］を適用した例

第9章 マスク・トラックマット

NO.
164 マスクの描画モードを変更する

VER.
CC / CS6

複数のマスクパスが交差する場合に、各パスの相互作用をマスクモード（描画モード）で制御できます。

STEP 1
タイムラインパネルでマスクパスが設定されたレイヤーを選択し①、Mキーを押します。マスクパスのプロパティが表示されるので、==マスク名の横にあるマスクモードの▼をクリックして目的のモードを選びます==②。マスクモードは上にあるマスクが基準となるので、変更は下のマスクモードで行います。

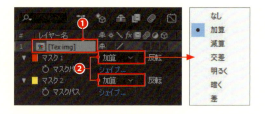

STEP 2
たとえば長方形と円のマスクパスを上から順番に配置し、円のマスクモードを変更すると③～⑦のようになります。なお、マスクモードを［なし］に設定するとマスクパスとして機能しなくなります。

［加算］では、すべてのパスが追加されます

［減算］では、交差した部分は上のマスクから除外されます

［交差］では、交差した部分だけがマスクされます

［差］では、重なった部分はマスクから除外され、重ならない部分だけがマスクされます

◀［明るく］では、パスの重なり部分に、重なったマスクのうち一番高い透明度が設定されます。ここでは円のパスの［マスクの不透明度］を［50％］に設定しています

254

After Effects Design Reference

NO. 165 マスクの境界のぼかし幅を場所ごとに調整する

VER.
CC / CS6

マスクの境界のぼかしツールを使うと、クローズドパス内に沿ってさまざまな幅を持ったぼかしをつけられます。ぼかし幅や形状はマウスドラッグで調整します。

STEP 1
マスクの境界のぼかしツール ▨ で球体にぼかしの入った影をつけてみます。まず黒い平面レイヤーを作成し❶、そこに楕円状のマスクパスを描きます❷❸。黒の平面レイヤーを選択し、==ツールパネルからマスクの境界のぼかしツール ▨ を選びます==❹。マウスカーソルをパスに重ねるとマスクの境界のぼかしツールに「+」が付いたアイコン ▨ に変わります。

黒色で塗りつぶした平面レイヤーに楕円形のマスクパスを作成

STEP 2
==マスクパスの外側か内側にドラッグします==。すると、ぼかし範囲ハンドルが追加されます。ハンドルを外側にドラッグすると表示領域を広げるようにぼかし❺、逆に内側にドラッグすると表示領域を小さくぼかします❻。

ぼかし範囲ハンドルを外側にドラッグした例

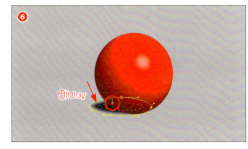

ぼかし範囲ハンドルを内側にドラッグした例

STEP 3
ぼかし範囲ハンドルと一緒に表示される==破線をクリックするか、パス上でドラッグすると新たなぼかし範囲ハンドルが追加されます==❼。こうして追加したハンドルの位置や長さを調整して、ぼかし幅を整えていきます❽。

 167 マスクパスの境界線を内側に縮める、外側に広げる

255

NO. 166 マスクの境界をぼかしてなじませる

VER. CC / CS6

マスクレイヤーの［マスクの境界のぼかし］で設定します。複数のレイヤーを合成する際、境界部分を自然な感じに仕上げられます。

STEP 1
タイムラインパネルでマスクパスが設定されたレイヤーを選択し❶、Mキーを2回押します。すべてのマスクのプロパティが表示されるので、［マスクの境界のぼかし］に数値を入力します❷。数値を大きくするほど強くぼけます。数値の左にあるリンクのアイコンを外すと❸、水平方向と垂直方向のぼけ具合を別々に設定できるようになります。初期設定では、マスクパスを境界線として、内側と外側に同じピクセル数だけぼけます。

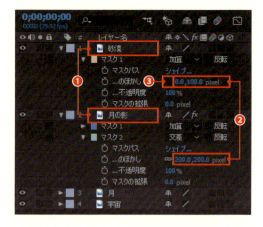

STEP 2
マスクパスと［マスクの境界のぼかし］プロパティを組み合わせて使うと、❹のような合成ができます。この例では、砂漠の画像❺と月の画像❻にマスクパスを作成して背景の宇宙の画像❼に合成。さらにそれぞれのマスクパスに［マスクの境界のぼかし］を設定して、境界部分をなじませています。

［マスクの境界線をぼかす］で合成した例

砂漠の画像にマスクパスを作成

月の表面にできた影の部分（平面レイヤー）にマスクパスを作成

背景の宇宙の画像

256　167 マスクパスの境界線を内側に縮める、外側に広げる

After Effects Design Reference

NO.
167 マスクパスの境界線を
内側に縮める、外側に広げる

VER.
CC / CS6

マスクレイヤーの［マスクの拡張］で設定します。［マスクの境界のぼかし］と組み合わせて使うと効果的です。

STEP 1
タイムラインパネルでマスクパスが設定されたレイヤーを選択し❶、Mキーを2回押します。マスクのプロパティが表示されるので、[マスクの拡張]に数値を入力します❷。数値をマイナスにするとパスが内側に縮まり、プラスにするとパスが外側に広がります。

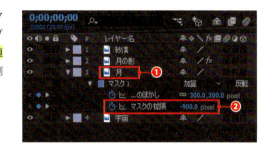

STEP 2
[マスクの拡張]プロパティにキーフレームを設定して❸、マスクの内側から少しずつ別の画像が現れるアニメーションを作ることもできます。❹〜❼は、マスクの内側から月が徐々に現れるように設定したマスクアニメーションです。マスクの境界部分をなじませるために［マスクの境界のぼかし］を併用しています❽。

時間が経つごとにシルエットが大きくなり、最後に月が姿を現します

165 マスクの境界のぼかし幅を場所ごとに調整する
166 マスクの境界をぼかしてなじませる

第9章 マスク・トラックマット

257

NO.
168

VER.
CC / CS6

特定の範囲にだけ
エフェクトを適用する

特定の範囲だけにエフェクトを適用したい場合（たとえばモザイク処理）は、マスクを作成した後、[コンポジットオプション]でエフェクトの適用範囲を指定します。

STEP 1 タイムラインパネルでエフェクトを適用したいレイヤーを選択❶、ペンツール やシェイプツールなどでマスクパスを設定します❷❸。

オリジナルレイヤー画面

マスクパス設定画面

STEP 2 目的のレイヤーにエフェクトを適用します❹。すると、マスクパスで囲まれた部分にだけエフェクトがかかり、それ以外の部分は元画像が抜けたままになります❺。

[ブラー（方向）]エフェクトを適用。マスクパスの外側は抜かれたまま

STEP 3 ［エフェクト］プロパティの ［コンポジットオプション］にある［+］をクリックし❻、STEP 1で作成したマスクパス（「マスク1」）を選択します❼。すると、抜けていたマスクパスの外側に元の画像が表示されます❽。

マスクパスの範囲内に［ブラー（方向）］が適用されて、抜けていた背景が表示されます

STEP 4 どの程度、エフェクトの影響を反映するかは［コンポジットオプション］の［エフェクトの不透明度］で設定できます❾。

たとえば［エフェクトの不透明度］を［0］に設定すると、マスクパスの範囲内にオリジナルの画像がそのまま表示されます

STEP 5 ［マスク］プロパティにある［反転］をチェックすると❿、エフェクトの適用範囲を入れ替えることができます。

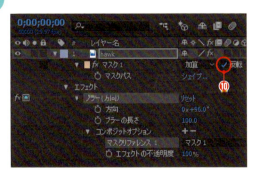

［ブラー（方向）］の適用範囲がマスクパスの外側に反転されます

169　マスクパスをトラッキングする

NO.
169 マスクパスをトラッキングする

VER.
CC / CS6

実写映像の特定の部分だけをマスクしたいときは、マスクトラッカー機能を使います。映像の動きに合わせて、マスクパスの位置や角度などを自動で調整してくれます。

STEP 1

現在の時間インジケーターをマスク処理したいフレームに移動します❶。対象のレイヤーを選択して❷、ツールパネルでペンツール ✒ かシェイプツールを選び、マスクパスを作成します❸。ここでは長方形ツール ■ でマスクパスを作成して人物に目線を入れてみます。マスク機能は必要に応じて設定します。ここでは［なし］にしました❹。

長方形ツールでマスクパスを1つ作成したら、人物の数だけ複製して位置を調整します。このときマスクは複製する前に［なし］（マスク機能をオフ）に設定します

オリジナルのムービーレイヤー

ムービーレイヤーに設定したマスクパス表示

STEP 2

実写映像に設定した「マスク1」を右クリックして、表示されたメニューから［マスクをトラック］を選択します❺。マスキングモードのトラッカーパネルが表示されるので、［方法］で映像を追いかけるために必要な要素を選択します❻。わからない場合は、初期設定の［位置、スケール、回転、歪曲］のままでかまいません。設定ができたら、▶をクリックして分析を開始します❼。

> **MEMO**
> マスクを選択すると、通常のトラッカーパネルがマスクトラッキングモードに自動で切り替わります

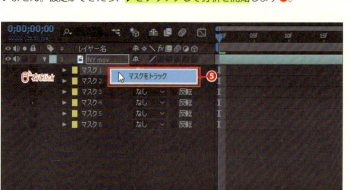

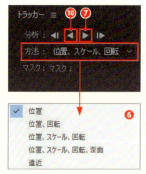

146 映像の動きをトラッキングしてレイヤーを追従させる

STEP 3
実写映像の動きに合わせて、フレームごとに自動でマスクパスが作成されます❽。分析の必要なフレームまで進んだら、画面をクリックしてストップします。現在の時間インジケーターを移動して作成されたマスクパスを確認してみましょう。

> **MEMO**
> トラッカーパネルで◀か▶をクリックすると再び分析が始まります。たとえば、映像の途中でマスクパスの形状を調整し、そこから再度分析を開始するといった使い方ができます。

映像の動きに合わせて、マスクパスの[位置]や[スケール]や[回転]プロパティが自動で調整されます

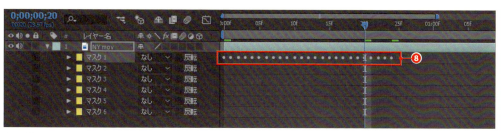

実写映像の動きに合わせて[マスクパス]プロパティにキーフレームが作成されていきます

STEP 4
マスクの数だけ同じ要領でマスクトラッキングを実行します❾。映像の箇所によっては逆再生方向◀をクリックしてトラックキングするとよいでしょう❿（STEP 2）。すべてのマスクのトラッキングがすんだらムービーレイヤーを選択して[エフェクト]→[描画]→[塗り]を適用して⓫、目線のマスクに色をつけて完成です⓬。

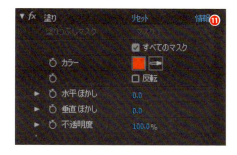

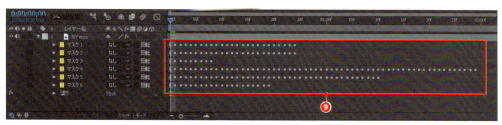

168 特定の範囲にだけエフェクトを適用する
170 顔の一部をトラッキングして別のイメージを合成する

NO.
170 顔の一部をトラッキングして別のイメージを合成する

VER.
CC / CS6

マスクトラッカーにフェイストラッカー機能が追加されました。顔の動きをマスクパスと眼や鼻や口などのパーツごとにトラッキングし、別イメージと合成できます。

STEP 1 顔が映ったムービーレイヤーを選択し、顔の輪郭を楕円形ツール ■ などでなぞって❶マスクパスを作成します❷。

オリジナルムービーレイヤー

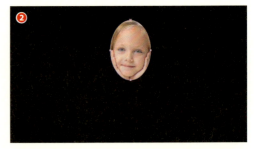
マスクパス設定後

STEP 2 作成した「マスク1」を右クリックして表示されるメニューから[マスクをトラック]を選択します❸。マスクトラッキングモードのトラッカーパネルが開くので、[方法]で[顔のトラッキング(詳細な造作)]を選択し❹、[選択したマスクを再生方向にトラック]ボタンをクリックします❺。

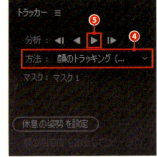

STEP 3 被写体の動きに合わせて、顔の輪郭の[マスク]パスと顔の[左眼][右眼][鼻][口][頬と顎]のトラックポイントにキーフレームが作成されます❻。

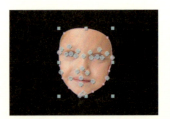 
開始フレーム(左)と終了フレーム(右)のマスクパスとトラッキングポイント

 MEMO
分析の途中でトラッキングを止めたい場合は、コンポジション画面内をクリックします。

STEP 4 フェイストラッキングしたムービーレイヤーに Illustrator で作成したサングラスのイラストを合成してみます。現在の時間インジケーターを0フレームに戻し❼、ムービーレイヤーの「マスク1」の描画を［なし］に設定します❽。次に読み込んだサングラスのフッテージ「sunglasses」をムービーレイヤーの上に配置し、［スケール］［アンカーポイント］［位置］などを調整します❾❿。

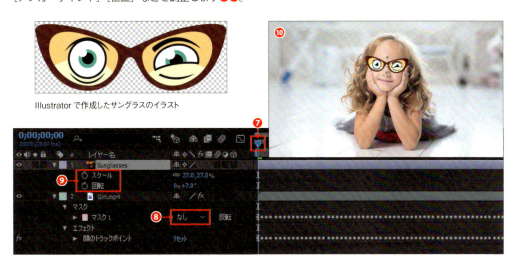

Illustrator で作成したサングラスのイラスト

STEP 5 ムービーレイヤーに記録されている［顔のトラックポイント］から［鼻梁］プロパティを選択⓫、［編集］→［コピー］します。続けて「sunglasses」レイヤーの［位置］プロパティを選択、［編集］→［ペースト］します⓬。これで顔の動きに合わせた鼻筋のキーフレームができます。最後に［アンカーポイント］でイラストの位置調整を行い、顔の動きに合わせた［回転］のキーフレームを設定して仕上げます。

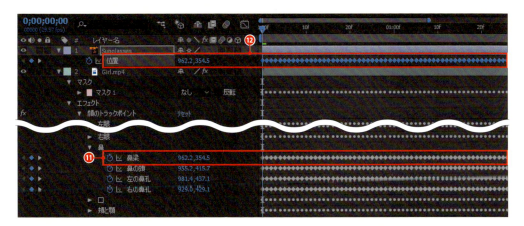

［鼻梁］のトラッキングポイントで同期させたサングラスのイラスト画面

顔の傾きに合わせて手動で［回転］を調整して完成させます

146　映像の動きをトラッキングしてレイヤーを追従させる

NO. 171 トラックマットでマット合成する① ＜アルファマット編＞

VER.
CC / CS6

［トラックマット］とは、レイヤーが持つアルファチャンネルや白黒の濃淡を利用して切り抜く機能です。ここでは［アルファマット］を使った例を紹介します。

STEP 1
切り抜くレイヤー❶とアルファチャンネルを持ったレイヤー❷を用意します。ここでは月の影をイメージしたレイヤー（マスクパスを設定した平面レイヤー）と月の画像で月影を作成します。最初に影のつけ方をレイアウトします❸。次に月のレイヤーを複製して、複製した月のレイヤー「月2」を影のレイヤーの上に配置します❹。

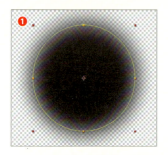

STEP 2
切り抜くレイヤーの［トラックマット］の▼をクリックして、［アルファマット（1つ上のファイル名）］を選択します❺。すると上のレイヤーが非表示に切り替わり❻、その下のレイヤーが切り抜かれます❼。［アルファ反転マット（1つ上のファイル名）］に設定して、切り抜く範囲を反転することもできます。

トラックマットでマット合成した月影のみの表示（下の月のレイヤーは非表示）

STEP 3
一番下の月のレイヤーを表示させると影つきの月にできます❽。このように［アルファマット］は、別のレイヤーのアルファで透明な抜けを作るときに利用します。なお、このケースでは月のレイヤーを移動するとマット合成の影とずれてしまうので、親子関係を設定しておくとよいでしょう❾。

After Effects Design Reference

NO. 172 トラックマットでマット合成する②<ルミナンスキーマット編>

VER.
CC/CS6

[ルミナンスキーマット]は[トラックマット]の1つです。[ルミナンスキーマット]では、レイヤーが持つ白黒の濃淡（明度）を利用して切り抜きます。

STEP 1 切り抜くレイヤー❶のすぐ上に白黒の濃淡（明度）を持ったレイヤー（マットレイヤー）❷を配置します。ここではハエの画像を切り抜いてみます。

STEP 2 切り抜くレイヤーの[トラックマット]の▼をクリックして、[ルミナンスキーマット（1つ上のファイル名）]を選択します❸。すると上のレイヤーが非表示に切り替わり❹、その下のレイヤーが白の濃淡を基準に切り抜かれます❺。黒の濃淡を基準にマスク処理する場合は、[ルミナンスキーマット反転（1つ上のファイル名）]に設定します。

STEP 3 ここではハエが落とす影と一番下に背景画像の2つのレイヤー❻を配置して、❼のように合成しました。このように[ルミナンスキーマット]は、別のレイヤーの明度で透明な抜けを作るときに利用します。

ここではハエを移動しても、影とマットレイヤーがずれないよう親子関係を設定しています

第9章 マスク・トラックマット

265

NO.
173

VER.
CC / CS6

複数レイヤーのアルファを使ってマット合成する

切り抜きたいレイヤーの下にアルファチャンネル（透明部分）を持ったレイヤーを配置し、［下の透明部分を保持］を適用します。

STEP 1 切り抜くレイヤー❶の下にアルファチャンネルを持ったレイヤー❷を配置します。ここでは宇宙の画像の下にテキスト、3つのラスターの計4枚のレイヤーを配置しました。

STEP 2 切り抜くレイヤーの［下の透明部分を保持］をクリックしてチェックを入れます❸。するとその下にあるすべてのレイヤーのアルファマットで切り抜かれます❹。

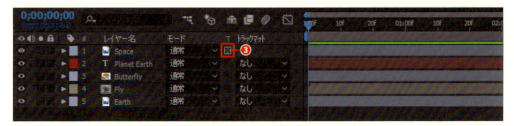

> **MEMO**
>
> ［下の透明部分を保持］を使用する場合は、切り抜くレイヤーの下には透明部分（アルファ）を持ったレイヤーしか配置できません。たとえば背景レイヤーなどを配置したい場合は、マット合成に関連するレイヤーをあらかじめプリコンポーズしておく必要があります。そして、そのプリコンポーズしたレイヤーと背景レイヤーを別のコンポジションに再配置します❺。

 141 プリコンポーズで複数のレイヤーを1つのコンポジションにまとめる

第 **10** 章　エクスプレッション

NO.
174 エクスプレッションを追加、編集、削除する

VER.
CC / CS6

エクスプレッションとは、スクリプト言語の1つです。エクスプレッションを使うと、キーフレームを作成せずにレイヤーに複雑な動きがつけられます。

STEP 1

ここではレイヤーの［位置］プロパティにエクスプレッションを設定してみます。タイムラインパネルで目的のレイヤー選択し❶、Pキーを押します。次に[Alt]（[Option]）キーを押しながら［位置］プロパティのストップウォッチをクリックします❷。すると［位置］に[transform.position]と書かれたエクスプレッションフィールドが作成されます❸。同時にエクスプレッションを設定した［位置］のプロパティの値が赤字になります❹。これがエクスプレッションを設定した状態です。

> **MEMO**
> このままではエクスプレッションとしては動作しません。具体的な設定方法については、270ページ以降をご覧ください。

S エクスプレッションを追加／削除 ▶
[Alt] + [Shift] + [＾]（[⌘] + [Shift] + [＾]）

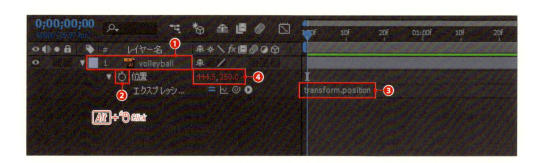

STEP 2

レイヤーに設定されたエクスプレッションを表示するには、タイムラインパネルで目的のレイヤーを選択してから❺ E キーを2回押します。するとエクスプレッションが設定された全プロパティが表示されます❻。

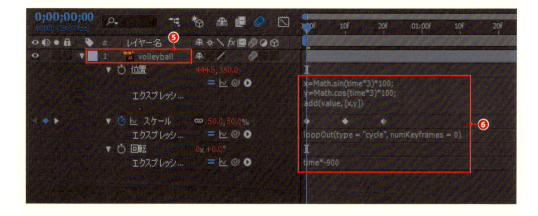

STEP
3
　エクスプレッションの設定方法には、エクスプレッションフィールドに直接スクリプト言語を入力する❼、ピックウィップを使って指定する❽、エクスプレッション言語メニューの▶からメソッドを選択して使用する❾の3種類があります。

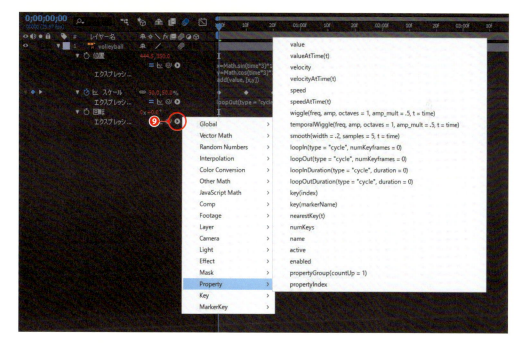

STEP
4
　レイヤーに設定したエクスプレッションを無効にするには、タイムラインパネルで［エクスプレッション使用可能］スイッチをクリックしてオフにします❿。また削除するには、エクスプレッションが設定されたプロパティを選択して、［アニメーション］→［エクスプレッションを削除］を実行するか、エクスプレッションフィールドでスクリプトをクリックして選択したあと Delete キーを押して削除します⓫。

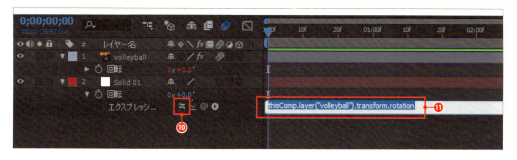

NO.
175 ピックウィップで別のレイヤーのプロパティを参照させる

VER.
CC / CS6

エクスプレッションを使ってほかのレイヤーのプロパティを参照させる場合は、ピックウィップを使います。レイヤーの動きを簡単に同期できます。

STEP 1
[回転] のキーフレームを設定したコンパスを描いたレイヤーと❶、キーフレームを設定していないボーダー柄のレイヤーがあります❷。エクスプレッションを使って、コンパスのレイヤーが回転するとそれに合わせてボーダー柄のレイヤーが回転するように設定します。

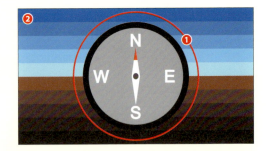

STEP 2
タイムラインパネルで同期させる画像レイヤーを選択し❸、[R] キーを押します。[回転] のプロパティが表示されるので、[Alt]（[Option]）キーを押しながら [回転] のストップウォッチをクリックします❹。そしてボーダー柄の [回転] のピックウィップをコンパスの [回転] プロパティにドラッグ＆ドロップします❺。するとエクスプレッションフィールドに「thisComp.layer（"コンパス"）.transform.rotation」と表示され❻、コンパスの動き（回転）と同期するようになります❼。

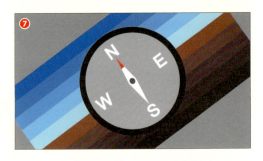

STEP 3 エクスプレッションは、異なるプロパティ間でも設定できます。たとえばコンパスの［スケール］の増減に合わせて、ボーダー柄の透明度を変えることもできます。設定方法は STEP 2 と同様です。ボーダーの［不透明度］プロパティから、コンパスの［スケール］プロパティにピックウィップをドラッグ＆ドロップします❽。するとエクスプレッションフィールドに「thisComp.layer("コンパス").transform.scale [0]」と表示され❾、コンパスの［スケール］を縮小するとそれに応じて［不透明度］が下がるようになります❿。

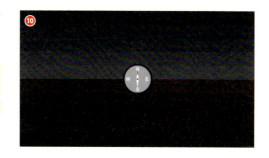

STEP 4 別のコンポジションにあるレイヤーのプロパティを参照させることもできます。たとえばコンポジション B にあるレイヤー B の［位置］を、コンポジション A にあるレイヤー A の［位置］に同期させるとします。この場合はレイヤー B の［位置］のエクスプレッションのピックウィップを、レイヤー A の［位置］プロパティにドラッグ＆ドロップします⓫。するとレイヤー A の動きにレイヤー B が同期するようになります⓬。

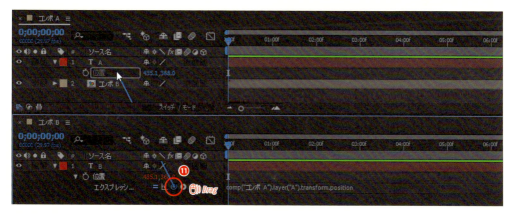

 MEMO
複数のタイムラインパネルを同時に表示するには、タイムラインパネルのコンポジション名（タブ）の隣にある ≡ をクリックし、［パネルのドッキングを解除］でフローティングウィンドウ表示にするか、タイムラインパネルのタブを下方向にドラッグしてパネルを分割表示します。

NO.176 ピックウィップと簡単な計算式を組み合わせて使う

VER. CC/CS6

ピックウィップで設定したスクリプトに簡単な計算式を加えると、レイヤーの動きのバリエーションを一気に増やすことができます。

レイヤーAが1回転するとレイヤーBが2回転する

レイヤーBの［回転］のピックウィップをレイヤーAの［回転］プロパティにドラッグ＆ドロップします❶。すると「thisComp.layer（"A"）.transform.rotation」と記述されるので、「* 2」を追加入力します❷。これでレイヤーAが1回転すると、レイヤーBはその2倍の2回転するようになります。また「/2」と追加入力した場合は、レイヤーAが1回転するとレイヤーBはその半分の1／2回転するようになります。

> **MEMO**
> プロパティに数値を足す場合は「+（プラス）」、引く場合は「-（マイナス）」、かける場合は「*（アスタリスク）」、割る場合は「/（スラッシュ）」を使います。

レイヤーAとレイヤーBの不透明度が逆転する

レイヤーAの［不透明度］が［100%］から［0%］に変化すると、レイヤーBの［不透明度］が［0%］から［100%］へ変化するエクスプレッションを設定してみます。レイヤーBの［不透明度］のエクスプレッションのピックウィップをレイヤーAの［不透明度］プロパティにドラッグ＆ドロップします❶。すると［thisComp.layer（"A"）.transform.opacity］と記述されるので、頭に「100-」と追加入力します❷。これでレイヤーAとレイヤーBの［不透明度］が逆転するようになります。

> **MEMO**
> ［不透明度］のプロパティは［0%］から［100%］までしかありません。よって計算値が100以上になる場合は［100%］で止まります。また0より小さい値になることもありません。［0%］で必ず止まります。

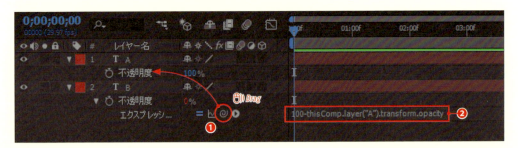

レイヤー A が 1 移動するとレイヤー B は 2 移動する

レイヤー A がある距離を移動すると、レイヤー B はその 2 倍の距離だけ移動するように設定します。レイヤー B の［位置］のエクスプレッションのピックウィップをレイヤー A の［位置］プロパティにドラッグ＆ドロップします❶。すると「thisComp.layer（"A"）.transform.position」と記述されます❷。ここで［回転］のプロパティのように「*2」と追加入力すると、レイヤー A の［位置］プロパティを 2 倍した場所に移動してしまいます❸。今回はレイヤー A が移動した距離を基準にしたいので、レイヤー A が移動した距離を算出し、それを 2 倍しなければなりません。つまり「［レイヤー B の元の位置］＋（レイヤー A の現在の位置 -［レイヤー A の元の位置］）*2」という計算式になります。たとえば、レイヤー A とレイヤー B の元の位置が［200, 300］だったとすると、「［200, 300］＋（thisComp.layer（"A"）.transform.position-［200, 300］）* 2」となります❹❺。

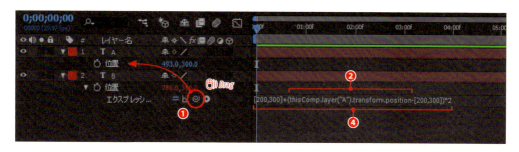

> **MEMO**
> 以下のように記述しても同じ結果が得られます。
> temp =（thisComp.layer（"A"）.transform.position-［200, 300］）* 2;
> add（［200, 300］, temp）;

> **MEMO**
> ここでは 2D レイヤーを例に解説しましたが、3D レイヤーでも考え方は同じです。ただし、3D レイヤーの場合は、2D レイヤーの［X 値，Y 値］に［Z 値］を加えた、［X 値，Y 値，Z 値］でプロパティを指定する必要があります。

NO. **177**

VER. CC / CS6

1秒間に特定の角度だけ回転させる 特定のピクセル数だけ移動させる

1秒間に決まった角度や決まったピクセル数だけレイヤーを動かしたい場合は、[time*] と記述します。キーフレームを追加するより効率的です。

STEP 1 1秒間に90°ずつレイヤーを回転させてみます。タイムラインパネルで［回転］のエクスプレッションを表示し❶、エクスプレッションフィールドに「time * 90」と入力します❷。すると現在の位置から毎秒90°ずつ回転するようになります❸。特定の角度から回転を開始したい場合は、たとえば45°から回転させたいのなら、「45 + time * 90」と記述します。

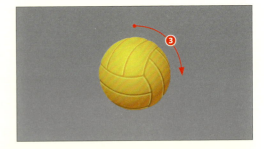

> **MEMO**
> 「time*6」と記述すると、時計の秒針の動きを再現できます。時計の秒針は1秒間に6°ずつ回転しているからです。

STEP 2 今度は1秒間に200ピクセルずつレイヤーをX方向に移動させてみます。タイムラインパネルで［位置］のエクスプレッションを表示し❹、エクスプレッションフィールドに「[設定X座標 + time * 200, 設定Y座標]」と入力します❺。これで毎秒200ピクセルずつX軸方向に移動するようになります❻。グラフエディターを表示して確認してみると、右上がりの直線グラフになっていることがわかります。

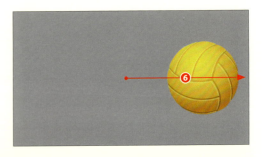

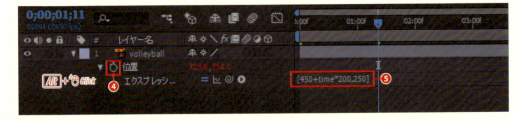

NO.
178 往復運動をさせる

VER.
CC / CS6

指定した数値のプラス、マイナスを行き来する往復運動もよく使います。振り子のような動き、モノが転がり戻ってくるような動きが再現できます。

STEP 1

レイヤーに振り子のような動きをつけてみます❶。タイムラインパネルで［回転］のエクスプレッション言語メニューをクリックして❷、[JavaScript Math] → [Math.sin（value）] を選択します。すると「Math.sin（value）」と記述されるので、振り子の角度とそれに要する時間を追加入力します❸。ここではプラス、マイナス 90°間を 3 秒ほどで行き来するように、「Math.sin（time * 2.1）* 90」としてみましょう。

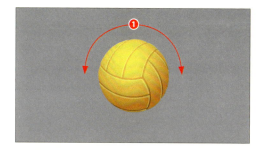

 MEMO
基本構文は「Math.sin（time * 周期）* 振り幅」です。周期の数値を減らすほどサイクルは遅くなります。

STEP 2

さらに移動の往復運動を加えてみます❹。ここでは現在の位置から左右に 200 ピクセルずつ移動させます。タイムラインパネルで［位置］のエクスプレッションフィールドをクリックして、「[450 + Math.sin（time * 2.1）* 200, 250]」と入力します❺。［回転］に［位置］のプロパティが加わるとレイヤーが転がるような表現になります。グラフエディターで確認してみると、サインカーブになっていることがわかります。

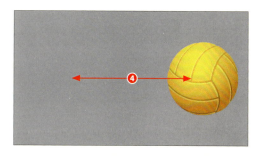

 MEMO
左右の動きを加えた構文は、「[中心の X 座標 + Math.sin（time * 周期）* 振り幅 , 中心の Y 座標]」です。

 079 グラフエディターを使ってオブジェクトの速度を変える

NO. 179 円運動させる

VER. CC/CS6

［位置］に［Math.sin］と［Math.cos］を使ったエクスプレッションを記述します。円のモーションパスを使った場合に比べて修正が簡単にできます。

STEP 1

［位置］のエクスプレッション言語メニューをクリックして、[JavaScript Math] → [Math.sin（value）]を選択したあと、カーソルを最後に移動して、[JavaScript Math] → [Math.cos（value）]の順に選択します❶。すると「Math.sin（value）Math.cos（value）」と記述されるので、「[450 + Math.sin（time * 2.1）* 100, 250 - Math.cos（time * 2.1）* 100]」に編集します❷。これで［450, 250］を中心に約3秒間かけて、時計周りに半径100ピクセルの円を描くようになります❸。タイミングを速める場合は周期の「time *」の値を上げ、遅くする場合は値を下げます。

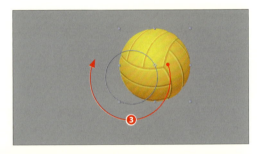

> **MEMO**
> 基本構文は、「中心のX座標 + Math.sin（周期）* 振り幅 , 中心のY座標 - Math.cos（周期）* 振り幅」になります。以下のように記述しても同じ結果になります。
> x = Math.sin（time * 2.1）* 100;⏎
> y = Math.cos（time * 2.1）* -100;⏎
> add（[450, 250], [x, y]）;

> **MEMO**
> 反時計周りにする場合は次のように記述します。
> [450 + Math.sin（time * 2.1）* 100, 250 + Math.cos（time * 2.1）* 100]
> もしくは
> x = Math.sin（time * 2.1）* 100;⏎
> y = Math.cos（time * 2.1）* 100;⏎
> add（[450, 250], [x, y]）;

STEP 2

オブジェクトを進行方向に沿った向きに自動調整するには、タイムラインパネルで円運動のエクスプレッションを設定したレイヤーを選択し、［レイヤー］→［トランスフォーム］→［自動方向］を実行します。［自動方向］ダイアログが開くので、［パスに沿って方向を設定］にチェックを入れて❹［OK］ボタンをクリックします。

074 オブジェクトが常にモーションパスの進行方向を向くようにする

After Effects Design Reference

NO.
180 ランダムな動きを加える

VER.
CC / CS6

キーフレームを設定していないプロパティには［random］、キーフレームで動きを設定してあるプロパティには［wiggle］を使って乱数を加えます。

STEP 1

［位置］のプロパティに［random］メソッドを使ったエクスプレッションを設定します。タイムラインパネルで［位置］のエクスプレッション言語メニューから、[Random Numbers] → [random ()] を選択します❶。すると「random ()」と記述されるので、「[450 + random (-10, 10) , 250 + random (-10, 10)]」に編集します❷。これで［450, 250］を中心にレイヤーが揺れるようになります❸。振幅の幅は上下左右とも20ピクセルです。

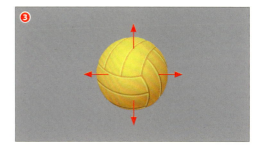

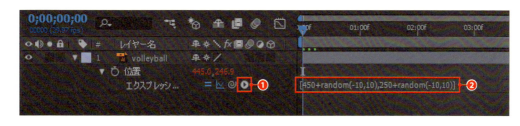

STEP 2

キーフレームで動きをつけたレイヤーに乱数を加える場合は、[wiggle] メソッドを使います。タイムラインパネルで［位置］のエクスプレッション言語メニューから、[Property] → [wiggle (freq, amp, octaves = 1, amp_mult = .5, t = time)] を選択します❹。すると「wiggle (freq, amp, octaves = 1, amp_mult = .5, t = time)」と記述されるので、「wiggle (10, 50)」に編集します❺。これでウィグラーと同じ効果が出せます❻。

> **MEMO**
> 基本構文は、「wiggle (freq, amp, octaves = 1, amp_mult = .5, t = time)」です。freqは1秒あたりの変動数、ampはプロパティの単位、octavesは加算するノイズのオクターブ数、amp_multは各オクターブについてampが乗算される数、tは開始時間を表します。ここではこのうちの頭2つを指定しました。

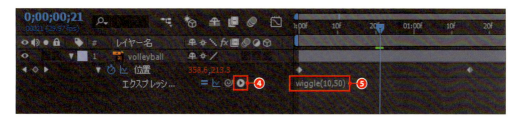

 137 ［位置］にウィグラーを適用してランダムに揺れるようにする

277

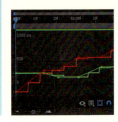

NO. 181 特定のプロパティのフレームレートを変更する

VER. CC / CS6

特定のプロパティのフレームレートを変更する場合は、[posterizeTime]を使ったエクスプレッションを記述します。

STEP 1
ここでは[位置]のキーフレームが設定されたレイヤーを例にします。タイムラインパネルで[位置]のエクスプレッションを追加して❶、エクスプレッションフィールドに「transform.position」と記述します❷。次にカーソルを記述の先頭に移動して、エクスプレッション言語メニュー❸から［Global］→［posterizeTime (framesPerSecond)］を実行します。すると、「posterizeTime (framesPerSecond) transform.position」という記述に変わるので、さらに「posterizeTime (5) ; transform.position」に編集します❹。

STEP 2
[位置]のプロパティのフレームレートが5フレーム／秒に変更され、連続的な動きが時計の秒針のような断続的な動きに変わります。動きの変化は、エクスプレッション設定前❺❻と設定後❼❽のモーションパスやグラフエディターからもわかります。

 MEMO

基本構文は、「posterizeTime (1秒あたりのフレーム数) ; プロパティ」になります。「posterizeTime」はプロパティ単位で設定できるので、[回転]は初期設定のままで滑らかな動きにし、[位置]だけフレームレートを落としてカクカクさせるといった表現が可能です。なお、レイヤー全体のフレームレートを変更するには、[ポスタリゼーション時間]エフェクトを使います。

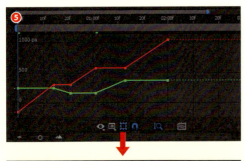

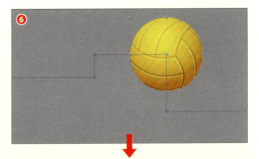

NO. 182 開始のタイミングをずらす

VER. CC / CS6

[valueAtTime]を使って開始のタイミングをずらします。たとえば、レイヤーAのあとを1秒遅れでレイヤーBが追いかける場合などに利用できます。

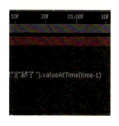

STEP 1

一筆書きで描いたパスが、後ろから徐々に消滅していくアニメーションを例にします❶。まずマスクパスが設定された平面レイヤーに[エフェクト]→[描画]→[線]を適用し、時間とともにパスが描かれていくアニメーションを作成します❷。

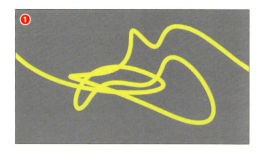

STEP 2

[線]の[開始]プロパティを表示し、エクスプレッションを追加します❸。そして[開始]のピックウィップを[終了]プロパティにドラッグ&ドロップします❹。すると「effect("線")("終了")」と記述され❺、[終了]プロパティが参照されるようになります。しかし、これでは[開始]と[終了]が同じ値になってしまいます。そこで記述の最後に「.(ピリオド)」を追加し、エクスプレッション言語メニューから[Property]→[valueAtTime (t)]を選択します❻。そして「t」の部分を「time -1」に書き換えます❼。これで、描いた線が1秒後に消えていくアニメーションになります❽。

> **MEMO**
> 基本構文は、「effect ("線") ("開始").valueAtTime (time - 遅らせる時間)」になります。

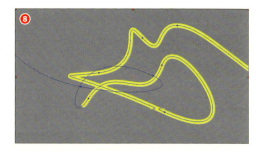

217 マスクパスにエフェクトを適用する

NO.
183

VER.
CC / CS6

前後のレイヤーを追いかけさせる

［index］でタイムラインに配置された前後のレイヤーを参照させ、［valueAtTime］で何秒遅れで前のレイヤーを追いかけるかを設定します。

STEP 1 ここでは「After Effects」の文字が順番にスケールアップしていくテキストアニメーションを例に説明します。❶は Illustrator で1文字ごとにレイヤー分けされた「After Effects」のベクトルデータです。これを［コンポジション - レイヤーサイズを維持］で After Effects に読み込み、一番下のレイヤー（「A」の文字）の［スケール］プロパティに［0%］→［500%］→［100%］のキーフレームを設定します❷。

STEP 2 下から2番目のレイヤー（「f」の文字）の［スケール］プロパティにエクスプレッションを追加し❸、ピックウィップを一番下のレイヤーの［スケール］プロパティにドラッグ＆ドロップします❹。するとエクスプレッションフィールドに「thisComp.layer("A").transform.scale」と記述されるので、レイヤー名の部分を「index + 1」に変更して、末尾に「．（ピリオド）」を追加します❺。

STEP 3

エクスプレッションフィールドで「.（ピリオド）」の後ろにカーソルを移動し❻、エクスプレッション言語メニューから[Property]→[valueAtTime（t）]を選択します❼。これで「thisComp.layer（index + 1）.transform.scale. valueAtTime（t）」という記述になるので、「thisComp.layer（index + 1）.transform.scale. valueAtTime（time - 0.08）」と編集します❽。

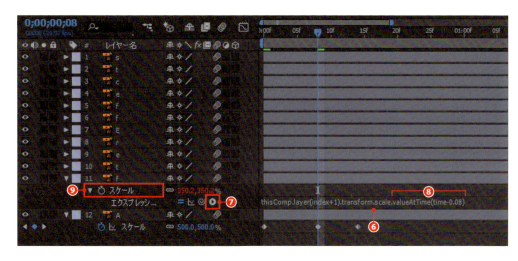

STEP 4

下から2番目のレイヤーに設定した[スケール]プロパティのエクスプレッションを選択して❾（STEP 3）、[編集]→[コピー]（Ctrl+C（⌘+C））します。そして上にあるすべてのレイヤーを選択して、[編集]→[ペースト]（Ctrl+V（⌘+V））します❿。これですべてのレイヤーがすぐ下に配置されたレイヤーをそれぞれ0.08秒遅れで追いかけるようになります⓫。

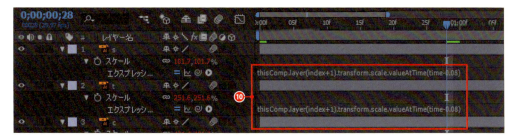

> **MEMO**
> 基本構文は、「thisComp.layer（" 参照させるレイヤー "）.transform.scale. valueAtTime（time - 遅らせる時間）」になります。ここでは「下のレイヤー」を「0.08秒遅れ」で参照するように設定しています。上のレイヤーを参照させる場合は、「index -1」に変更します。

001　PhotoshopやIllustratorファイルをコンポジションとして読み込む

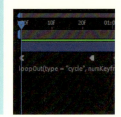

NO. 184 キーフレーム間をループさせる

VER. CC / CS6

最後のキーフレームを起点にする場合は [loopOut]、最初のキーフレームを起点にする場合は [loopIn] を使います。時間指定することも可能です。

STEP 1

キーフレームを設定したプロパティをループさせたい場合は❶、目的のプロパティのエクスプレッション言語メニューから [Property] → [loopOut（type = "cycle", numKeyframes = 0）] を選択します❷。これでレイヤーのデュレーション分だけループされます。最初のキーフレームと最後のキーフレームがスムーズにつながるように調整しておくと、切れ目のないループに仕上がります。

すべてのキーフレームがループします

STEP 2

最後のキーフレームを起点に特定のキーフレーム間をループさせる場合は❸、STEP 1 のエクスプレッションの「numKeyframes = 0」を書き換えます❹。たとえば「loopOut（type = "cycle", numKeyframes = 3）」と記述すると、すべてのキーフレームを再生したあと、最後から 4 番目のキーフレーム以降を繰り返すようになります。

最後から 4 番目以降のキーフレーム間をループします

STEP 3

キーフレームを設定したプロパティを再生→逆再生の順にループさせることもできます。STEP 1 で記述したエクスプレッション「loopOut（type = "cycle", numKeyframes = 0）」の「"cycle"」部分を「loopOut（type = "pingpong", numKeyframes = 0）」のように変更します❺。

すべてのキーフレームを再生→逆再生→再生……でループします

STEP 4 最初のキーフレームを起点にループさせる場合は、[loopIn] を使います。まず先頭のキーフレームをドラッグしてループさせたい位置に移動します❻。次にプロパティのエクスプレッション言語メニューから [Property] → [loopIn (type = "cycle", numKeyframes = 0)] を選択します❼。これで、0 フレームから最初のキーフレームまでを繰り返し、最後のキーフレームで終わるようになります。

0 フレームから最初のキーフレーム間をループし、最後のキーフレームで終わります

STEP 5 最初のキーフレームを起点に特定のキーフレームまでをループさせる場合は、STEP 4 のエクスプレッションの「numKeyframes = 0」を書き換えます❽。たとえば「loopIn (type = "cycle", numKeyframes = 3)」と記述すると、先頭のキーフレームから 4 番目のキーフレームまでをループさせることができます。

0 フレームから 4 番目のキーフレーム間でループし、最後のキーフレームで終わります

STEP 6 ループさせる範囲を時間で指定することもできます。目的のプロパティのエクスプレッション言語メニューから [Property] → [loopInDuration (type = "cycle", duration = 0)] もしくは [loopOutDuration (type = "cycle", duration = 0)] を選択し❾、「duration = 0」の部分で時間を秒単位で指定します❿。「loopInDuration」では先頭のキーフレームから指定の秒数だけ先まで⓫、「loopOutDuration」では最後キーフレームから指定の秒数だけさかのぼった範囲をループさせることができます⓬。

キーフレームアニメの先頭の 1 秒間だけがループします

最後のキーフレームから 1 秒前のアニメがキーフレーム以降ループします

 139 親子関係を使って蝶に動きつける

NO.
185 コンポジションやレイヤーの サイズを参照させる

VER.
CC / CS6

コンポジションやレイヤーのサイズを基準にレイヤーの［位置］を指定する場合は、［width］と［height］を使用します。

STEP 1
コンポジションサイズを基準にレイヤーの［位置］を設定するには❶、［位置］のエクスプレッションフィールドに「[thisComp.width, thisComp.height] /2」などと記述します❷。ここではX座標とY座標をコンポジションの幅と高さの1／2に設定し、レイヤーがコンポジションの中央に配置されるようにしています。このようにレイヤーの［位置］は、「width」と「height」の部分で指定します。

コンポジションサイズを変更しても、常にレイヤーがコンポジション中央に配置されます

STEP 2
レイヤーサイズを基準に［位置］を設定することもできます。たとえばコンポジションの右端から左端へレイヤーが移動するアニメーションを作る場合には❸、［位置］のエクスプレッションフィールドに「[thisComp.width + thisLayer.width/2 + time * - 100, thisComp.height/1.3]」などと記述します❹。これは「コンポジションの幅＋レイヤーの1／2の幅＋移動にかかる時間（秒単位），コンポジションの高さの2／3」で構成されており、レイヤーのX座標は「コンポジションの幅＋レイヤーの1／2の幅」、Y座標は「コンポジションの高さの2／3」で指定されていることに注目してください。この部分を書き換えるとレイヤーの開始位置が変わります。

> **MEMO**
> コンポジションの左端から右端へ移動するアニメーションにする場合は、「0 - thisLayer.width/2 + time * 100, thisComp.height/1.3」と記述します。「1.3」はコンポジションサイズの高さから算出した任意の値です。

レイヤーのサイズを変更しても、0フレームでは常にレイヤーがコンポジション右端に隠れて見えなくなります。ただし［スケール］が100％のときに限ります ▶

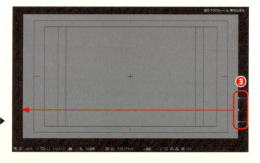

284

NO.
186

VER.
CC / CS6

コンポAからコンポBの プロパティを制御する

［エクスプレッション制御］エフェクトを使うと、コンポジションAからコンポジションBにあるレイヤーのプロパティを制御できるようになります。

STEP 1　コンポジションAからコンポジションBのレイヤーの［位置］を制御してみます。コンポジションAのタイムラインパネルで、制御に使うレイヤーを選択し❶、［エフェクト］→［エクスプレッション制御］→［ポイント制御］を実行します。すると［ポイント制御］エフェクトが追加されます❷。続いてコンポジションBにあるレイヤーの［位置］エクスプレッションのピックウィップをコンポジションAの［ポイント］にドラッグ＆ドロップします❸。

> **MEMO**
> 複数のタイムラインパネルを同時に表示するには、タイムラインパネルでコンポジション名の隣にある ≡ をクリックし、［パネルのドッキングを解除］でフローティングウィンドウ表示にするか、タイムラインパネルのタブを下方向にドラッグしてパネルを分割表示します。

STEP 2　これで［ポイント制御］の座標設定で、コンポジションBのレイヤーの［位置］を制御できるようになります。同じようにして、レイヤーの［回転］や［カラー］などを同期することも可能です。❹〜❻はさらに［エフェクト］→［エクスプレッション制御］→［角度制御］で［位置］と［回転］プロパティを同期させた例です。

> **MEMO**
> ［エクスプレッション制御］は、プリコンポーズあるいはネスト化したコンポジション間を同期させる場合に有効なエフェクトです。

140　コンポジションをネスト化して複雑なアニメーションを作る
141　プリコンポーズで複数のレイヤーを1つのコンポジションにまとめる

NO.
187

VER.
CC / CS6

複数のレイヤーに設定したエクスプレッションを一括制御する

［スライダー制御］エフェクトを使うと、複数のレイヤーに設定したエクスプレッションの数値を一括して制御できるようになります。

STEP 1
本章の 183 で「前後のレイヤーを追いかけさせる」アニメーションを紹介しました❶。そこでは、動きの基準となる一番下のレイヤー❷以外の全レイヤーに「thisComp.layer（index + 1）.transform.scale.valueAtTime（time - 0.08）」というエクスプレッションを記述しています❸。このうちの「time - 0.08」は、レイヤーが追随するまでの時間を指定したものですが、仮にこの値を変えるとなると、エクスプレッションを記述したすべてのレイヤーで修正を行わなければなりません。こうしたケースが想定される場合は、［スライダー制御］エフェクトを使うとよいでしょう。1 箇所数値を修正すれば、すべてのエクスプレッションにその結果が反映されます。

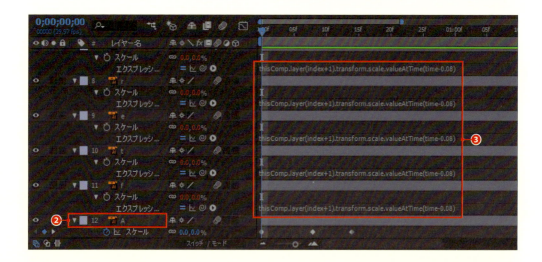

STEP 2
タイムラインパネルで動きの基準になる一番下のレイヤーを選択し❹、［エフェクト］→［エクスプレッション制御］→［スライダー制御］を適用します。すると、［スライダー制御］エフェクトが追加されます❺。

STEP 3 1つ上のレイヤーの［スケール］プロパティに記述されている「thisComp.layer（index + 1）.transform.scale. valueAtTime（time - 0.08）」の先頭にカーソルを移動します❻。そしてピックウィップを［スライダー］プロパティにドラッグ＆ドロップします❼。すると「thisComp.layer("01").effect(" スライダー制御 ")(" スライダー ")」という記述が追加されるので❽、最後に「;（セミコロン）」をつけて改行し❾、さらに次のように修正します。

temp = thisComp.layer（"A"）.effect（" スライダー制御 "）（" スライダー "）;↵
thisComp.layer（index+1）.transform.scale. valueAtTime（time-temp）

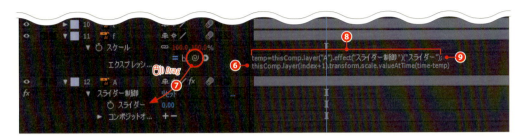

STEP 4 STEP3 で修正した［スケール］プロパティのエクスプレッションを選択して［編集］→［コピー］（Ctrl+C）（⌘+C）、3 番目以降のレイヤーをすべて選択し、［編集］→［ペースト］（Ctrl+V）（⌘+V））します。これで 2 番目以降のレイヤーの追随する時間（[（time-temp]）❿を一番下にあるレイヤーの［スライダー］⓫で一括制御できるようになります⓬。

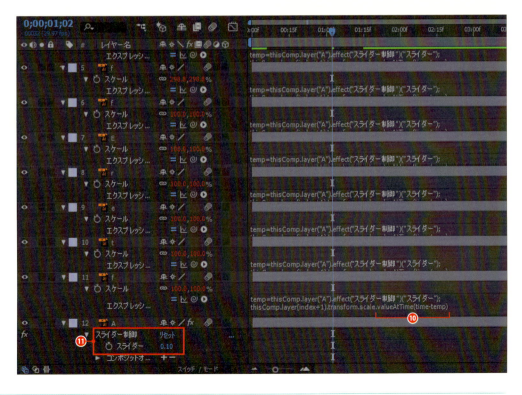

183 前後のレイヤーを追いかけさせる

NO.
188 オーディオレベルに合わせてアニメーションさせる

VER.
CC / CS6

オーディオレイヤーの音量レベルをキーフレームに変換し、その値をエクスプレッションを使ってレイヤーのプロパティに反映します。

STEP 1 音楽のレベルに合わせてシェイプレイヤーが拡大するエクスプレッションを作成してみます。タイムラインパネルでオーディオレイヤーを選択し❶、[アニメーション]→[キーフレーム補助]→[オーディオをキーフレームに変換]を実行します。すると[オーディオ振幅]というヌルオブジェクトレイヤーが作成されるので❷、Uキーを押して[左チャンネル][右チャンネル][両方のチャンネル]プロパティを表示します❸。

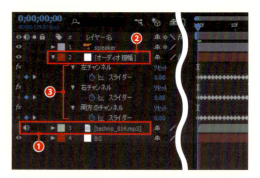

STEP 2 音量レベルに反応させるレイヤーの[スケール]プロパティにエクスプレッションを追加し❹、ピックウィップを[オーディオ振幅]レイヤーの[両方のチャンネル]にある[スライダー]にドラッグ&ドロップします❺。これで音楽に合わせて拡大するエクスプレッションになります❻❼。プレビューしてオーディオのレベルが低く過ぎて変化の度合いが少ないようなら、以下のように設定値を10倍にしてみるとよいでしょう。

temp = thisComp.layer("オーディオ振幅").effect("両方のチャンネル")("スライダー")*10;
[temp, temp]

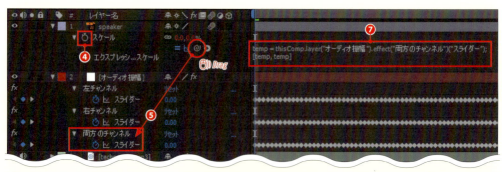

> **MEMO**
> [スケール]プロパティのX値とY値に、左右のチャンネルを振り分けることもできます。
> L = thisComp.layer("オーディオ振幅").effect("左チャンネル")("スライダー")*10;
> R = thisComp.layer("オーディオ振幅").effect("右チャンネル")("スライダー")*10;
> [L, R] ❽

After Effects Design Reference

NO. 189 エクスプレッションをキーフレームに変換する

VER. CC / CS6

エクスプレッションを設定したプロパティに[エクスプレッションをキーフレームに変換]を適用すると、キーフレームによる微調整ができます。

STEP 1

タイムラインパネルでエクスプレッションが記述されたプロパティを選択して❶、[アニメーション]→[キーフレーム補助]→[エクスプレッションをキーフレームに変換]を実行します。するとエクスプレッションがいったん無効になり、キーフレームが作成されます❷。

> **MEMO**
> エクスプレッションは一時的に無効になっているだけです。[エクスプレッション使用可能]スイッチをクリックしてオンに戻すことができます❸。

STEP 2

[エクスプレッションをキーフレームに変換]を実行すると、たくさんのキーフレームが作成されます。その中から必要なキーフレームを判別するには、グラフエディターが役立ちます。直線上にあるキーフレームは❹、最初と最後だけあれば十分です。その間にあるキーフレームは削除してかまいません❺。

> **MEMO**
> 余分なキーフレームはスムーザーパネル❻を使用して削除できます。削除したいプロパティのキーフレームを選択してから[許容量]を設定して[適用]ボタンをクリックします。初期設定の[1]で試してみると違いがわかります。

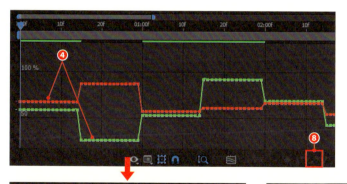

スムーザーを使用してキーフレームを削除すると曲線的な軌道になります❼。直線(リニア)に戻すには直線にしたいキーフレームを選択して[選択したキーフレームをリニアに変換]ボタン❽で戻します。

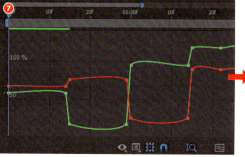

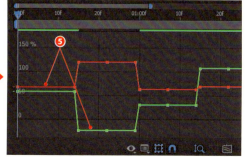

第10章 エクスプレッション

079 グラフエディターを使ってオブジェクトの速度を変える

289

After Effects

NO.
190 エクスプレッションエラーを解決する

VER.
CC / CS6

エクスプレッションエラーが発生すれば警告バナーがコンポジションパネルに表示されます。ここからエラー箇所を即座に検出し、警告文からエラーを解決できます。

STEP 1
エクスプレッションにエラーが発生すると、コンポジションパネル下部にエクスプレッションエラー警告バナーが表示されます❶。ここでエラーの数と内容を確認できるので、エラー箇所を◀▶❷で選んで［エクスプレッション表示］ をクリックします❸。すると、エラー箇所のコンポジションが開き❹、エラーとなるプロパティのエクスプレッション記述が表示されます❺。

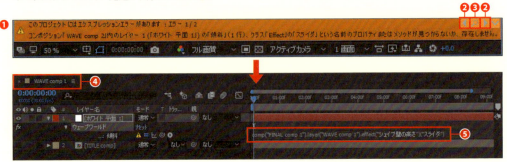

STEP 2
エラーの原因の1つに、After Effectsのバージョンアップにともなう、エフェクトやプロパティ名称の変更があります。 をクリックすると❻エラー内容をダイアログボックスで確認できるので❼、記述されたエクスプレッションをバージョンに合わせて書き換えましょう❽。すべてのエラーが解決できるとコンポジションパネルの警告バナーが消えます。

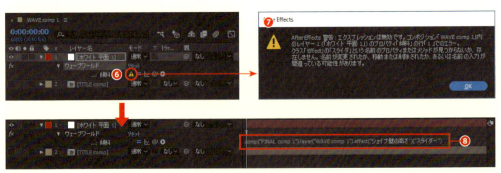

CS4で［スライダ］と呼ばれていたエフェクトが、CS5以降、［スライダー］エフェクトに変更されたためエラーが発生。上図のように記述を修正します

 MEMO
CC 2014以前のAfter Effectsでは、エクスプレッションエラーが発生するファイルを開くと、右のようなダイアログボックスが表示されます。

290　065 ミニフローチャートを使ってコンポジションの構造を調べる

第 **11** 章　エフェクト

NO. **191** エフェクトを適用する

VER. CC / CS6

タイムラインパネルでレイヤーを選択し、［エフェクト］メニューから適用するエフェクトを選びます。設定はエフェクトコントロールパネルで行います。

エフェクトを適用する

タイムラインパネルで目的のレイヤーを選択し、［エフェクト］メニューから任意のエフェクトを実行します。同じレイヤーに複数のエフェクトを適用することもできます。エフェクトの設定はエフェクトコントロールパネルで行います❶。パネルには適用した順番にエフェクトが並んでおり、この順番でエフェクト処理された結果が、コンポジションパネルに表示されます❷。

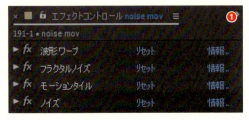

ムービーレイヤーに［波形ワープ］［フラクタルノイズ］［モーションタイル］［ノイズ］エフェクトを適用し、TVノイズのアニメーションを作成した例（右図）

エフェクトの順番を入れ替える

エフェクトコントロールパネルかタイムラインパネルで目的のエフェクトをドラッグして入れ替えます❶。エフェクトの順番を入れ替えると、コンポジションの表示も切り替わります❷❸。エフェクトは上から順に適用されるので、狙った結果が得られる順番を見つけ出しましょう。

テキストレイヤーに［グラデーション］→［ベベルアルファ］→［コロラマ］→［ドロップシャドウ］エフェクトの順に適用した例

テキストレイヤーに［グラデーション］→［コロラマ］→［ベベルアルファ］→［ドロップシャドウ］の順に適用した例。質感の表現が大きく変わります。こうした違いが作品の仕上がりを左右します

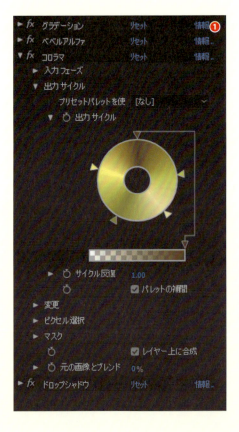

エフェクトを複製する

エフェクトコントロールパネルかタイムラインパネルで目的のエフェクトを選択し、［編集］→［複製］（Ctrl+D（⌘+D））を実行します。複製されたエフェクトには、複製元の設定がすべて引き継がれます❶❷。エフェクトコントロールパネルでエフェクトを選択してEnterキーを押すと、エフェクトの名前を変更することができます。わかりやすい名前に変えておくと便利です。

> **MEMO**
> 一方のエフェクトの設定を変更して効果を重ねたり、1つのエフェクトでは効果が足りない場合などに、エフェクトを複製して利用することがあります。左下の花の画像はその1例です。

花の画像に複数の［波紋］エフェクトを適用した例

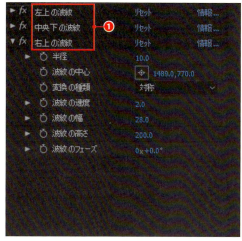

［波紋］を複製し、波紋の位置に合わせてエフェクトの名前を変更した例

エフェクトの設定をリセット・無効・削除する

エフェクトコントロールパネルかタイムラインパネルで、エフェクト名の右にある［リセット］スイッチをクリックすると❶、エフェクトの設定がリセットされ、初期状態に戻ります。特定のエフェクトを一時的に無効にする場合は、エフェクト名の左にある［エフェクト］スイッチ❷、そのレイヤーに適用されているすべてのエフェクトを無効にする場合はレイヤー名の右にある［エフェクト］スイッチ❸をクリックしてオフにします。また、エフェクトを削除したい場合は、エフェクトコントロールパネルかタイムラインパネルで目的のエフェクトを選択して、Deleteキーを押します。

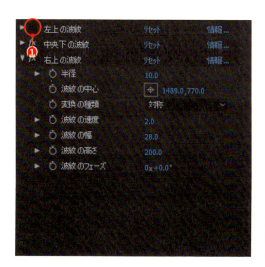

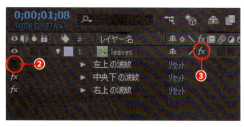

> **MEMO**
> タイムラインパネルでレイヤーを選択してEキーを押すと、そのレイヤーに設定されているすべてのエフェクトを表示できます。

193　エフェクト＆プリセットパネルからエフェクトを適用する

NO.
192 エフェクトをコピー＆ペーストする

VER.
CC / CS6

タイムラインパネルでエフェクトを選択して［コピー］＆［ペースト］を行います。特定のプロパティだけをペーストすることもできます。

別のレイヤーにコピー＆ペーストする

タイムラインパネルかエフェクトコントロールパネルで目的のエフェクトを選択し❶、［編集］→［コピー］（Ctrl+C（⌘+C））を実行します。そして別のレイヤーを選択し、［編集］→［ペースト］（Ctrl+V（⌘+V））します❷。するとコピー元と同じ設定でエフェクトがペーストされます❸。

> **MEMO**
> 複数のレイヤーを選択して、［編集］→［ペースト］を実行すると、一度に複数のレイヤーに［コピー］したエフェクトをペーストできます。

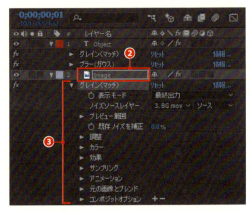

特定のプロパティだけをコピー＆ペーストする

タイムラインパネルで目的のエフェクトのプロパティを選択し、［編集］→［コピー］（Ctrl+C（⌘+C））を実行します❶。そして別のレイヤーを選択し❷、［編集］→［ペースト］（Ctrl+V（⌘+V））します。ペースト先に同じエフェクトが適用されていれば、選択した特定のプロパティだけがペーストされます❸。また、ペースト先に同じエフェクトが適用されていない場合は、エフェクトが追加され、選択したプロパティの設定がペーストされます。このとき、コピーしたプロパティ以外は初期設定のままになります。

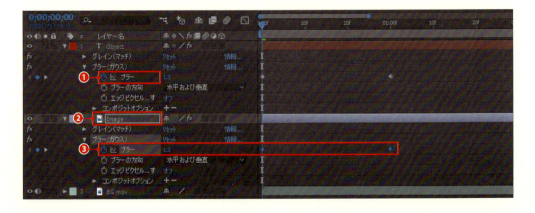

After Effects Design Reference

NO. 193 エフェクト&プリセットパネルからエフェクトを適用する

VER.
CC / CS6

エフェクト&プリセットパネルで目的のエフェクトをダブルクリックするか、タイムラインパネルにドラッグ&ドロップしてレイヤーにエフェクトを適用することができます。

エフェクト&プリセットパネルから適用する

［ウィンドウ］→［エフェクト&プリセット］を選択し、エフェクト&プリセットパネルを開きます❶。次にタイムラインパネルで目的のレイヤーを選択し❷、エフェクト&プリセットパネルで目的のエフェクトをダブルクリックします❸。タイムラインパネルやコンポジションパネル上のレイヤーへドラッグ&ドロップしてもかまいません❹。

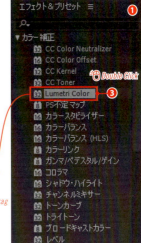

アニメーションプリセットから適用する

エフェクト&プリセットパネルの［アニメーションプリセット］には❶、複数のエフェクトを組み合わせて作られたプリセットが用意されています。適用方法は、通常のエフェクトと変わりません。ダブルクリックするか❷、ドラッグ&ドロップして適用すると❸、キーフレームを含めたアニメーションが作成されます。

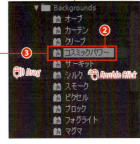

> **MEMO**
>
> 事前にアニメーションプリセットの効果を確認したい場合は、目的のレイヤーを選択してから［アニメーション］→［アニメーションプリセットを参照］を実行し、Adobe Bridge で「Program Files / Adobe / After Effects CC / Support Files / Presets」(「アプリケーション / Adobe After Effects CC / Presets」) フォルダーを表示します。表現別に分類されたフォルダーから、目的のアニメーションプリセットを選び、プレビューパネルで内容を確認します。狙い通りの効果が得られるようなら、目的のプリセットをダブルクリックして、選択したレイヤーに適用しましょう。

008 Adobe Bridge 経由で画像を読み込む
191 エフェクトを適用する

第11章 エフェクト

295

NO.
194 パペットツールで
アニメーションを作る

VER.
CC / CS6

レイヤーに変形ピンと呼ばれる軸を設定し、それを動かすことでアニメーションを設定していきます。

STEP 1
パペットツール（[パペット] エフェクト）は、主に静止画、シェイプ、テキストレイヤーで使用します。ここでは石像の静止画 CG を使ってアニメーションを作成してみます。ツールパネルから<mark>パペットピンツール</mark> <mark>を選び</mark>❶、タイムラインパネルでアニメーションさせるレイヤーを選択します❷。

オリジナルの静止画 CG レイヤー

STEP 2
コンポジションパネル上で石像の手首、ひじ、肩など関節となる箇所などを<mark>クリックして変形ピンを10箇所設定</mark>します❸。すると[エフェクト]→[パペット]→[メッシュ]→[変形]→[パペットピン]に[位置]のキーフレームが追加されます❹。現在の時間インジケーターを次の位置に移動してからアニメーションさせたい<mark>変形ピンをドラッグして、レイヤーに動きをつけていきましょう</mark>❺。変形ピンの動きはコンポジションパネルにモーションパスとして表示されるので、ポイントからハンドルを表示して動きを調整することもできます❻。

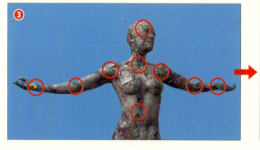

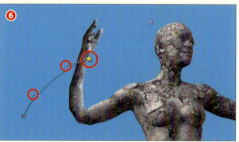

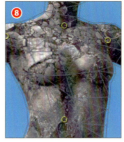
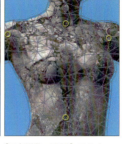

［三角形数：100］のメッシュ　　［三角形数：1000］のメッシュ

STEP 3

ツールパネルの［メッシュ］の［表示］にチェックを入れると❼、レイヤーがメッシュ表示されます❽。変形ピンを移動したときの変形具合はこのメッシュの精度に左右されます。［拡張］の数値を上げてメッシュのシェイプを膨らませたり❾、［三角形数］の数値を増やすと❿メッシュの精度が高くなります。ただし、メッシュの精度を高めるほどレンダリングに時間がかかるようになります。注意しましょう。

MEMO

変形ピンを移動した際、画像の残骸が残ってしまうことがあります。これはメッシュの［拡張］の数値を上げるとクリアできます。しかし、あまりにも数値を上げすぎると、移動や変形の際にシェイプが不自然な感じでつながってしまいます。そのような場合は、さらに［三角形数］を上げて対処しましょう。

［三角形数：50］の値が十分でないために残骸が残ってしまった例

STEP 4

変形ピンを選択するには、ツールパネルからパペットピンツール を選んでコンポジションパネル上でクリックするか、タイムラインパネルで目的の［パペットピン］プロパティをクリックします。また複数の変形ピンを同時に選択する場合は、パペットピンツール が選択されている状態で［Shift］キーを押しながら変形ピンを順番にクリックしていきます。［Alt］（［Option］）キーを押しながらドラッグして選択することも可能です⓫。選択された変形ピンは黄色の点になります。

MEMO

一度設定した変形ピンの位置をあとから調整することはできません。タイムラインパネルかコンポジションパネルで選択してから［Delete］キーで削除し、設定し直します。

MEMO

［Ctrl］（［⌘］）キーを押しながら変形ピンをドラッグするとマウスの動き（アニメーション）をリアルタイムに記録することが可能です。記録方法の詳細はメニューバーにある［パペット記録オプション］で設定します。

 195　パペット重なりツールで前後関係を入れ替える
196　パペットスターチツールで特定の箇所を変形しにくくする

NO.
195 パペット重なりツールで前後関係を入れ替える

VER.
CC / CS6

［パペット］エフェクトで設定したアニメーションで、対象物の前後関係を入れ替えるには、パペット重なりツールを使います。

STEP 1 ここでは例としてダンサーの交差させた足の前後関係を入れ替えてみます。まず、現在の時間インジケーターを重なりあった位置（時間）に合わせて、==ツールパネルからパペット重なりツール== を選択します❶。アニメーションの原型のシルエットがアウトラインで表示されるので❷、==前後関係を変更したい部分を原型のシルエット上でクリックして重なりピンを設定==します。するとクリックした部分に青い点が表示されます❸。

ベクトルレイヤーに変形ピンを設定 → 足を重ねるアニメーションを作成 → 原型シルエットに重なりピンを設定

STEP 2 重なりピンが選択されている状態で==ツールパネルの［範囲］をスクラブして数値を上げると==❹、原型のメッシュの白い部分が広がっていきます❺。この白い範囲が前面に表示されるようになります。また、前後関係は［前方］でも変更できます❻。この値は視点からの距離を表しており、プラスにすると上に重なり（視点に近くなり）、マイナスにすると後ろに隠れます（視点から遠くなります）❼。

> **MEMO**
> タイムラインパネルの［エフェクト］→［パペット］→［メッシュ］→［重なり］プロパティでも、フレーム単位で前後関係を設定できます。

［前方:50］［範囲:50］の設定。［前方］の値がプラス値はメッシュが白く、マイナス値なら黒く表示されます

［前方:-20］［範囲:50］の設定。［範囲］の値が小さいため、完全に入れ替わっていません

［前方:-20］［範囲:80］の設定。［範囲］の値が足先まで広り、きれいに入れ替わっています

NO.
196 パペットスターチツールで特定の箇所を変形しにくくする

VER.
CC / CS6

変形ピンを移動すると、意図しない場所まで変形してしまうことがあります。そのようなときは、パペットスターチツールで特定の箇所だけを変形しにくくします。

STEP 1
パペットピンツール で腕を上げるアニメーションを設定すると、ひじの部分が歪んでしまいました。そこで、パペットスターチツール を使って変形しにくくします。タイムラインパネルで静止画CGのレイヤーを選択し、現在の時間インジケーターをひじが変形している位置（時間）に合わせます。次にツールパネルからパペットスターチツール を選択します❶。すると原型のシェイプがアウトラインで表示されるので、歪みが気になる二の腕、前腕の箇所をクリックします。するとスターチピン（赤い点）が設定されます❷。

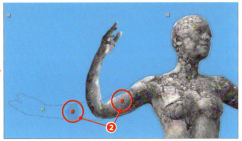

STEP 2
スターチピンが選択されている状態で❸［量］の数値を低めに設定します❹。そして［範囲］をスクラブして数値を上げていくと❺、原型のメッシュがだんだんと広がり、歪んでいたひじが元のシェイプに近づいていきます❻。［量］の数値は小さいほど固く変形しにくくなり、大きいほど柔らかく変形しやすくなります。

> **MEMO**
> タイムラインパネルの［エフェクト］→［パペット］→［メッシュ］→［粘度］→［スターチ］→［量］プロパティでも、スターチピン周辺の固さをフレーム単位で設定できます。

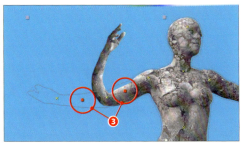

歪んでいる二の腕と前腕にスターチピンを設定。［量:0］［範囲:0］（オフの状態）に設定

［量:15%］［範囲:70］に設定。歪みなくひじが曲がるようになります

194 パペットツールでアニメーションを作る 299

NO. **197** ラスター画像のジャギーや
ぼけを目立たなくする

VER.
CC / CS6

低解像度のラスター画像を拡大して見せたいときは、［アップスケール（ディテールを保持）］エフェクトが有効です。輪郭のジャギーやぼけが目立たなくなります。

STEP 1　拡大表示したいレイヤー（ラスター画像）を選択し❶、［エフェクト］→［ディストーション］→［アップスケール（ディテールを保持）］を適用します❷。拡大率は［アップスケール（ディテールを保持）］の［スケール］で設定します❸。

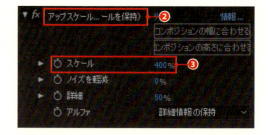

アルファチャンネルで背景が切り抜いてあります

この画像を［アップスケール（ディテールを保持）］で約4倍に拡大。［アルファ］で［詳細情報の保持］を選択すると輪郭をシャープにすることも可能です（輪郭が切り抜かれた画像の場合に限る）

STEP 2　［スケール］プロパティで拡大表示したものと比べてみましょう。［スケール］で拡大した部分は輪郭や格子柄がぼけてしまっていますが❹❺、［アップスケール（ディテールを保持）］で拡大した方は、体の表面も輪郭もくっきりと表示されていることがわかります❻❼。

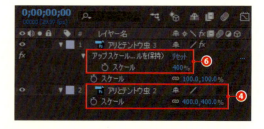

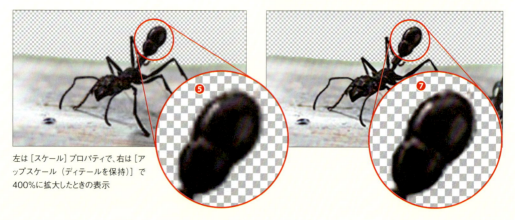

左は［スケール］プロパティで、右は［アップスケール（ディテールを保持）］で400%に拡大したときの表示

069　［コラップストランスフォーム］でベクトルオブジェクトの画質を保つ

NO.
198　2色以上の
グラデーションを作る

VER.
CC / CS6

2色のグラデーションは［グラデーション］エフェクト、3色以上のグラデーションは［グラデーション］と［コロラマ］エフェクトを併用して作ります。

STEP 1　タイムラインパネルで着色するレイヤーを選択し、[エフェクト] → [描画] → [グラデーション] を適用します❶。これで黒から白へのグラデーションになります❷。

> **MEMO**
> 黒白以外のカラーに変更するには、エフェクトコントロールパネルの［開始色］と［終了色］をクリックして表示されるカラーパネルで色を設定します。そのほか、グラデーション開始点と終了点は、［グラデーションの開始］と［グラデーションの終了］、グラデーションの種類は［グラデーションのシェイプ］で設定できます。

STEP 2　続いて［エフェクト］→［カラー補正］→［コロラマ］を適用します❸。すると虹色のスペクトラムカラーのグラデーションができます❹。カラーの変更や配分は［コロラマ］エフェクトの［出力サイクル］の［出力サイクル］❺、カラーの反復数は［サイクル反復］❻で調整できます。

> **MEMO**
> グラデーションの種類や開始点、終了点は、先に適用した［グラデーション］エフェクトの［グラデーションのシェイプ］や［グラデーションの開始］と［グラデーションの終了］で変更します。

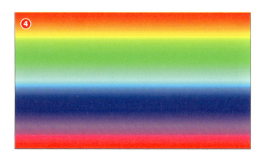

第11章　エフェクト

301

NO.
199 [CC Force Motion Blur]で
モーションブラーをつける

VER.
CC / CS6

エフェクトによる動きに対してモーションブラーをつけたい場合は、[CC Force Motion Blur] を適用します。

STEP 1

[シャター] エフェクトで動きをつけた、破片が飛び交うアニメーションにモーションブラーを加えてみます❶。コンポジションを開き、[レイヤー] → [新規] → [調整レイヤー] を選択して（Ctrl+Alt+Y（⌘+Option+Y））、タイムラインパネルの一番上に調整レイヤーを追加します❷。追加した調整レイヤーを選択して [エフェクト] → [時間] → [CC Force Motion Blur] を適用します❸。

> **MEMO**
> トランスフォームのプロパティでレイヤーをアニメートする場合はコンポジションのモーションブラーを利用できます。しかし今回のようにエフェクトによる動きには効果がありません。

STEP 2

エフェクトで動きをつけた破片やパーティクルにモーションブラーが適用されます❹。初期設定でも十分なモーションブラーがつきますが、より精度を高めたい場合は、エフェクトコントロールパネルで [Motion Blur Sample] の数値を上げてブラーのステップ数を細かく設定します❺。ただし、この値はレンダリング処理に大きく影響するので上げ過ぎないように注意しましょう。

> **MEMO**
> 調整レイヤーに [CC Force Motion Blur] を適用すると、このレイヤーより下にあるすべての動きに対してモーションブラーが適用されます。特定のレイヤーにだけ [CC Force Motion Blur] を適用したい場合は、動きをつけたエフェクトのレイヤーをプリコンポーズした後に適用します。

086 モーションブラーを適用する
141 プリコンポーズで複数のレイヤーを1つのコンポジションにまとめる

After Effects Design Reference

NO. 200 ムービーフッテージに モーションブラーをつける

VER.
CC / CS6

モーショングラフィックや3Dアニメーションなどのムービー素材にモーションブラーをつける場合は、[ピクセルモーションブラー] エフェクトを使います。

STEP 1 モーションブラーをつけたいムービーファイルを選択し❶、[エフェクト] → [時間] → [ピクセルモーションブラー] を適用します❷。

モーションブラーなしのムービー

[ピクセルモーションブラー] 適用後の描画

STEP 2 モーションブラーの度合いはエフェクトコントロールパネルの [ピクセルモーションブラー] で調整します。[シャッター制御] を [自動] (初期設定) から [手動] に変更します❸。すると [シャッター角度] や [シャッターサンプル数] が設定できるようになります❹。[シャッター角度] でブラーの長さ❺❻、[シャッターサンプル数] でブラーのステップ数を変えます。[ベクターの描画数] を上げるとブラーの品質は上がりますが、処理に時間がかかるようになります。

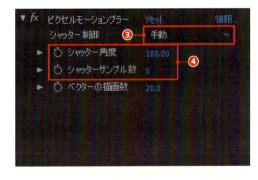

[シャッター角度] を [360] に設定してブラーを長く処理した例

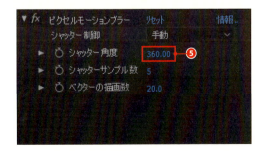

第11章 エフェクト

086 モーションブラーを適用する　303

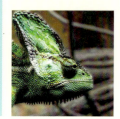

NO. 201 ［ブラー（カメラレンズ）］で リアルなぼかしを演出する

VER.
CC / CS6

2D素材（映像または静止画像）とそのマット素材があれば、
［ブラー（カメラレンズ）］エフェクトでリアルなぼかしが簡単
に表現できます。

STEP 1　ここでは2枚の画像を使って「ぼかし」を表現します。まずマット画像のビデオスイッチをオフにして非表示にします❶。次にもう1枚の画像を選択して［エフェクト］→［ブラー＆シャープ］→［ブラー（カメラレンズ）］を適用します❷。

カメレオンの頭部のマット画像

ぼかしをかける画像。前景、背景ともにピントが合い、ぼけている部分はありません

STEP 2　エフェクトコントロールパネルで［ブラー（カメラレンズ）］の［ブラーの半径］（ぼけの強さ）を調整します❸。次に［ブラーマップ］の［レイヤー］で「マット画像」を選択し❹、［チャンネル］を［輝度］❺、［ブラーの焦点距離：0］に設定❻。すると前景がぼけます❼。

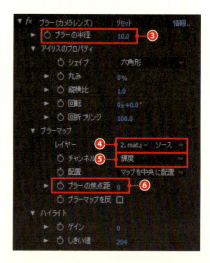

STEP 3　ぼかしにモーションを設定します。現在の時間インジケーターをぼかしが始まるフレームに移動し、［ブラーの焦点距離：0］でキーフレームを作成します。続いて、現在の時間インジケーターをぼかしが終わる時間に移動して［ブラーの焦点距離：230］に変更します。これで「最初はぼけていた前景のカメレオンに少しずつピントが合って背景がぼける」アニメーションができます。

［ブラーの焦点距離：230］に設定した描画。前景にピントが合い、背景がぼけています

After Effects Design Reference

NO.
202 [Camera-Shake Deblur]で手ぶれしたフレームを補正する

VER.
CC / CS6

ぶれたフレームは [Camera-Shake Deblur] エフェクトで補正できます。揺れを抑える [ワープスタビライザー VFX] や超スローの [タイムワープ] と組み合わせると効果的です。

STEP 1
ムービーレイヤー内のブレが発生している部分を [編集] → [レイヤーを分割] で分割し、トリミングしておきます❶。レイヤーの分割方法は「031　レイヤーを分割する」を参照してください。

S　レイヤーを分割▶ Ctrl + Shift + D （⌘ + Shift + D）

ブレが発生している部分の前後を分割し、トリミングしておきます　　　　ブレが発生している部分

STEP 2
トリミングしたムービーレイヤーを選択し、[エフェクト] → [ブラー＆シャープ] → [Camera-Shake Deblur] を適用します。エフェクトコントロールパネルで [ぶれ除去方法] を [高品質 (低速)] に設定すると❷、補間のクオリティが高まります。ぶれたフレームが完全に修正される訳ではありませんが、プレビューすると元のムービーよりクリアに描画されていることがわかります。

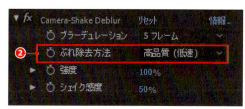

[ブラーデュレーション] ではぶれたフレームが続くおおよその時間を設定します。[シェイク感度] の値を下げれば下げるほど元のぶれた状態に戻ります

[Camera-Shake Deblur]
適用前

[Camera-Shake Deblur]
適用後

145　ワープスタビライザー VFX で映像の揺れを減らす

305

NO.
203

VER.
CC / CS6

［ブラー（合成）］と［ディスプレイスメントマップ］でゆらぎを表現する

［ブラー（合成）］エフェクトでぼかし、［ディスプレイスメントマップ］エフェクトで変形効果を加えて、熱や大気の揺らぎを表現します。

STEP 1　ゆらぎを表現するために❶のような画像を用意します。これは、コンポジションサイズの平面レイヤーに［エフェクト］→［描画］→［グラデーション］と［エフェクト］→［ノイズ&グレイン］→［フラクタルノイズ］を適用して作成したものです❷❸。［フラクタルノイズ］にはフラクタル模様が上昇しながら変化するアニメーションをエクスプレッションで設定しています❹。

❶

最初に適用した［グラデーション］は、次のステップで使用する画像の空の部分にゆらぎが反映されないようにするためのものです

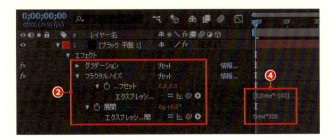

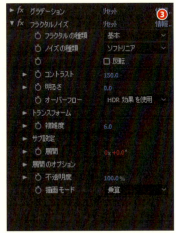

❸

MEMO

［グラデーション］エフェクトを使用した素材の作り方は301ページで、［フラクタルノイズ］エフェクトを使用した素材の作り方は、310ページで詳しく解説しています。ここでは［トランスフォーム］→［乱気流のオフセット］と［展開］にエクスプレッションを設定し、アニメーションにしています。

MEMO

CC 2017以前のバージョンでは、［グラデーション］と［フラクタルノイズ］を適用した平面レイヤーを同じコンポジション内の制御用のレイヤーとして利用することができません。コンポジションパネルには［フラクタルノイズ］の模様が描画されていますが、あくまでもエフェクトが実行された結果であり、この平面レイヤー自体が模様を持っているわけではありません。エフェクトがすでに実行されたレイヤーとして扱うためには、この平面レイヤーを選択し、［レイヤー］→［プリコンポーズ］する必要があります。

CC 2017以前のバージョンはプリコンポーズを行います。すると制御レイヤーとして利用できるようになります

STEP 2 タイムラインパネルで平面レイヤーを非表示にします❺。そして上に配置してある画像レイヤーを選択してから❻、[エフェクト]→[ブラー&シャープ]→[ブラー(合成)]を実行。エフェクトコントロールパネルで[ブラーレイヤー]を[ブラック平面1]に、[ソース]を[エフェクトとマスク]に設定し、[最大ブラー]を調整します❼。これで平面レイヤーのエフェクト描画が制御レイヤーとして利用できるようになります。

STEP 3 フラクタルノイズの濃淡に合わせてブラーの効果が変化します。

元画像　　　　　　　　　　　　　　　　　　　　　　　[ブラー(合成)]適用後。プレビューするとその効果がわかります

STEP 4 さらに[エフェクト]→[ディストーション]→[ディスプレイスメントマップ]を適用します。[マップレイヤー]を[ブラック平面1]に、[ソース]を[エフェクトとマスク]に設定し❽、[最大水平置き換え]と[最大垂直置き換え]を調整すると❾、今度はフラクタルノイズの濃淡に合わせた変形効果がつきます。このように[ブラー(合成)]と[ディスプレイスメントマップ]を組み合わせると、微妙にゆらぐ熱や大気の空気感を作り出すことができます

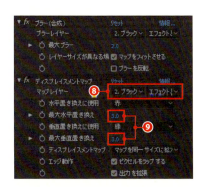

プレビューするとその効果がわかります

198　2色以上のグラデーションを作る
205　[フラクタルノイズ]で模様を作る

NO.
204 実写映像をセル画風にする

VER.
CC / CS6

［カートゥーン］エフェクトを使うと、実写映像の塗りや輪郭線を単純化してセル画風に仕上げられます。

STEP 1
タイムラインパネルで目的のレイヤーを選択し、［エフェクト］→［スタイライズ］→［カートゥーン］を適用します。［ディテールの半径］と［ディテールのしきい値］で、塗りと輪郭線をどの程度まで単純化するかを決めます❶。

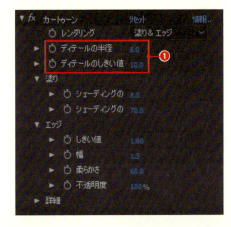

元画像

［カートゥーン］適用後

STEP 2
［カートゥーン］では、塗りと輪郭線を別々にコントロールできます。塗りにあたるシェーディングを調整するには、［レンダリング］を［塗り］に設定し❷、［塗り］のカテゴリにある［シェーディングのステップ数］と［シェーディングの滑らかさ］を変更します❸。

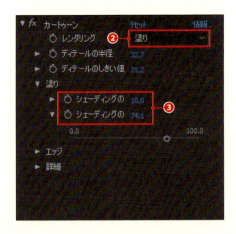

STEP 3 ［シェーディングのステップ数］と［シェーディングの滑らかさ］を変えることで、ソラリゼーションのような効果を加えたり❹、全体をぼかして絵画のような雰囲気も作り出せます❺。

［シェーディングのステップ数：4］［シェーディングの滑らかさ：33］に設定し、ソラリゼーション効果を出した例

［シェーディングのステップ数：3］［シェーディングの滑らかさ：65］に設定し、絵画調に仕上げた例

STEP 4 輪郭線の調整も同じように行います。［レンダリング］を［エッジ］に設定して❻、［エッジ］のカテゴリにある［しきい値］［幅］［柔らかさ］［不透明度］を変更します❼。輪郭線を強調して版画調にしたり❽、大きくぼかして鉛筆画調にしたりできます❾。

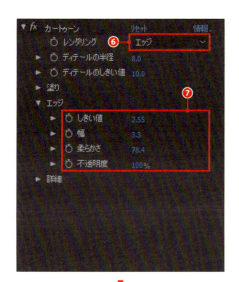

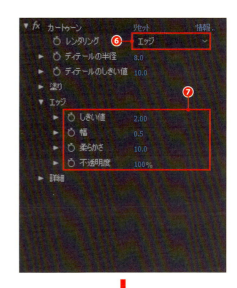

版画調に仕上げた例

鉛筆画調に仕上げた例

NO. 205 ［フラクタルノイズ］で模様を作る

VER. CC/CS6

平面レイヤーに［フラクタルノイズ］を適用すると、ノイズや有機的なテクスチャ、雲、光の筋などが簡単に作れます。アニメーションも可能です。

STEP 1　［レイヤー］→［新規］→［平面］で平面レイヤーを作成し、[エフェクト]→[ノイズ&グレイン]→[フラクタルノイズ]を適用します。［フラクタルノイズ］では、以下にあげた主要プロパティを変えることでさまざまなフラクタル模様が作り出せます。

設定項目	内容
フラクタルの種類	あらかじめ用意されているプリセットから模様を選択できます
ノイズの種類	滑らかなものからブロック状まで4種類から選択できます
コントラスト／明るさ	グレースケールの明度を設定します
トランスフォーム	［スケール］では縦横のサイズ、［乱気流のオフセット］ではアニメートする方向を設定します
複雑度	模様の細かさを設定します
展開	模様をアニメートして変化させることができます
描画モード	元画像にフラクタル模様を転写できます

STEP 2　［フラクタルノイズ］で作成した模様を紹介します。

 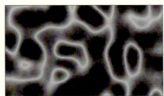 

STEP 3　模様が変化するアニメーションは❶、［展開］プロパティにキーフレームを設定したり、エクスプレッションを記述して作成します。このアニメーションは、ループアニメーションにもできます。たとえば、［展開］（模様の変化）2回分を1サイクルにする場合は、［展開］に［0］から［2×+0°］のキーフレームを設定します❷。次に［サイクル展開］プロパティをオンにして❸、［サイクル（周期）］を［1］にします❹。これで［フラクタルノイズ］のループアニメーションができます。［展開］の回転値が［サイクル（周期）］の値で割り切れる設定になっていれば、キーフレーム間をループさせられます。

After Effects Design Reference

NO. 206 実写映像のビデオノイズに合わせてCGにノイズを加える

VER.
CC / CS6

実写とCGを合成するときに問題になるのがビデオノイズです。[グレイン（マッチ）] エフェクトは、CGに実写と同じノイズを加えて両者の整合性を取ります。

STEP 1
タイムラインパネルでCGレイヤーを選択し、[エフェクト]→[ノイズ＆グレイン]→[グレイン（マッチ）] を適用します❶。そしてエフェクトコントロールパネルで [表示モード] を [最終出力] ❷、[ノイズソースレイヤー] を [合成するビデオレイヤー名] に設定します❸。

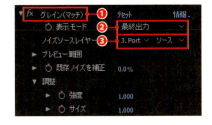

オリジナル映像

オリジナルCG

STEP 2
ビデオレイヤーに含まれるノイズが自動的に検出され、それに似たノイズがCGレイヤーに適用されます❹。[グレイン（マッチ）] は、粒子のサイズやノイズの移動速度まですべて自動で調整してくれる優れたエフェクトですが、その分、レンダリングに時間を要します。

適用前

[グレイン（マッチ）]
エフェクト適用後

第11章 エフェクト

 207 ムービーの粒子やノイズを除去する

311

NO.
207 ムービーの粒子やノイズを除去する

VER.
CC / CS6

ムービー内に含まれる粒子やビデオノイズは、[グレイン（除去）] エフェクトで取り除けます。画質を極端に落とす心配もありません。

STEP 1

タイムラインパネルで目的のレイヤーを選択し、[エフェクト]→[ノイズ＆グレイン]→[グレイン（除去）] を適用します❶。そしてエフェクトコントロールパネルで [表示モード] を [最終出力] に設定し❷、[ノイズリダクション] の数値を調整します❸。数値を上げるほどノイズは減りますが、その分だけ画質が劣化するおそれがあります。

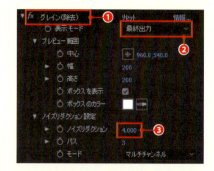

オリジナルムービーレイヤー

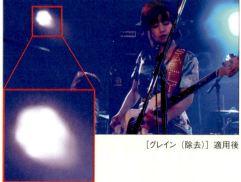
[グレイン（除去）] 適用後

STEP 2

初期設定のままでも粒子やビデオノイズを検出、除去してくれますが、十分でない場合はサンプリングの位置を変更するとよいでしょう。エフェクトコントロールパネルで [表示モード] を [ノイズサンプル] に設定すると❹、コンポジションパネルに白い四角形が表示されます❺。これが現在の検出位置です。[サンプルの選択] を [自動] から [手動] に変更してから❻、[サンプリング]→[ノイズサンプルポイント] で検出位置を変更してみましょう。検出先の数は [サンプル数] で増減できます❼。

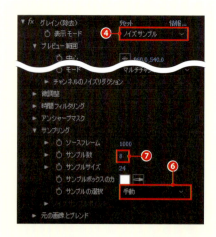

After Effects Design Reference

NO. 208 ［レンズフレア］で光を表現する

VER.
CC / CS6

光の表現の1つであるレンズフレアは、［レンズフレア］エフェクトで表現できます。爆発、太陽、照明効果などをつけるときに役立ちます。

STEP 1
タイムラインパネルで目的のレイヤーを選択し、［エフェクト］→［描画］→［レンズフレア］を適用します❶。フレアの角度はエフェクトコントロールパネルの［光源の位置］で調整します❷。コンポジションパネルで［光源の位置］を直接ドラッグして移動することもできます❸。［レンズの種類］を変更すると光の拡散状態が変わります。

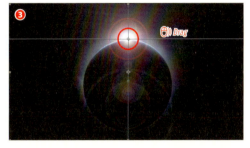

STEP 2
平面レイヤーに［レンズフレア］エフェクトを適用し、描画モードで光を合成することもできます。その場合は、まず［レイヤー］→［新規］→［平面］で黒い平面レイヤーを作成し❹、［エフェクト］→［描画］→［レンズフレア］を適用します❺。そして、平面レイヤーの描画モードを［加算］か［スクリーン］に変更します❻❼。

 MEMO
この方法を応用して、フレア効果を消すこともできます。正方形の平面レイヤーを用意し、［レンズフレア］を適用。［レンズフレア］の［位置］を中央に設定し、光らせたい位置に平面レイヤーを移動します。

 MEMO
黒い平面レイヤーに［レンズフレア］を使用した際、黒い部分を透明に処理してくれる After Effects 用プラグインモジュール［XMult］が無償配布されています。アルファチャンネルをつけて出力するときに役立ちます。
http://www.fandev.com/download.html

第11章 エフェクト

NO.
209 ［グロー］で発光させる

VER.
CC/CS6

レイヤーを発光させる［グロー］エフェクトは、表現のディテールを高めることのできる、使用頻度の高いエフェクトです。［A & B カラー］で光の色も変えられます。

グローで発光させる

タイムラインパネルで目的のレイヤーを選択し、［エフェクト］→［スタイライズ］→［グロー］を適用します❶。発光のぼけ具合は［グローしきい値］❷、ぼけの大きさは［グロー半径］❸、強さは［グロー強度］❹で設定します。イメージレイヤーに［グロー］を適用すると、輝度の高い部分から発光します❺。

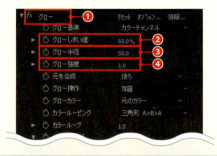

［グロー］適用前　　　　　　　　［グロー］適用後

任意のカラーで発光させる

光の色は［グローカラー］の［A & B カラー］で変更できます。ここではテキストのアウトラインが白いラインで描かれるシェイプレイヤー❶に［グロー］を適用しています。エフェクトコントロールパネルで［グロー基準］を［アルファチャンネル］❷、［グローカラー］を［A & B カラー］に設定し❸、［カラー A］と［カラー B］で光の色を決めます❹。ここでは青く発光するように設定しました❺。［グロー強度］の値は少しだけ上げるとよいでしょう❻。

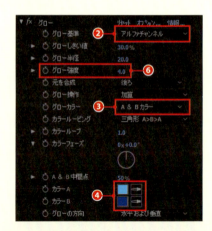

314　　210 ［CC Light Burst］で放射状に放たれる光を表現する

After Effects Design Reference

NO. 210 [CC Light Burst]で放射状に放たれる光を表現する

VER.
CC / CS6

テキストレイヤーやシェイプレイヤーに [CC Light Burst] エフェクトを適用すると、放射状に放たれるオーロラのような光を演出できます。

STEP 1

タイムラインパネルで目的のレイヤーを選択し、[エフェクト] → [描画] → [CC Light Burst] を適用します❶。光の中心位置は、エフェクトコントロールパネルの [Center] で設定します❷。エフェクトコントロールパネルの ❸をクリックするとコンポジションパネルにカーソルが表示されるので、それをドラッグして移動することもできます。光の強さは [Intensity] ❹、光の長さは [Ray Length] で設定します❺。

[CC Light Burst] 適用前

[CC Light Burst] 適用後

STEP 2

テキストレイヤーに [CC Light Burst] エフェクトを適用すると、❻❼のような表現ができます。光の色は、エフェクトコントロールパネルの [Color] で変更できます❽。

MEMO
[Center] にキーフレームを作成すると、放射状の光がスライドするアニメーションになります。

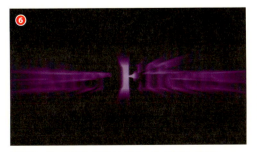

テキストレイヤーに直接 [CC Light Burst] を適用した描画

[Color] でピンク色の光に設定した描画。複製したテキストレイヤーに [CC Light Burst] を適用し、描画モードを [加算] で重ねています

209 [グロー] で発光させる

第11章 エフェクト

315

NO. 211 [Keylight]で人物などの複雑な形状をキーアウトする

VER.
CC / CS6

ムービーから人物などの複雑な形状を切り抜くには、[Keylight]エフェクトを使って背景をキーアウト（透明に）します。

STEP 1
タイムラインパネルで目的のレイヤーを選択し、[エフェクト]→[キーイング]→[Keylight]を適用します❶。そしてエフェクトコントロールパネルで[Screen Colour]のスポイトツールをクリックして❷、コンポジションパネルでキーアウトする背景色をクリックします❸。するとクリックした箇所と同じ色の部分が透明になり❹、下に配置したレイヤーが透けて見えます❺。

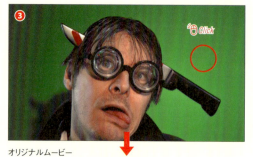

オリジナルムービー

背景が透明になり、下に配置した地面の画像が見えています

STEP 2
エフェクトコントロールパネルで[View]を[Screen Matte]に設定すると❻、抜け具合をグレースケール画像で確認できます❼。右図の場合、背景にムラができ、透明に抜ける部分と抜けない部分が混在しています。

STEP 3 そこで［Screen Gain］［Screen Balance］［Clip Black］［Clip White］を調整し❽、必要な部分がきれいに抜けるようにします❾。

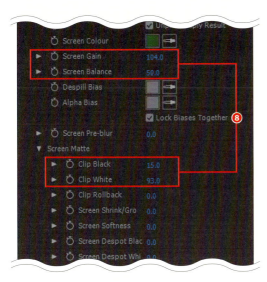

設定項目	内容
Screen Gain	数値を上げると背景の抜け切れていない部分のしきい値を強くすることができます
Screen Balance	透明に抜けるしきい値のバランスを調整します
Clip Black	0 から数値を上げると黒が強くなります
Clip White	100 から数値を下げると白が強くなります
Screen Softness	境界線にぼけをつけることによって、境界部分をなじませることができます

STEP 4 メガネのフレームに背景と同系色があるため一部半透明に抜けてしまっています❿。こうした場合はマスクパスを使って対処します。ツールパネルでペンツール を選び、フレームの一部を囲むようにパスを描き⓫、タイムライン［マスク］プロパティを［なし］に設定します⓬。

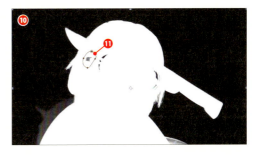

STEP 5 エフェクトコントロールパネルで［Inside Mask］→［Inside Mask］⓭を STEP 4 で作成したマスクに設定し、［Replace Method］を［Source］⓮に設定すると、キーイングされる範囲から除外し元画像を表示できます。これで背景から人物だけを切り抜くことができます⓯。

152 映像の一部を隠す、切り抜く
213 ロトブラシで複雑な映像から被写体だけを切り抜く

NO. **212**

VER. CC / CS6

背景が単色のムービーを キーアウトする

特定の背景色で撮影されたムービーレイヤーは、[リニアカラーキー] や [カラー差キー]、あるいは [ルミナンスキー] エフェクトでキーアウト（透明に）できます。

[リニアカラーキー] でキーアウトする

STEP 1 タイムラインパネルで背景が単色のレイヤーを選択し、[エフェクト] → [キーイング] → [リニアカラーキー] ❶ を適用します。エフェクトコントロールパネルで [キーカラー] のスポイトを選び ❷、コンポジションパネル上で透明にしたい部分をクリックしてキーアウトします ❹。キーアウトの調整はエフェクトコントロールパネルの [プレビュー] にある 3 つのスポイトツールで行います。拾い切れていない部分がある場合は、中央のスポイトツールを選び ❺、プレビュー画面 ❻ かコンポジションパネル上をクリックして追加していきます。逆に不要な部分は下のスポイトツール ❼ でクリックして除外していきます。

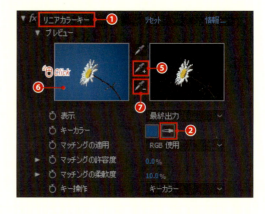

元画像

[リニアカラーキー] 処理後

STEP 2 輪郭部分に背景色が残ってしまう傾向があります ❽。そこで [エフェクト] → [マット] → [チョーク] を適用し ❾、エフェクトコントロールパネルの [チョークマット] ❿ でエッジの処理をトリミングして仕上げます ⓫。

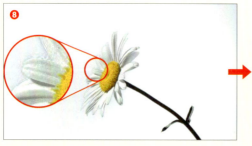

[チョーク] 適用前

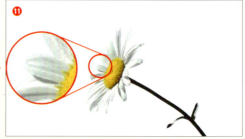

[チョーク] 適用後

［カラー差キー］でキーアウトする

タイムラインパネルでブルーあるいはグリーンバックのレイヤーを選択し、［エフェクト］→［キーイング］→［カラー差キー］を適用します❶。そしてエフェクトコントロールパネルで［キーカラー］のスポイトツールを選び❷、背景部分をクリックします❸。拾い切れていない部分がある場合は真ん中のスポイトツール❹、拾い過ぎてしまった場合は下のスポイトツール❺に切り替え、プレビュー画面やコンポジションパネル上で該当の部分をクリックします❻。

元画像

［カラー差キー］処理後

［ルミナンスキー］でキーアウトする

タイムラインパネルで白や黒バックで撮影されたムービーレイヤーを選択し、［エフェクト］→［旧バージョン］→［ルミナンスキー］を適用します❶。次にエフェクトコントロールパネルの［キーの種類］で［暗さをキーアウト］（背景が黒の場合）❷か［明るさをキーアウト］（背景が白の場合）を選び、［しきい値］や［許容量］を調整してキーアウトします❸。輪郭は［エッジを細く］で調整できます❹。［エッジのぼかし］を使って❺イメージを印象的にもできます❻。

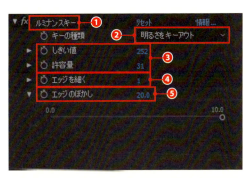

元画像

［ルミナンスキー］適用後。輪郭をぼかしたイメージ処理

NO.
213

VER.
CC / CS6

ロトブラシで複雑な背景から被写体だけを切り抜く

ロトブラシを使用すると、複雑な背景を持った映像から特定の被写体だけをうまく切り抜くことができます。髪の毛や毛羽立ったものの切り抜きには、「エッジ調整ツール」が便利です。

STEP 1 ここでは❶のような映像からぬいぐるみだけを切り抜いてみます。ぬいぐるみには手で動きをつけてあります。タイムラインに切り抜きたいムービーを配置し、ダブルクリックします❷。レイヤーパネルに目的のムービーが表示されるので、ぬいぐるみ（切り抜く対象）の輪郭がしっかり確認できるフレームを見つけ出します❸。

STEP 2 ツールパネルでロトブラシツール を選択し❹、対象物に合ったブラシサイズを選びます❺。はじめは基本的な範囲をざっくりと指定すればよいので、対象物からはみ出さない程度に大きめのブラシを選びましょう。

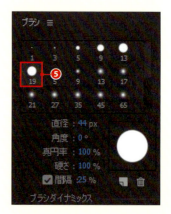

S ロトブラシツールの選択▶
[Alt]+[W] ([Option]+[W])
ブラシサイズの調整▶
[Ctrl]+画面を Drag ([⌘]+画面を Drag)

STEP 3 ロトブラシツール でぬいぐるみの輪郭の内側をなぞるようにドラッグしていきます。ロトブラシツールのアイコンが緑色の丸で囲まれたプラス記号のポインタに変わり、なぞった部分が緑色になります❻。ドラッグをやめると紫色のセグメント境界が作成されます❼。この紫色で囲まれた部分が切り抜く範囲になります。

> **MEMO**
>
> 最初にロトブラシを使用したフレームは、ベースフレームとして認識されます❽。ベースフレームとは、切り抜くセグメント境界を前後20フレーム（初期設定）分だけ自動生成するときの基準となるフレームのことです。ベースフレームは青色で表示されます。

After Effects Design Reference

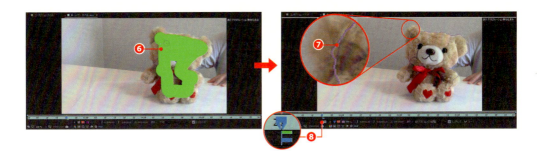

STEP 4　次にこのベースフレームのセグメント境界を調整していきます。1回のストロークでうまく選択し切れていない場合は、ブラシのサイズを調整しながら、拾い切れていない部分をブラシでなぞって範囲に加えていきます。

STEP 5　逆に、拾い過ぎている部分は範囲から取り除きます。ブラシサイズを選んだら、 Alt （ Option ）キー を押します。すると、赤色の丸で囲まれたマイナス記号のポインタに変わります。この状態で削除したい腕の部分をなぞっていきます❾。ドラッグをやめると、腕の部分が削除されたセグメント境界が作成されます。

> **MEMO**
> なぞる部分を誤ってしまった場合は、[編集]→[取り消し]で取り消すことができます。指定したい範囲を正確になぞっているにもかかわらず、不要な部分まで拾ってしまった場合は、[取り消し]は実行せずに追加と削除を繰り返しながら作業をしましょう。繰り返すことで、ロトブラシが自動学習をし、だんだんと正確に範囲指定できるようになっていきます。

ぬいぐるみを持っている腕の一部まで拾ってしまっているのでこの部分を範囲から除外しています

第11章　エフェクト

321

STEP 6 輪郭の境界を整えていきます。<mark>エッジを調整ツール 🖌 に切り替え</mark>❿、ブラシのサイズを調整してから、<mark>ぬいぐるみの輪郭をなぞっていきます</mark>。ドラッグするとマウスポインタが青色のプラス記号に変わり、なぞった部分が青色になります⓫。ぬいぐるみ全体をなぞり終えたら（ドラッグをやめたら）、青色の線が白黒に変わり、輪郭の内側は白く、外側は黒く表示されます⓬。

> **MEMO**
> エッジを調整ツール 🖌 は、毛羽立った部分や髪の毛など、複雑な輪郭を選択するときに使用します。

STEP 7 <mark>コンポジションパネルに切り替えて、現時点での抜け具合を確認</mark>します。細かくチェックしていくと、ぬいぐるみを持っている腕が右耳の後ろに残っていたり⓭、両足の間の影を拾い過ぎていることがわかります。こうした部分をエッジ調整ツール 🖌 を使って修正していきます。

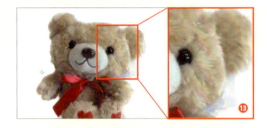

STEP 8 レイヤーパネルに戻ります。<mark>エッジ調整ツール 🖌 のブラシサイズを下げて、左耳の後ろや両足の下の黒い外枠を Alt （Option）キーを押しながらなぞっていきます</mark>。マウスポインタがマイナス記号に変わり、なぞった部分が濃紺で表示されます⓮。ドラッグをやめるとエッジ調整ツールのブラシ幅が狭まり、不要な部分が取り除かれます⓯⓰。

STEP 9 ベースフレームの修正がすんだら、その前か後ろに1フレームだけ移動します。1つ後ろのフレームへ移動した後もベースフレームの属性がそのまま引き継がれます。思い通りの境界になっていない場合は、STEP6から8の作業を繰り返し、境界を整えていきます⓱。これをすべてのフレームで行います⓲。

> **MEMO**
>
> ベースフレームで設定した属性は、前後20フレーム先まで継続して適用されます。このため一気に20フレーム先まで飛ばして作業をすると、不要な箇所が広がってしまうことがあります。また20フレーム目に修正を加えてもその間のフレームには反映されないため、1フレームずつ時間を進めて、確認・修正していきましょう。

> **MEMO**
>
> タイムマーカーを前後に移動すると、ベースフレームから緑色のラインが表示されます。これは、その部分のプレビューデータがキャッシュに読み込まれたことを表しています。修正や変更を加えるとまたさらに20フレーム先まで自動でセグメント境界が作成されます。

STEP 10
最後にディテールを詰めていきます。切り抜いた状態がわかりやすいよう、背景にグラフィックを配置します。コンポジションパネルに切り替えて細部を確認します❶⓳。輪郭ががたついているようなら、エフェクトコントロールパネルで［ロトブラシとエッジを調整］エフェクトの［エッジマットを調整］の［滑らかに］や［ぼかし］［エッジのガタつき］などで調整しましょう❷⓴。

［エッジマットを調整］の［滑らかに］を［10］に設定した後の描画

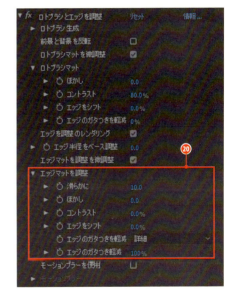

> **MEMO**
>
> レイヤーパネルの右下にある［フリーズ］ボタンをクリックすると、再編集ができないロック状態になります。マットが維持され、プロジェクトを開き直したときでも、［ロトブラシとエッジを調整］エフェクトの再レンダリングは不要です。再度編集したい場合は、もう一度［フリーズ］ボタンをクリックしてロックを解除します。

NO.
214

VER.
CC / CS6

［タイムワープ］で
超スローモーションにする

［タイムワープ］は、ムービーの前後のフレームから画像を生成するエフェクトです。ハイスピードカメラのようなスローモーションが再現できます。

超スローモーションにする

タイムラインパネルでムービーレイヤーを選択し、［エフェクト］→［時間］→［タイムワープ］を適用します❶。そしてエフェクトコントロールパネルで［速度］を［100］以下❷、［補間方法］を［ピクセルモーション］に設定します❸。［ピクセルモーション］は、スローモーションにしたときに生じるフレームの不足を補ってくれる機能です。さらに画質を向上させる場合は［ベクターの描画］を調整します❹。これによって極端に遅い速度でも、滑らかな動きが再現できます❺。［速度］を［100］以上にすると高速モーションになります。その際、［モーションブラーを使用］にチェックを入れると❻、速度に応じたモーションブラーがつきます。

不足フレームから生成されたフレーム画像

［タイムワープ］を任意のフレームから適用する

ムービーの先頭ではなく、途中のカットから［タイムワープ］を適用することもできます。まず［タイムワープ］を適用するフレームまでムービーレイヤーをトリミングします❶。次にコンポジションサイズの新規平面レイヤーを作り、トリミングした位置（時間）にインポイントを移動します❷。平面レイヤーを選択し❸、［タイムワープ］を適用します❹。そしてエフェクトコントロールパネルの［ワープレイヤー］を［ムービーレイヤー名］に設定します❺。これでムービーレイヤーの任意のフレームから［タイムワープ］が適用されます。［速度］の値を変えて❻、高速やスローモーションに設定しましょう。

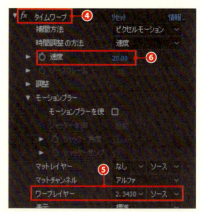

After Effects Design Reference

NO. 215 コピースタンプツールで不要な部分を消す

VER.
CC / CS6

ムービーに写りこんだ不要な部分は、コピースタンプツールで消します。使い方はPhotoshopの同名ツールとほぼ同様です。キーフレームも設定できます。

STEP 1 タイムラインパネルで処理したいムービーレイヤーをダブルクリックして、==レイヤーパネルを開きます==。ツールパネルから==コピースタンプツール==を選び❶、ペイントパネル❷とブラシパネル❸でブラシの属性やサイズなどを設定します。

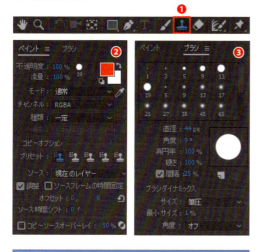

設定項目	内容
モード	描画モードを設定します
チャンネル	作業チャンネルを選択します。初期設定の[RGBA]とは、RGBとアルファチャンネルのことです
種類：一定	描いたパスが選択フレームから最後まで適用されます
種類：連続	描いたパスが選択フレームから描画アニメーションとして適用されます
種類：1フレーム	作成したフレームに描いたパスが適用されます
種類：カスタム	設定したフレーム分だけ描いたパスが適用されます
ソース	サンプリングするレイヤーを設定します
調整	チェックを入れるとサンプリングポイントが維持されます。チェックを外すと、作業を中断するたびにサンプリングポイントが再設定されます
ソースフレームの時間固定	記録したフレームから常にサンプリングされるようにします

MEMO
Photoshop CS3 Extended 以降がインストールされている場合は、ムービーファイルを同ソフトの修復ブラシツールやパッチツールを使って編集することができます。

STEP 2 レイヤーパネル上でコピーしたい位置にカーソルを移動し、Alt （Option）キーを押しながらクリックします❹。これでクリックした場所がソースとして記録されます。次に==修正したい箇所をブラシでなぞるようにドラッグして消去します==❺❻。処理の内容は［ペイント］エフェクトのプロパティとして記録されるので❼、ブラシのサイズを変えるなどして何度でもやり直すことができます。［ペイント］のプロパティは、レイヤーを選択してPキーを2回押すと表示されます。

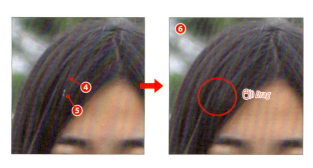
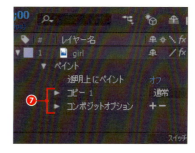

第11章 エフェクト

325

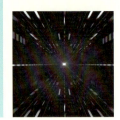

NO. **216**

VER.
CC / CS6

3Dレイヤーにレンズの
ぼけや霧の効果を加える

Z深度を持つ3Dレイヤーに有効なエフェクトは［3Dチャンネル］にまとめられています。［被写界深度］［フォグ3D］［デプスマット］［3Dチャンネル抽出］エフェクトなどがそれです。

カメラの被写界深度を再現する

タイムラインパネルで3Dレイヤーを選択し、[エフェクト］→［3Dチャンネル］→［被写界深度］を適用します❶。そしてエフェクトコントロールパネルの［最大半径］でぼけ具合❷、［フォーカルプレーンの厚さ］で焦点距離を設定します❸。すると焦点距離より遠い部分がぼけます❹。

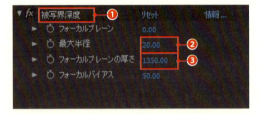

オリジナルCG

［被写界深度］適用後

奥行き方向をトリミングする

タイムラインパネルで3Dレイヤーを選択し、[エフェクト］→［3Dチャンネル］→［デプスマット］を適用します❶。そしてエフェクトコントロールパネルの［深度］を調整して❷、奥行き方向の不要な部分をトリミングします❸❹。

［深度］を［500］に設定した例後

［深度］を［1120］に設定した例

奥行き方向に霧の表現を加える

タイムラインパネルで 3D レイヤーを選択し、[エフェクト]→[3D チャンネル]→[フォグ 3D]を適用します❶。そしてエフェクトコントロールパネルの[フォグの開始深度]と[フォグの終了深度]で霧の位置を調整します❷。霧のカラーは[フォグのカラー]で変更できます❸。フラクタル模様のレイヤーを下に配置し❹❺、[グラデーションレイヤー]でそのレイヤーを指定すると❻、霧にムラをつけたり❼、霧をアニメーションさせることもできます。

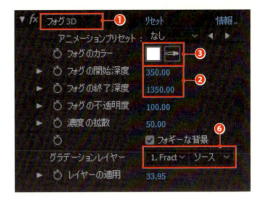

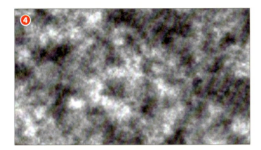

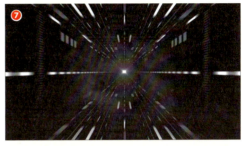

[フォグ 3D]適用後

フラクタル模様のレイヤーを一番下に配置、レイヤーを非表示にしてから、[フォグ 3D]を適用します

Z 深度の情報を元にグレースケール表示にする

タイムラインパネルで 3D レイヤーを選択し、[エフェクト]→[3D チャンネル]→[3D チャンネル抽出]を適用します❶。そしてエフェクトコントロールパネルの[ブラックポイント]と[ホワイトポイント]で奥行き方向の濃度を調整します❷。すると Z 深度の情報を元にグレースケールで描画されるようになります❸❹。こうして作成した画像は、エフェクトを制御するためのレイヤーとして利用することができます。

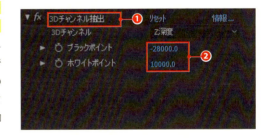

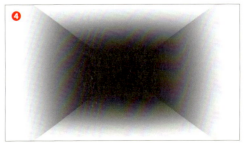

[ブラックポイント]を[2300]に上げた例

NO.
217 マスクパスにエフェクトを適用する

VER.
CC / CS6

マスクパスとエフェクトを組み合わせて使うと、輪郭線を描いたり、塗りつぶしたり、パスに沿ってテキストを配置したりといった表現ができます。

マスクパスの輪郭を描く

マスクパスから輪郭を描くエフェクトは2種類あります。1つは［エフェクト］→［描画］→［線］です❶。［開始］と［終了］プロパティで輪郭をアニメーションさせることができます❷。もう1つは［エフェクト］→［描画］→［ベガス］です❸。［線分数］で輪郭線を分割したり❹、［開始点の不透明度］や［終了点の不透明度］で線の端を透明にするなど❺、［線］エフェクトよりも繊細な表現が可能です。いずれもタイムラインパネルでマスクレイヤーを選択してから適用します。

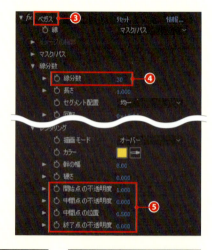

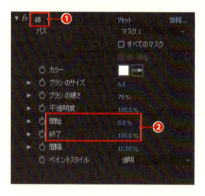

［線］を適用した例　　　　　　［ベガス］を適用した例

マスクパスの内側や外側を塗りつぶす

タイムラインパネルでマスクレイヤーを選択し、［エフェクト］→［描画］→［落書き］を適用します❶。［落書き］はマスクパスの内側や外側を落書きするように塗りつぶしてゆくエフェクトです。どのように塗りつぶすかは［塗りの種類］❷、塗りつぶす方向は［角度］❸、変化の激しさは［ウィグル／秒］で設定します❹。アニメーションさせる場合は［開始］と［終了］❺にキーフレームを作成します。

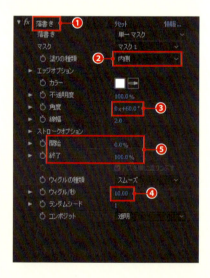

［落書き］を［塗りの種類：内側］で適用した例　　　　　［落書き］を［塗りの種類：エッジ外側］で適用した例

マスクパスを電波のように描画する

タイムラインパネルでマスクレイヤーを選択し、[エフェクト]→[描画]→[電波]を適用します❶。すると[作成ポイント]の位置から❷電波のようにマスクパスのアウトラインを放つアニメーションが作成されます❸。[ウェーブモーション]の[周波数]で電波の速さ❹、[寿命（秒）]で消滅するまでの時間❺、[スピン]でひねり具合❻、[波形の種類]で[マスク]を設定します❼。

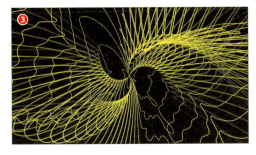
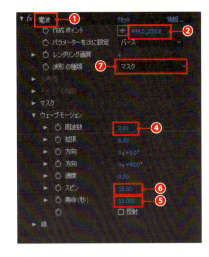

◀ [電波]を[矩形波]で適用した例

マスクパスにテキストを配置する

タイムラインパネルでマスクレイヤーを選択し、[エフェクト]→[旧バージョン]→[パステキスト]を適用します❶。[パステキスト]ダイアログで文字を入力し、エフェクトコントロールパネルで[カスタムパス]を[マスク]に設定すると❷、パスに沿って入力した文字が配置されます❸。

◀ [パステキスト]で文字を配置した例

マスクパスをオーディオレベルに反応させる

タイムラインパネルでマスクレイヤーを選択し、[エフェクト]→[描画]→[オーディオウェーブフォーム]や[オーディオスペクトラム]を適用します❶。次に[オーディオレイヤー]で目的のオーディオレイヤー❷、[パス]で[マスク]を設定します❸。するとオーディオレベルの波形がパスに沿って表示されます❹。[オーディオウェーブフォーム]では、移動して流れるような効果が出せます。

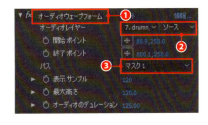

◀ [オーディオウェーブフォーム]を適用した例

 109 アウトラインが少しずつ描かれていくアニメーションを作る
152 画像の一部を隠す、切り抜く

NO. 218 エフェクト設定を プリセットとして保存する

VER. CC / CS6

よく使うエフェクトの設定はプリセットとして保存しておくと便利です。まったく同じ効果をキーフレームなどを含めて簡単に適用できるようになります。

エフェクトの設定を保存する

エフェクトコントロールパネルにプリセットとして保存したいエフェクトを表示し、エフェクトコントロールパネルで ≡ をクリックして［アニメーションプリセットを表示］を選択します❶。するとエフェクト内に［アニメーションプリセット］のプロパティが追加されるので［アニメーションプリセット］❷の［なし］から［選択されたエフェクトをアニメーションプリセットとして保存］を選択します❸。［アニメーションプリセットに名前を付けて保存］ダイアログが開くので、わかりやすい［ファイル名］をつけて［User Presets］か［Presets］フォルダーに［保存］しましょう。保存した設定はエフェクト＆プリセットパネルの［アニメーションプリセット］に表示され❹、ダブルクリックして選択中のレイヤーに適用することができます❺。プリセットが表示されない場合は、エフェクト＆プリセットパネルで ≡ をクリックして［リストを更新］を実行しましょう❻。

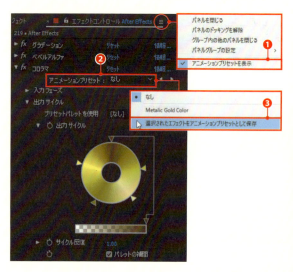

複数エフェクトの組み合わせを保存する

エフェクトコントロールパネルかタイムラインパネルで Ctrl （⌘）キーを押しながら、保存したいエフェクトを選択していきます❶。そして［アニメーション］→［アニメーションプリセットを保存］を実行します。［アニメーションプリセットに名前を付けて保存］ダイアログが開くので、［ファイル名］をつけて「ユーザー / ドキュメント / Adobe / After Effects CC / User Presets」（「ユーザー / 書類 / Adobe / After Effects CC / User Presets」）フォルダーに［保存］しておきましょう❷。保存した設定はエフェクト＆プリセットパネルの［アニメーションプリセット］に表示され、ダブルクリックで選択中のレイヤーに適用することができます。

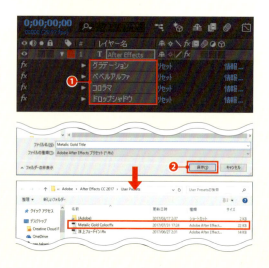

第 **12** 章　仕上げと出力

NO.
219

VER.
CC/CS6

[Lumetri Color]で色調補正やカラーグレーディングを行う

[Lumetri Color] は、CC 2015から追加された [カラー補正] エフェクトです。色調補正だけではなく、映像の雰囲気を変える「カラーグレーディング」も行えます。

基本補正で色調補正を行う

タイムラインパネルで目的のレイヤーを選択し、[エフェクト] → [カラー補正] → [Lumetri Color] を適用します❶。[Lumetri Color] には、[基本補正][クリエイティブ][トーンカーブ][カラーホイール][HSLセカンダリ][ビネット] の6つの要素で構成されています。これらのプロパティを操作して色調補正やカラーグレーディングを行います。ここでは[基本補正]で行う簡単な例を紹介します。エフェクトコントロールパネルで[基本補正]❷→[ホワイトバランス]→[WBセレクター]のスポイトツール❸をクリックしてからコンポジションパネル上で白と想定される箇所をクリック❹、続けて[トーン]にある[自動]ボタンをクリックします❺。これで完了です。

> **MEMO**
> Premiere Pro側で設定された [Lumetri Color] の設定をAfter Effectsで引き継ぐこともできます。Premiere Proで [Lumetri Color] が適用されたムービーを [編集] → [コピー] し、After Effectsのタイムラインに [編集] → [ペースト]、あるいは [ファイル] → [読み込み] → [Adobe Premiere Proプロジェクトの読み込み] を実行します。

オリジナルムービー。[WBセレクター]のスポイトツールで看板の部分でクリックします

[トーン] の [自動] をクリックすると、トーンが補正されます

トーンカーブでより詳細な補正を行う

[基本補正] の結果に満足ができない場合は [トーンカーブ] を併用するとよいでしょう❻❼。気になるピンポイントを引き立てる補正が可能です。

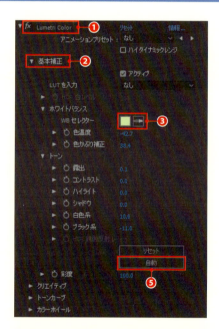

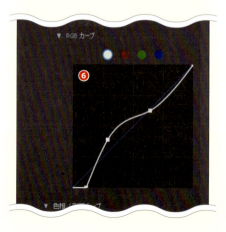

［基本補正］で自動調整した後の画像。被写体の顔が影で暗く沈んでいます

［基本補正］の設定に［トーンカーブ］による調整を加えた結果、被写体の顔を中心に明るく補正できます

モノトーン、セピア調にカラーグレーディングする

［基本補正］→［彩度］を［0］に設定してグレースケールにします❽。次に［カラーホイール］→［ホイール］で［シャドウ］［ミッドトーン］［ハイライト］をそれぞれ任意の色にカラーパレットで設定します。上下のスライダーで濃度の調整もできます。

グレースケールに設定

セピア調にカラーグレーディングした例

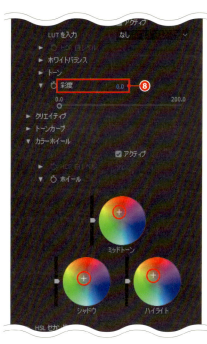

フィルム調にカラーグレーディングする

フィルム調に仕上げたい場合は、［クリエイティブ］→［Look］に用意されたプリセットから任意の設定を選びます❾。イメージに一番近いものを選び、各種［調整］ツールで微調整して仕上げます。

［Look］で［SL BIG HDR］に設定した例

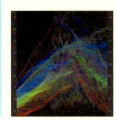

NO.
220 Lumetriスコープパネルに色相や輝度の情報を表示する

VER.
cc / CS6

ベクトルスコープや波形モニターなど5つのスコープが表示できる「Lumetri スコープパネル」が追加されました。これらの情報を参考により正確な色調補正ができます。

STEP 1 ［ウィンドウ］→［Lumetri スコープ］を選択してLumetri スコープパネルを表示します。初期設定では［波形（RGB）］モニターが表示されます❶。パネル下部にある ［設定］ ボタン❷をクリックして表示されるポップアップメニューで別のモニタを追加したり、削除したりできます。初期設定の［波形（RGB）］のほかに、［ベクトルスコープHLS］［ベクトルスコープYUV］［ヒストグラム］［パレード（RGB）］の計5つが用意されています❸。

コンポジションに表示している画像の状態がモニタ表示されます

チェックのついたモニタが Lumetri スコープパネルに表示されます

STEP 2 Lumetri スコープパネルに表示する内容を［プリセット］から選ぶこともできます❹。［波形］タイプ❺には［RGB］［輝度］［YC］［YC（クロマなし）］、［パレード］ タイプ❻には ［RGB］［YUV］［RGB-白］［YUV-白］の4タイプが用意されており、メニューから切り替えることができます。

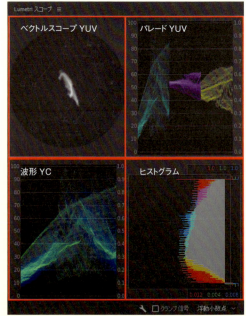

◆ MEMO
Lumetri スコープパネル内で右クリックして表示されるメニューから各スコープにアクセスすることも可能です。

❺ 波形タイプ

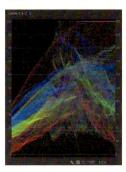  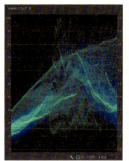 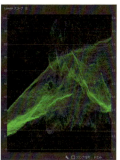

［RGB］：縦軸が明るさ、横軸が画像による各 RGB カラー分布チャートを表します

［輝度］：縦軸のレンジが（IRE 値 -20 ～ 120）に広がり、輝度が白で表示されます

［YC］：輝度信号（緑）と色信号（青）が表示されます

［YC クロマなし］：色信号（青）のみが表示されます

❻ パレードタイプ

［RGB］：波形（RGB）がチャンネルごとに分かれて表示されます

［YUV］：輝度信号（Y）、輝度信号と青色成分の差（U）、輝度信号と赤色成分の差（V）の組み合わせで色情報を表示します

［RGB- 白］：パレード（RGB）を白で表示します

［YUV- 白］：パレード（YUV）を白で表示します

ヒストグラム

RGB の階調（縦軸）がピクセル密度（横軸）で表示されます。上部にピクセル密度が多いほどハイライトが強く、下部に多ければシャドウが強いといえます

ベクトルスコープ（YUV）

色信号が円形のチャート図で表示されます

ベクトルスコープ（HLS）

クロミナンス情報（色構成要素）を表示します

STEP 3 ［ベクトルスコープ YUV］を選択した場合は、作業中のプロジェクトに合った［カラースペース］を選ぶ必要があります❼。スコープを選択したときと同じように［設定］ボタンをクリックし、ポップアップメニューの［カラースペース］から目的のスペースを選択します。［601］はデジタルビデオ形式でアナログビデオ信号をエンコードする際に使用します。［709］は HDTV 標準のワークフロー用です。［2020］は HDR や UHDTV（UHD 4K および UHD 8K）で使用します。

［ベクトルスコープ（YUV）］の［カラースペース］を（左から）［601］［709］［2020］の順に切り替えた例

STEP 4 最後にいくつか実際の映像によるスコープの表示例を見てみましょう。ここでは氷河の映像を使用して、明るめのケース❽、グレースケール画像❾、彩度が高いケース❿の3つを表示させてみました。

▶ 波形（RGB）やパレード（RGB）、ヒストグラムが上方向に片寄った分布になります

▶ グレースケールの場合は、［ベクトルスコープ YUV］や［ベクトルスコープ HLS］の表示が中央に集まった点となります。波形（RGB）もグレースケールで表示、パレード（RGB）も各チャンネルが同じ波形になります

▶ 色合い（彩度）が強い場合は、［ベクトルスコープ YUV］や［ベクトルスコープ HLS］の表示が中央から放射状に長く伸びた分布になります

After Effects Design Reference

NO.
221

VER.
CC / CS6

Lumetriスコープパネルの情報を参考に色調補正する

Lumetri スコープパネルは、現在の画像の情報を波形やヒストグラムで表示してくれます。これらを参考に色補正をしていけばより正確な調整ができるようになります。

STEP 1

サンプルとして用意したムービーは色かぶりが強く❶、どのような色合いになるのかがイメージしにくいものです。こうした素材にこそ Lumetri スコープパネルが役に立ちます。［ウィンドウ］→［Lumetri スコープ］を選択して Lumetri スコープパネルを表示し、パネル下部にある［設定］をクリックして、ポップアップメニューから［パレード（RGB）］と［ヒストグラム］を選択します。Lumetri スコープパネルの［パレード（RGB）］を確認すると、RGB の各波形の暗い部分が「0」に❷、明るい部分が「100」に届いていないことがわかります❸。このあとそれらの部分を調整していきます。

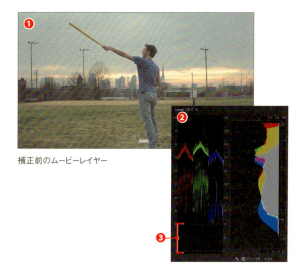

補正前のムービーレイヤー

STEP 2

タイムラインパネルで目的のムービーレイヤーを選択し、［エフェクト］→［カラー補正］→［レベル補正（個々の制御）］を適用します。エフェクトコントロールパネルの［チャンネル］で［赤］を選択し❹、赤のヒストグラムを前面に表示します。ヒストグラム下にある左側のスライダー（赤の黒入力レベル）を赤いヒストグラム（山型）の左端に移動します❺。右側のスライダー（赤の白入力レベル）は赤いヒストグラムが右端まで届いているのでそのままにしておきます❻。

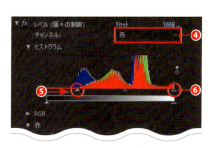

［レベル（個々の制御）］の赤チャンネルを図のように調整します

STEP 3

調整した結果を Lumetri スコープパネルの［パレード（RGB）］で確認してみると、赤チャンネルの分布が「0」から「100」へ均等に引き伸ばされたことがわかります❼❽。

> **MEMO**
> ［ヒストグラム］ではもっとも明るい部分と暗い部分のそれぞれに境界線が引かれ、その上下には数値が記載されています。これらの数値を目安に調整していくとよいでしょう。

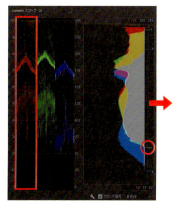 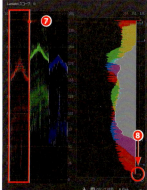

［レベル（個々の制御）］の赤チャンネルを調整した後のスコープパネルの表示（右）。［ヒストグラム］の赤の暗さ（下の数値）が「56」から「0」に変わっています

第12章 仕上げと出力

 220 Lumetri スコープパネルに色相や輝度の情報を表示する

337

STEP 4

同じようにして緑チャンネル、青チャンネルを調整していきます。エフェクトコントロールパネルの［チャンネル］を［緑］に設定し❾、緑のヒストグラムの下にある左側のスライダー（緑の黒入力レベル）を緑のヒストグラムの左端に❿、右側のスライダー（緑の白入力レベル）は緑のヒストグラムの右端に移動します⓫。

［青］チャンネルも基本的には同じです⓬。ただし、青のヒストグラムはほかのチャンネルよりも山のなだらかな部分が少ないため、右側のスライダー（青の白入力レベル）を右端まで寄せてしまうと青が強くなりすぎてしまいます⓭。そこで右図のように中間に置くことにしました。このように［レベル（個々の制御）］で各チャンネルを調整していけば、レンジ幅いっぱいに各ピクセルを分布することができます。

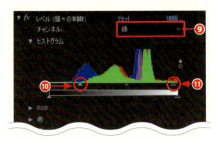

［レベル（個々の制御）］の緑チャンネルを図のように調整します

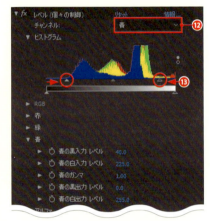

［レベル（個々の制御）］の青チャンネルを図のように調整します

［レベル（個々の制御）］で調整した後のコンポジション画面とLumetri スコープパネル

STEP 5

［レベル（個々の制御）］で各チャンネルを調整した結果、全体的に暗い感じになってしまいました。そこでエフェクトコントロールパネルの［チャンネル］を［RGB］に変更し⓮、白のヒストグラムの下にある中央のスライダー（ガンマ）を少しだけ左に寄せて全体を明るくします⓯。これで調整は完了です。

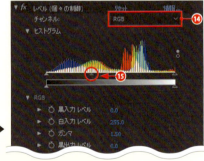

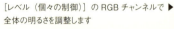

［レベル（個々の制御）］の RGB チャンネルで全体の明るさを調整します

◀［レベル（個々の制御）］で全体の明るさを調整したあとのコンポジションと Lumetri スコープパネル

After Effects Design Reference

NO. 222 ブロードキャストセーフカラーに合わせて明るさと色相に調整する

VER.
CC / CS6

［波形（RGB）］［パレード（RGB）］［ヒストグラム］で明るさ（輝度）を、［ベクトルスコープ YUV］で色相を確認し、エフェクトを適用して調整していきます。

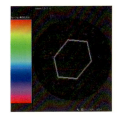

STEP 1
コンポジションをプレビューしながら［波形（RGB）］［パレード（RGB）］［ヒストグラム］の状態を確認していきます❶。通常は、RGB 0（黒）から 255（白）までのレンジで色が分布しています。これをブロードキャストセーフカラーに調整します。

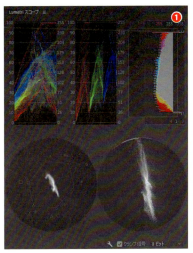

補正前のムービーレイヤー　　　　RGB のレンジ全般に色が分布しているきれいな映像

STEP 2
タイムラインの一番上の階層に調整レイヤーを追加して、<mark>［エフェクト］→［カラー補正］→［レベル］</mark>を適用します❷。エフェクトコントロールパネルで［黒を出力］を［16］❸、［白を出力］を［235］に設定します❹。すると［波形（RGB）］［パレード（RGB）］［ヒストグラム］でレンジが狭まり、画像が若干くすみます❺。これで輝度の調整は完了です。

> **MEMO**
> ブロードキャストセーフカラーでは、8bpc の「0（黒）」が「16」に、「255（白）」が「235」に相当します。

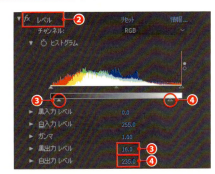

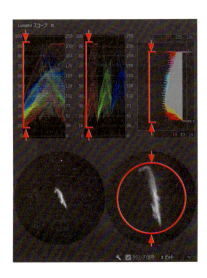

［レベル］で輝度を調整した後の画面

220 Lumetri スコープパネルに色相や輝度の情報を表示する

STEP 3　次に色相を調整します。色相のチェックは主に［ベクトルスコープ YUV］で行います❻。たとえば下図のように、原色を使って作成したグラフィックスはセーフカラーから外れてしまうことがよくあります。

原色の描画。セーフスペースの外側にチャートのラインがあります

STEP 4　タイムラインで対象のレイヤーを選択して、［エフェクト］→［カラー補正］→［色相／彩度］を適用します❼。エフェクトコントロールパネルで［彩度］を下げ❽、［ベクトルスコープ YUV］のチャートのラインがセーフスペースの範囲内に収まるよう［彩度］を下げます❾。その結果、少し落ち着いた色合いになります。

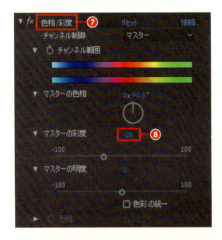

> **MEMO**
> ［エフェクト］→［カラー補正］→［ブロードキャストカラー］を使用して輝度や彩度を下げることもできますが、効果的でないことがあります。ブロードキャストセーフ範囲に制限する場合は、この範囲外のカラーを使用しないでコンポジションを作成することです。
> 注意点は次の通りです。
> ● 純粋な黒と純粋な白の値の使用は避ける
> ● 彩度の高い色は使用しない
> ● ムービーをテスト用にレンダリングしてビデオモニターで再生し、カラーが正確に表現されていることを確認する

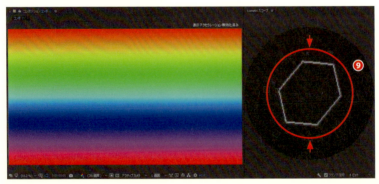

［色相／彩度］適用後。このようにセーフスペース内側にチャートのラインがくるよう調整します

After Effects Design Reference

NO. 223 調整レイヤーを作成する

VER.
CC / CS6

調整レイヤーとは、名前の通り画像の調整に使用するレイヤーです。色調整など、コンポジション全体に同じエフェクトを適用する際に役立ちます。

STEP 1

［レイヤー］→［新規］→［調整レイヤー］を実行します。するとタイムラインパネルの一番上に調整レイヤーが作成されます❶。

[S] 新規調整レイヤー▶
　　 Ctrl + Alt + Y （⌘ + Option + Y ）

STEP 2

タイムラインパネルで調整レイヤーを選択し、任意のエフェクトを適用します。ここでは［エフェクト］→［スタイライズ］→［Lumetri Color］を適用してみます。すると調整レイヤーよりも下の階層にあるすべてのレイヤーに❷、エフェクトが適用されます❸。

元のコンポジション表示

調整レイヤーに［Lumetri Color］を適用した後

STEP 3

タイムラインパネルで調整レイヤーをドラッグして移動してみます❹。すると調整レイヤーより上の階層にあるレイヤーはエフェクトの対象外になります❺❻。

調整レイヤーより上にあるハエのレイヤーにはエフェクトが適用されていません

224　調整レイヤーにアニメーションを設定する
225　調整レイヤーにマスクを設定する

第12章　仕上げと出力

341

NO.
224 調整レイヤーに
アニメーションを設定する

VER.
CC / CS6

調整レイヤーには、通常のレイヤーと同様にトランスフォームのアニメーションを設定できます。これにより複雑なエフェクト処理が可能です。

STEP 1 調整レイヤーに移動のアニメーションを設定して、エフェクトを適用した帯が画面の左から右へ横切るようにしてみます。まず［レイヤー］→［新規］→［調整レイヤー］を選択して、タイムラインパネルの一番上に調整レイヤーを作成します❶。そして調整レイヤーの［スケール］のＸ値を［30％］に変更します❷。これで調整レイヤーが縦長になります。

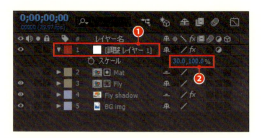

STEP 2 タイムラインパネルで調整レイヤーを選択し❸、任意のエフェクトを適用します。ここでは［エフェクト］→［スタイライズ］→［輪郭検出］と、［エフェクト］→［スタイライズ］→［反転］を適用し❹、調整レイヤーの下にあるすべてのレイヤーにエフェクトを適用します。ただし、エフェクトの効果が表示されるのはSTEP 1で設定した調整レイヤーの範囲（［スケール］で設定）だけです❺。

STEP 3 調整レイヤーの［位置］プロパティに画面の左から右へ移動させるためのキーフレームを設定します❻。これでエフェクトを適用した調整レイヤーが画面を横切るアニメーションになります❼。［位置］だけではなく、［不透明度］や［回転］などのプロパティにキーフレームを作成し、同じようにアニメーションさせることもできます。

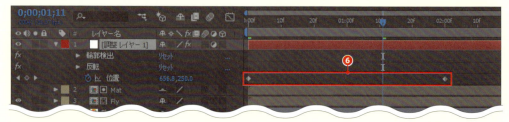

NO. 225 調整レイヤーにマスクを作成する

エフェクトを適用した調整レイヤーにマスクパスを作成すると、調整レイヤーの下にある全レイヤーにマスク処理されたエフェクトが適用されます。

VER. CC / CS6

STEP 1

［レイヤー］→［新規］→［調整レイヤー］を選択して調整レイヤーを作成し、上から2番目の階層に配置します❶。次に楕円形ツール■を使って、調整レイヤーにマスクパスを作成します❷。ここでは虫眼鏡の画像に合わせて円のマスクパスを用意しました❸。

STEP 2

タイムラインパネルで調整レイヤーを選択し、任意のエフェクトを適用します❹。ここでは［エフェクト］→［ブラー＆シャープ］→［ブラー（ガウス）］を選択し❺、マスクを［反転］させて❻、レンズの外側部分がぼけて見えるようにしました❼。このように、調整レイヤーにマスクパスを作成すると、エフェクトが適用される範囲を限定することができます。マスクパスに移動や変形などのキーフレームを作成すれば、アニメーションさせることも可能です。

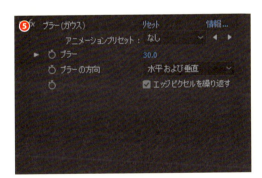
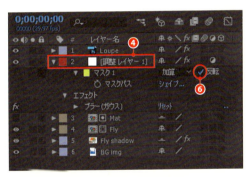

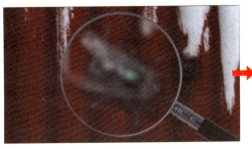
マスクパスの内側に［ブラー（ガウス）］を適用した表示

マスクパスの外側に［ブラー（ガウス）］を適用した表示

223 調整レイヤーを作成する

NO.
226

VER.
CC / CS6

オブジェクトレイヤーを
調整レイヤーとして利用する

オブジェクトを配置した通常のレイヤーを調整レイヤーに設定すると、アルファチャンネルを生かしたエフェクト効果がつけられるようになります。

STEP 1 テキストレイヤーを調整レイヤーにしてみます。タイムラインパネルにテキストレイヤーを配置し❶、[調整レイヤー]スイッチをクリックします❷。これでテキストレイヤーが調整レイヤーに設定され、レイヤーが透明になります❸。

STEP 2 タイムラインパネルでテキストレイヤー（調整レイヤー）を選択し、任意のエフェクトを適用します。ここでは[エフェクト]→[スタイライズ]→[コロラマ]を適用しました❹❺。するとテキストレイヤーの文字部分にエフェクトが適用されます❻。テキストレイヤーを上から3番目に移動するとエフェクトが適用されるレイヤー階層を制限できます❼。このように、通常のレイヤーを調整レイヤーに変換してエフェクトを適用すると、アルファチャンネルを利用した表現が可能になります。

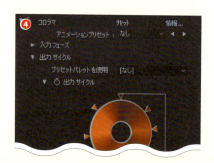

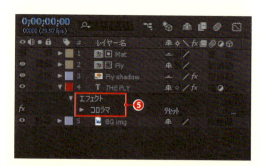

After Effects Design Reference

NO. 227 任意のフレームを静止画として保存する

VER.
CC / CS6

現在の時間インジケーターがあるフレームを静止画として出力したり、レイヤー階層を保持したまま Photoshop 形式のファイルに保存できます。

STEP 1
現在の時間インジケーターを目的の時間（フレーム）に移動します❶。［コンポジション］→［フレームを保存］→［ファイル］もしくは［Photoshop レイヤー］を選択します。

S レンダーキューに現在のフレームを追加 ▶ $Ctrl$ + Alt + S （$\mathcal{H}$ + $Option$ + S）

STEP 2
［ファイル］を実行した場合は、レンダーキューパネルに静止画出力のリストとして追加されるので、［レンダリング設定］❷や［出力モジュール］❸、［出力先］（保存先）を設定し❹、［レンダリング］ボタンをクリックします❺。すると指定した形式でファイルが出力されます。

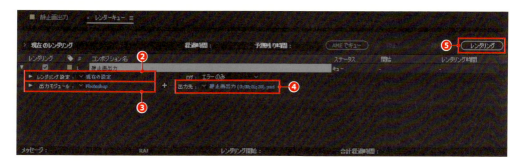

STEP 3
［Photoshop レイヤー］を実行した場合は、［名前を付けて保存］ダイアログが開きます。［ファイル名］と保存先を指定して❻、［保存］ボタンをクリックします。するとレイヤー階層を保持した Photoshop 形式のファイル（PSD）として保存されます。

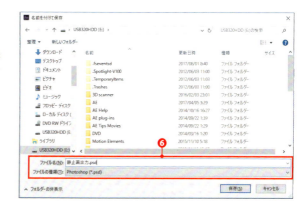

第12章 仕上げと出力

345

NO.
228 コンポジションを
ムービー出力する

VER.
CC / CS6

コンポジションの作業が完了したら次は出力です。[コンポジション]→[レンダーキューに追加]を実行し、レンダーキューパネルで各種設定を行います。

STEP 1 出力したいコンポジションを開き、タイムラインパネルでワークエリア（範囲）を指定します❶。すべて出力する場合は指定の必要はありません。そして[コンポジション]→[レンダーキューに追加]を選択します。

S　レンダーキューに追加 ▶ [Ctrl] + [M]　([⌘] + [Control] + [M])

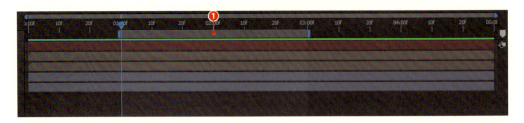

STEP 2 レンダーキューパネルのアイテムリストに、STEP 1で選択したコンポジションが追加されます❷。このパネルでは、ムービーの品質を決める[レンダリング設定]❸、ファイル形式を指定する[出力モジュール]❹、保存先を指定する[出力先]などを設定します❺。各項目の▼をクリックして、あらかじめ設定されたプリセットを使用するか、初期設定で表示されたテキスト部分をクリックして各ダイアログを呼び出し、カスタマイズします。

STEP 3 初期設定では、[画質]が[最高]になっています。画質を落としてレンダリングの時間を短縮したい場合やテスト出力を行う場合などは[画質]を低解像度の[ドラフト]に変更します❻。それ以外の主な項目については次ページの表をご覧ください。

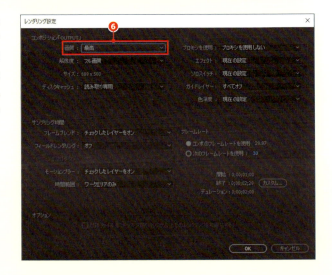

017　プロキシファイルを使って効率的に作業を進める
055　フレームブレンドで画質を補完する

設定項目	内容
画質	初期設定では［最高］に設定されています。低解像度のテストレンダリングを行う場合は［ドラフト］を選択します
解像度	出力するコンポジションを基準に、出力のクオリティを設定します
プロキシを使用	［プロキシファイル設定］で代用した低解像度版のフッテージを出力に使うかどうかを選択します
エフェクト	［現在の設定］［すべてオン］［すべてオフ］から選択します
ソロスイッチ	初期設定は［現在の設定］です。［ソロ］レイヤーでアートワークを行った場合は、現在のコンポジションの設定を確認しましょう
フレームブレンド	［チェックしたレイヤーをオン］にすると、コンポジションの［フレームブレンド使用可能］の設定にかかわらず、レイヤー単位の設定をもとに処理されます
フィールドレンダリング	走査線の処理が必要なビデオ出力の際に使用します
モーションブラー	［フレームブレンド］と同様です
フレームレート	コンポジション設定のフレームレートを使うか、カスタムフレームレートを使うかを設定します

STEP 4　［出力モジュール設定］の［形式］でファイル形式を設定します❼。初期設定では、Windows版が［AVI］、Mac版が［QuickTime］になっています。［サイズ変更］にチェックを入れると、ノンスクエアピクセルで作成されたコンポジションから、Webなどで使用する正方形ピクセルにリサイズして出力できます。また［クロップ］にチェックを入れると、上下に黒のある16：9のレターボックス画面の黒い部分を、目標範囲や指定したサイズで切り取って出力できます。

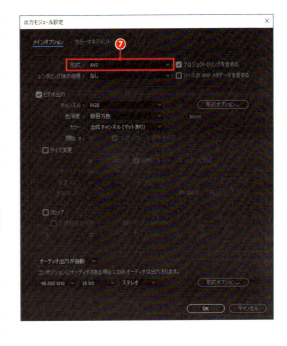

設定項目	内容
形式	出力形式を設定します
レンダリング後の処理	出力したファイルをプロジェクトに自動的に読み込んだり、出力したコンポジションとムービーを置き換えることができます
形式オプション	クリックすると各ファイル形式に固有のオプション設定が行えます
サイズ変更	オンにすると出力時にリサイズされます
クロップ	オンにすると出力時に上下左右がトリミングできます
オーディオ出力	オーディオも含めてQuickTimeやAVI形式で出力する場合にチェックします

STEP 5　各ダイアログで設定をすませたら、レンダーキューパネルの右上にある［レンダリング］ボタンをクリックします❽。出力処理が始まり、進行状況が［現在のレンダリング］に表示されます。作業が完了すると、保存先にムービーファイルが作られます。

　057　［ソロ］スイッチで他のレイヤーを非表示にする
　086　モーションブラーを適用する

NO. 229 レンダリングを停止してコンポジションの設定を変更する

VER.
CC / CS6

レンダリングの最中にモーションブラーやソロレイヤーの設定を変更し忘れたということがよくあります。そのような場合には、レンダリングを[停止]して正しい設定に修正しましょう。

STEP 1

レンダーキューパネルで[停止]ボタンをクリックして、作業を一時中断させます❶。レンダーキューパネルには[一時停止]も用意されていますが、これは作業を一時的に停止するためだけのボタンで、コンポジションの設定を変更することはできません。

STEP 2

[停止]を実行すると、[ステータス]に[ユーザーが停止]という記録が残り❷、レンダリングを停止したフレームからの新規アイテムが追加されます❸。この新規アイテムは、レンダリングを停止したアイテムの[レンダリング設定]や[出力モジュール]を継承しています。もし、設定し忘れたレイヤーの登場がレンダリングを停止したフレーム以降であれば、コンポジションを正しく設定したあと、そのままこの新規アイテムを使ってレンダリングを再開できます。

MEMO

設定し忘れたレイヤーの登場が既にレンダリングずみであれば、最初からレンダリングし直しましょう。

STEP 3

新規アイテムを使ってレンダリングを再開するには、[レンダリング]にチェックを入れ❹、[出力先]でファイル名が前のアイテムと同じになっていないかどうかを確認します❺。この作業によって1つのコンポジションに対して2つのムービーファイルができてしまいますが、急ぎのときには役立ちます。

NO. 230 出力先の容量に合わせてファイルを分割して出力する

VER. CC / CS6

DVDやCDメディアに出力ファイルを記録して納品する場合は、ファイルをメディアの容量に合わせて分割して出力するとよいでしょう。

STEP 1

品質を重視した非圧縮の出力ファイルの容量は膨大なものになります。出力ファイルがCDやDVDメディア、あるいはハードディスクに収まらないことが想定される場合は、ファイルを分割出力するとよいでしょう。[編集] → [環境設定] → [出力設定]（[After Effects] → [環境設定] → [出力設定]）を選択し、[出力設定] ダイアログを開きます。連番シーケンスとして分割出力したい場合は [シーケンスを] にチェックを入れ、[ファイルでセグメント] に任意のファイル数を設定します❶。MOVやAVIなどムービーファイルを分割出力する場合は、[映像のみのムービーファイルを] にチェックを入れ、[MBでセグメント] に任意の容量を設定します❷。

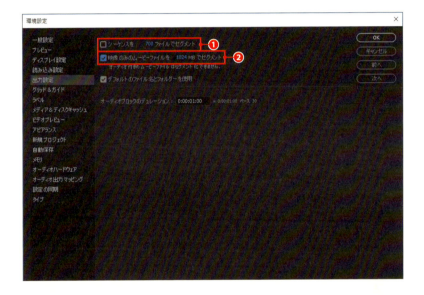

STEP 2

設定変更後、レンダリングキューパネルで [レンダリング] を実行します。シーケンスとして分割出力した場合は、指定先のフォルダと同名の連番フォルダーが自動で作られ、それらのフォルダーにシーケンスが分割保存されます❸。また、ムービーファイルとして出力した場合は、指定した容量ごとに連番ファイルが作成されます❹。

228 コンポジションをムービー出力する
233 編集室用に連番シーケンスで出力する

NO.
231 レンダリング設定や出力モジュールのテンプレートを作成する

VER.
CC / CS6

頻繁に使う［レンダリング設定］や［出力モジュール］設定はテンプレートとして保存しておくと便利です。メニューから選べるようになります。

STEP 1 テンプレートとして保存しておけるのは、［レンダリング設定］と［出力モジュール］です。どちらも同じ方法でテンプレートにできます。ここでは［出力モジュール］のカスタム設定をテンプレートにしてみましょう。［編集］→［テンプレート］→［出力モジュール］を選択し、［出力モジュールテンプレート］ダイアログを開きます❶。そして［新規］ボタンをクリックします❷。

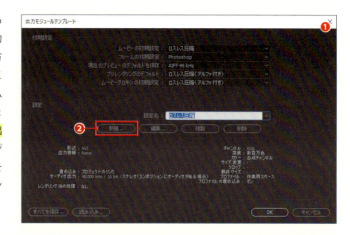

STEP 2 ［出力モジュール設定］ダイアログが開くので、［形式］でファイルの出力形式❸、［形式オプション］でファイルの圧縮方法などを設定し❹、［OK］ボタンをクリックします。

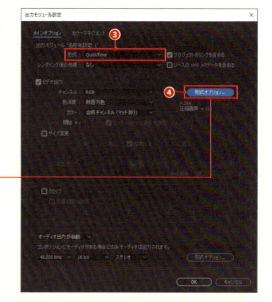

STEP 3 ［出力モジュールテンプレート］ダイアログに戻り、［設定名］でテンプレート名を指定して❺［OK］ボタンをクリックします。すると次回から、レンダーキューパネルの［出力モジュール］の▼をクリックして選択できるようになります。

228 コンポジションをムービー出力する

NO.
232 レンダーキューパネルの
便利な機能を活用する

VER.
CC / CS6

レンダーキューパネルには、1回のレンダリングで複数のファイル形式を出力したり、過去に行ったレンダリングと同じ設定で再出力する機能などがあります。

1回のレンダリングで複数の出力ファイルを作る

1回のレンダリングで複数の出力ファイルを作成することができます。たとえば確認用のムービーファイルと納品用の連番シーケンス、そしてWeb用のリサイズファイルなどです。まず［コンポジション］→［レンダーキューに追加］を実行してレンダーキューパネルにレンダリングアイテムを追加します❶。次に必要なファイルの分だけ［コンポジション］→［出力モジュールを追加］を繰り返し、出力モジュールを追加していきます❷。そして目的に合わせて［出力モジュール］や［出力先］を設定し、［レンダリング］ボタンをクリックします。

この方法でレンダリングを行うと、フレームごとにそれぞれの出力モジュールを書き出していきます。途中でレンダリングを中断した場合は、すべてのモジュールが中断したフレームまでのファイルとして残ります

レンダリングずみのファイルを再出力する

After Effectsでの作業は、デザインと編集、レンダリング、確認と修正、レンダリング……の繰り返しです。コンポジションをレンダリングすると、そのアイテムの記録がレンダーキューパネルに残ります❶。同じコンポジションを再度レンダリングしたいときは、この記録を利用すれば設定の手間が省けます。その場合は、レンダーキューパネルで終了したアイテムを選択し❷、［編集］→［複製］を実行します。すると同じ設定を持った新規アイテムが追加されるので❸、［レンダリング］の欄のチェックを確認して❹、［レンダリング］ボタンをクリックします。

1番目の終了アイテムを［複製］して、2番目の新規アイテムを追加した例

NO. 233 編集室用に連番シーケンスで出力する

VER.
CC / CS6

編集室にデータを納品する場合は、アルファチャンネルつきの連番シーケンスで出力します。設定は［出力モジュール設定］ダイアログで行います。

STEP 1
連番シーケンス出力の設定は、レンダーキューパネルの［出力モジュール］で行います。現在設定されている設定のテキスト部分をクリックして❶、［出力モジュール設定］ダイアログを開きます。

STEP 2
［出力モジュール設定］ダイアログで編集室が対応している［形式］のシーケンスを選択します❷。一般によく使われているのは、TIFF、PNG シーケンスなどです。［チャンネル］は［RGB + アルファ］❸、［色深度］は［数百万色 +］❹、［カラー］は［ストレート（マットなし）］❺に設定します。

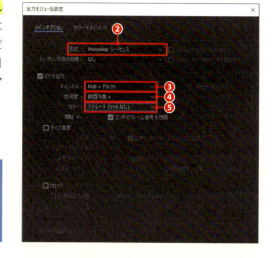

> **MEMO**
> 連番シーケンスで出力したファイルは非圧縮データです。このため AVI や QuickTime 形式で出力したときよりもファイルサイズが大きくなります。

STEP 3
コンポジション内で使用しているオーディオデータが必要な場合は、［出力モジュール設定］ダイアログの［形式］で［AIFF］や［WAV］❻を選択します。そして下部にあるレート❼や圧縮プログラムを選択できる［形式オプション］❽などを設定して［OK］ボタンをクリックします。これでオーディオだけのファイルができます。

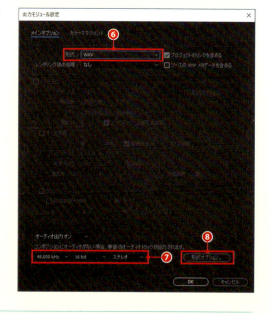

230 出力先の容量に合わせてファイルを分割して出力する

After Effects Design Reference

NO. 234 ステレオ3D用に変換する

VER.
CC / CS6

3Dレイヤーとカメラで構成されたコンポジションは、3Dテレビや3Dモニターへ立体的に投影するための「ステレオ3D」コンポジションへ変換できます。

STEP 1

奥行き感をつけた3Dレイヤーと視点を移動させたカメラモーションで構成されたコンポジションを用意し、ステレオ3Dコンポジションへ変換します。

ステレオ3Dに変換する「コンポ1」コンポジション。左がトップビュー、右がアクティブカメラ表示

STEP 2

カメラレイヤーを選択し❶、[レイヤー]→[カメラ]→[ステレオ3Dリグの作成]を実行します。するとステレオ3D用のコンポジションが3つ作られます❷。左眼❸、右眼❹、ステレオ3D❺の3つです。一方、変換元となったコンポジションには、「左カメラのプレビュー」と「右カメラのプレビュー」の2つのカメラが追加されます❻。

変換された「コンポ1 ステレオ3D」コンポジションの表示

変換元のコンポジションにはカメラが2つ追加されます

「コンポ1 左眼」→「コンポ1 右眼」→「コンポ1 ステレオ3D」の順に追加されます

STEP 3

「コンポ1 ステレオ3D」コンポジションにある「ステレオ3Dコントロール」レイヤーには、3D投影を調整するための[ステレオ3Dコントロール]と[3Dメガネ]エフェクトが適用されています❼。[ステレオ3Dコントロール]の[立体シーンの深度]を増やすと左右の視点のずれが大きくなります(より飛び出して見える)❽。左右のずれは[コンバージェンスオプション]の[Zオフセット]で調整します❾。[3Dメガネ]では、左右の合成イメージの描画方法を決めます❿。

◀ [3Dビュー]を変えると合成イメージが大きく変わります。左は[サイドバイサイド]、右は[インターレース 左:奇数、右:偶数]に設定した例

第12章 仕上げと出力

353

NO.
235 Media Encoderで
ムービー出力する

VER.
CC / CS6

After Effectsで作成したコンポジションは、Adobe Media Encoderで出力できます。Media Encoderにレンダリングを任せることで、作業効率のアップが図れます。

STEP 1
After EffectsのコンポジションをAdobe Media Encoderで出力する方法は2通りあります。After Effectsで出力したいコンポジションを開き、[コンポジション]→[Adobe Media Encoderキューに追加]❶を選択するか、[ファイル]→[書き出し]→[Adobe Media Encoderキューに追加]を選択します。するとMedia Encoderが起動し、出力アイテムがMedia Encoderのエンコーディングキューに追加されます❷。

S Adobe Media Encoderキューに追加 ▶ Ctrl + Alt + M (⌘ + Option + M)

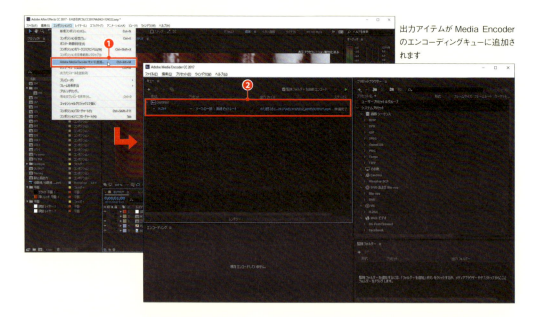

出力アイテムがMedia Encoderのエンコーディングキューに追加されます

STEP 2
After Effectsを起動せずにMedia Encoderから目的のコンポジションを選択、出力することもできます。Media Encoderを起動し、[ファイル]→[After Effectsコンポジションを追加]を選択します❸。[After Effectsコンポジションを読み込み]ダイアログが開くので、目的の[プロジェクト]→[コンポジション]の順に選択して[OK]します❹。するとMedia Encoderのエンコーディングキューに追加されます❷。

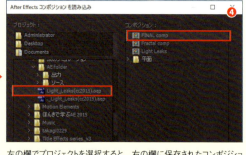

左の欄でプロジェクトを選択すると、右の欄に保存されたコンポジションが表示されます

After Effects Design Reference

STEP 3

出力アイテムの［形式］で出力形式❺、［プリセット］で出力形式に合ったプリセット❻、［出力ファイル］で出力ファイルの保存先を設定します❼。

> **MEMO**
> 現在のコンポジション設定と違うプリセットを選ぶと、出力時にリサイズされてしまいます。目的のプリセットが用意されていない場合は、現在表示されているプリセット名をクリックし、［書き出し設定］ダイアログで設定を変更します❽。

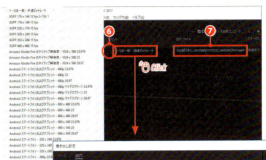

H.264 や MPEG2、MPEG4 で出力したい場合は、Media Encoder で出力を行います。（CS6 までは After Effects から直接書き出すことが可能）

▶ ソースのスケーリングで出力サイズを設定します。コンポジション設定のままでよい場合は［出力サイズに合わせてスケール］を選択します

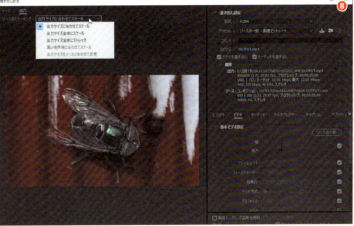

STEP 4

出力アイテムの設定がすんだら、［キューを開始］ボタンをクリックしてレンダリングを始めます❾。エンコーディングパネルには、レンダリングフレームのプレビュー表示と経過時間、残り時間が表示されます❿。レンダリンクを中止したいときは［キューを停止］ボタンをクリックします⓫。アラート画面が表示されるので［いいえ］ボタンをクリックします⓬。出力アイテムの処理が終了するとステータスに［完了］、中止した場合には［停止］と表示されます。

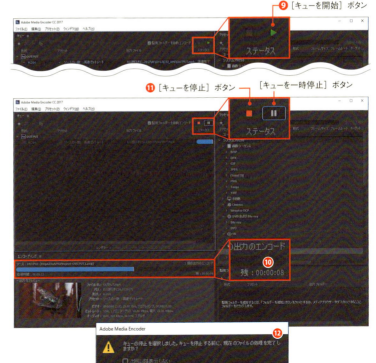

第12章 仕上げと出力

228 コンポジションをムービー出力する

AFTER EFFECTS CC EFFECTS LIST

エフェクト一覧

After Effects には 300 種類以上のエフェクトが用意されています。そのうち使用頻度の高いものを厳選して紹介します。

3D チャンネル	Z 深度を持つ 3D 素材で使用します。焦点距離より遠い部分や近い部分をぼかす［被写界深度］、奥行き方向を基準に画像をトリミングする［デプスマット］、奥行き方向に霞や霧を加えられる［フォグ 3D］などがあります。

適用前 / 被写界深度 / デプスマット / フォグ 3D

 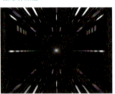  

オーディオ	オーディオレイヤー用のエフェクトです。［リバーブ］や［ディレイ］など、音に直接効果を加えるものから、［トーン］のように平面レイヤーに適用して電子音を生成するエフェクトも含まれています。

キーイング／マット	画像の一部をキーアウト（透明化）するためのエフェクト群です。被写体は［Keylight］、単色バックは［リニアカラーキー］を使うなど、背景に合わせてキーアウトできます。［チョーク］はオブジェクトの輪郭を調整などができます。

適用前 / Keylight(1.2) / リニアカラーキー / チョーク

時間	動きに残像効果をつける［エコー］、超スローモーションにする［タイムワープ］、エフェクトの動きにモーションブラーを適用する［CC Force Motion Blur］など、レイヤーの動きにアクセントを加えるエフェクト群です。

適用前 / エコー / CC Force Motion Blur / 時間置き換え

After Effects Design Reference

エフェクト一覧

| 遠近 | 擬似的な立体効果を演出する際に使います。輪郭に斜角をつける［ベベルアルファ］、形状に影を落とす［ドロップシャドウ］や［放射状シャドウ］、筒状にする［CC Cylinder］、球体にする［CC Sphere］などがあります。|

適用前／ドロップシャドウ／放射状シャドウ／ベベルアルファ
ベベルエッジ／CC Cylinder／CC Sphere／CC Spotlight

| シミュレーション | レイヤーに複雑な動きを加えられます。カメラの動きに同期させられる3Dパーティクルの定番［CC Particle World］、オブジェクトを粉砕する［シャター］などがあります。|

適用前／パーティクルプレイグラウンド／シャター／カードダンス
泡／CC Bubbles／ウェーブワールド／CC Drizzle
CC Pixel Polly／CC Ball Action／CC Particle World／CC Scatterize
CC Particle Systems II／CC Star Burst／CC Rainfall／CC Snowfall

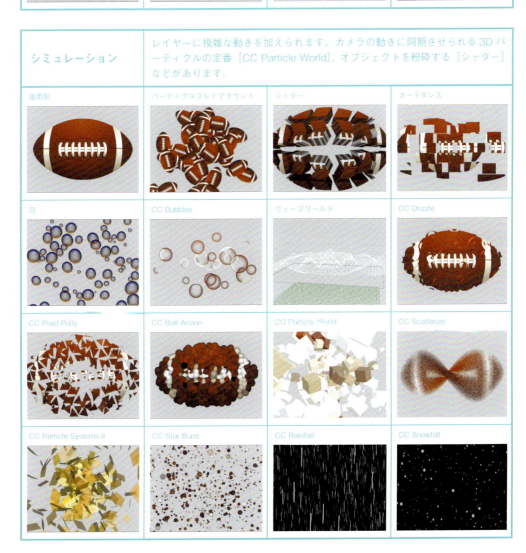

357

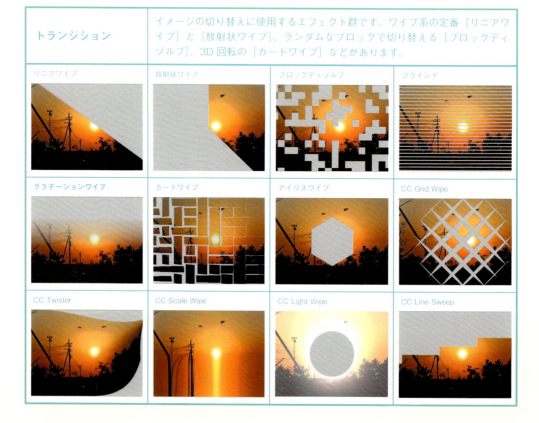

エクスプレッション制御	エクスプレッションでプロパティ制御をするための効果が集められています。たとえば、[位置] は [ポイント制御]、[回転] は [角度制御] で制御できます。
ノイズ&グレイン	ノイズを加えたり、ノイズ除去するエフェクトグループです。有機的な模様を作成できる定番の [フラクタルノイズ]、ビデオノイズを除去する [グレイン（除去）]、ビデオノイズを合わせる [グレイン（マッチ）] などがあります。

適用前

グレイン（追加）

グレイン（除去）

フラクタルノイズ

ブラー&シャープ	ぼかしを加えたり、ぼけ具合をシャープにひきしめるエフェクト群です。ベーシックにぼかす [ブラー（ガウス）]、被写界深度のようにぼかす [ブラー（カメラレンズ）]、境界線をひきしめる [アンシャープマスク] などがあります。

ブラー（ガウス）

ブラー（カメラレンズ）

ブラー（詳細）

アンシャープマスク

チャンネル／ユーティリティ	イメージに含まれるRGBチャンネルやアルファチャンネルを使って効果を出します。階調を反転させる [反転]、チャンネルを入れ替える [チャンネル設定] があります。エフェクトの適用範囲を広げる際には [範囲拡張] を用います。

反転

チャンネル設定

マット設定

最大／最小

カラー補正	色合いを調整・補完するためのエフェクトです。明度とコントラストを同時に調整できる [トーンカーブ]、濃淡・明度・アルファを基準に色合いを置き換える [コロラマ] など、合わせて30種類以上の効果が用意されています。

トーンカーブ

コロラマ

白黒

トライトーン

INDEX
索引

After Effects Design Reference

エフェクト一覧／索引

CC 新機能を探す ［CC 2014 以降］

Camera-Shake Deblur······305
Character Animator······230
CINEMA 4D（R17 の対応）······194, 195, 199, 226
Lumetri Color······332
Lumetri スコープパネル······334, 337
エッセンシャルグラフィックスパネル······234
新規プロジェクト読み込みテンプレート······054
顔のトラッキング······262
マスクパスをトラッキング······258
モーショングラフィックステンプレート······234

メニュー名から引く

［ファイル］メニュー

Adobe Character Animator を開く······230
Adobe Dynamic Link······029
After Effects コンポジションを追加······354
Bridge で参照······031
書き出し
　Adobe Media Encoder キューに追加······354
新規プロジェクト······054
フッテージの置き換え······041
フッテージを再読み込み······035
フッテージを変換······025, 027, 037, 088
フッテージを変換······088
プロキシ設定······042
読み込み
　Adobe Premiere Pro プロジェクト······029
　ファイル······022, 023, 024, 025, 026, 028, 029, 030, 032

［編集］メニュー

オリジナルを編集······026
環境設定
　グリッド＆ガイド······048
　出力設定······349
　新規プロジェクト······054
　読み込み設定······033, 036
　ラベル······039, 065
コピー······058, 060, 061
テンプレート······350
複製······061, 063
プロパティリンクと一緒にコピー······126
ペースト······058, 061, 063
レイヤーを分割······062, 064

［コンポジション］メニュー

Adobe Media Encoder キューに追加······354
コンポジション設定······046
新規コンポジション······046, 206
フレームを保存······345
レンダーキューに追加······346, 351

［レイヤー］メニュー

オートトレース······253
ガイドレイヤー······075
環境レイヤー······200
時間
　最後のフレームでフリーズ······085
　時間伸縮······079

時間反転レイヤー······080, 117
タイムリマップ使用可能······082, 084, 085, 086
フレームを固定······081
新規
　カメラ······174
　調整レイヤー······302, 341, 342, 343
　ヌルオブジェクト······209
　ライト······187
スイッチ
　すべてのレイヤーのロックを解除······074
テキストからシェイプを作成······137
トランスフォーム
　自動方向······112, 186
プリコンポーズ······080, 104, 208
ベクトルレイヤーからシェイプを作成······166
マスク······250, 251

［エフェクト］メニュー

3D チャンネル
　3D チャンネル抽出······327
　デプスマット······326
　被写界深度······326
　フォグ 3D······327
エクスプレッション制御
　角度制御······285
　スライダー制御······286
　ポイント制御······285
カラー補正
　Lumetri Color······332
　コロラマ······301
　色相／彩度······340
　レベル······339
　レベル補正（個々の制御）······337
キーイング
　Keylight······316
　リニアカラーキー······318
　カラー差キー······319
旧バージョン
　パステキスト······329
　ルミナンスキー······319
時間
　CC Force Motion Blur······302
　タイムワープ······324
　ピクセルモーションブラー······303
スタイライズ
　Lumetri Color······341
　カートゥーン······308
　グロー······314
ディストーション
　アップスケール（ディテールを保持）······300
　ディスプレイスメントマップ······307
　ワープスタビライザー VFX······214
ノイズ＆グレイン
　グレイン（除去）······312
　グレイン（マッチ）······311
　フラクタルノイズ······306
　フラクタルノイズ······310
描画
　CC Light Burst······315

361

オーディオウェーブフォーム………329
オーディオスペクトラム………329
グラデーション………301, 306
線………328
電波………329
ベガス………328
落書き………328
レンズフレア………313
ブラー＆シャープ
Camera-Shake Deblur………305
ブラー（カメラレンズ）………304
ブラー（合成）………307
マット
チョーク………318

［アニメーション］メニュー

アニメーションプリセットを保存………150
エクスプレッションを削除………269
キーフレーム補助
オーディオをキーフレームに変換………288
シーケンスレイヤー………069, 071
時間反転キーフレーム………117
キーフレームを追加………084, 086
次元に分割………171

［ビュー］メニュー

すべてのレイヤーを全体表示………185
選択したレイヤーを全体表示………185

［ウィンドウ］メニュー

Lumetri スコープ………334, 337
ウィグラー………202, 205
エッセンシャルグラフィックスパネル………234
エフェクト＆プリセット………295
トラッカー………212, 216

用語から引く

英数字

3D カメラトラッカー………218
3D チャンネル抽出………326
3D ビュー………049, 183, 185
3D レイヤー………105, 106, 170
3D レンダラー………195, 198
Adobe Media Encoder………354
Adobe Premiere Pro プロジェクトの読み込み………029
After Effects コンポジションを読み込み………354
After Effects ファイル………028
Camera-Shake Deblur………305
CC Force Motion Blur………302
CC Light Burst………315
Character Animator………230
CINEMA 4D………194, 195, 199, 226
height………284
HSL セカンダリ………332
index………280
Keylight………316
loopIn ／ loopOut………282
Lumetri Color………332
Lumetri スコープパネル………334, 337
Math.cos………276
Math.sin………275, 276
mocha for After Effects………222
Photoshop シーケンス………032
posterizeTime………278
Premiere Pro シーケンスを読み込み………029
random………277
time*………274
valueAtTime………279, 280

width………284
wiggle………277
XY 軸カメラツール………178
X 回転／Y 回転／Z 回転………180
Z 軸カメラツール………178

あ

アイリス………177
アウトポイント………059, 066
アクティブカメラ………174, 183
アップスケール（ディテールを保持）………300
アニメーションプリセット………295, 330
アニメーター………138, 140, 141, 142, 144
アルファチャンネル………037
アンカーポイント………109, 172
アンカーポイントのグループ化………145
アンビエントライト………188
イージーイーズイン／アウト………119
位置………116, 168, 171
位置アニメーター………138, 140
インターレース………026
インポイント………059, 066, 067
インポイントを現在の時間に設定………067
ウィグラー………202
エクスプレッション………268
エクスプレッション言語メニュー………269
エクスプレッション制御………285
エクスプレッションフィールド………269
エクスプレッションをキーフレームに変換………289
エッセンシャルグラフィックスパネル………234
エフェクト………292
エフェクト＆プリセットパネル………295
エフェクトコントロールパネル………292
オーディオパネル………050
オーディオレベル………329
オートトレース………253
オープンパス………241
押し出す深さ………196
親子関係………204

か

カートゥーン………308
回転………180
回転アニメーター………144
ガイド………048, 075
拡散………198
角丸長方形ツール………152
カメラオプション………175, 176, 182
カメラ設定………174
カメラレイヤー………174
カラーグレーディング………333
カラー差キー………319
カラーホイール………332
環境設定………054
環境レイヤー………200
キーフレーム速度………122
キーフレーム補間法………128
軌道カメラツール………178
基本補正………332
鏡面強度………198
鏡面光沢………198
金属………198
屈折率………199
クラシック 3D………198
グラデーション………301
グラデーションの線………159
グラデーションの塗り………159
グラフエディター………082, 118
グラフの種類とオプションを選択………118

クリエイティブ………332
グリッド………048
グレイン（除去）………312
グレイン（マッチ）………311
グロー………314
クローズドパス………241
形状オプション………196
現在の時間インジケーター………092
検索………038, 040, 100
コピースタンプツール………325
コラップスされているコンポジション内および
テキストレイヤー内の機能へスナップして表示………173
コラップストランスフォーム………105, 106
コロラマ………301
コンポジションサイズ………078
コンポジション設定………046
コンポジションマーカー………095, 096
コンポジションミニフローチャート………099
コンポジットオプション………258, 259

さ

シーケンスレイヤー………069, 071, 072
シェイプ（アウトライン）レイヤー………137
シェイプツール………240
シェイプパスの選択モード………154
シェイプレイヤー………152
　コンテンツ………158
　線………159
　塗り………159
時間伸縮………079
時間スケール………094
時間反転キーフレーム………117
時間反転レイヤー………080, 117
時間ロービング………116
ジグザグ………161
次元に分割………171
下の透明部分を保持………266
自動ベジェ………128
自動方向………112, 186
シャイ………073
シャドウの拡散………193
シャドウの暗さ………193
シャドウを落とす………192, 193
出力先………346
出力モジュール………346, 348, 350, 352
出力モジュールテンプレート………350
定規………048
詳細オプション………145
新規コンポジションを作成………034, 046
新規プロジェクト読み込みテンプレート………054
スイッチ／モード………073
ズーム………182
ズームイン／アウト………094
ズームスライダー………094
スケールアニメーター………142
スタ—ツール………152
スタビライズ………212
ステレオ 3D………353
すべての関連アイテムの時間を同期………207
すべてのレイヤーを全体表示………185
スポットライト………188
スライダー制御………286
スリップ編集バー………068
整列パネル………076, 077
旋回………161
選択したキーフレームを停止に変換………120
選択したキーフレームをリニアに変換………121
選択したレイヤーの長さに合わせて
コンポジションのデュレーションを調整する………208

選択したレイヤーを全体表示………185
相対的なプロパティリンクと一緒にコピー………127
ソース名………063
ソロ………089

た

ターゲットを設定………213
タイトル／アクションセーフ………048
タイムナビゲーター………094
タイムラインウィンドウですべてのシャイレイヤーを隠す………073
タイムリマップ………082, 084, 086
タイムワープ………324
楕円形ツール………148, 152
多角形ツール………152
縦書き文字ツール………134, 136
段落パネル………135
調整レイヤー………341, 342, 343, 344
長方形ツール………152
チョークマット………318
ディスプレイスメントマップ………306
テキストレイヤー………134
デプスマット………326
デュレーション………066
電波………329
統合カメラツール………178
透明度………199
透明度ロールオフ………199
トーンカーブ………332
トラッカーパネル………212, 216
トラックの種類………212
トラックポイント………212, 216
トラックマット………264

な

ヌルオブジェクト………209, 210
ネスト………206
ノードカメラ………174

は

波形（RGB）………334
パステキスト………329
パスのウィグル………165
パスのオプション………148
パスのトリミング………164
パスの方向反転をオン………158
パネルのドッキングを解除………271
パペット………298
パペット重なりツール………298
パペットスターチツール………299
パペットツール………296
パラメトリックシェイプ………153, 156
パレード（RGB）………334
範囲セレクター………138, 142
パンク………161
反射強度………199
反射シャープネス………199
反射内に表示………200
反射ロールオフ………199
ピクセルモーション………087, 089
ピクセルモーションブラー………303
被写界深度………175, 326
ヒストグラム………334
ピックウィップ………269, 270, 272
ビット深度………047
ビネット………332
ビューのレイアウトを選択………049
描画モード………102
ファイルの読み込み………022, 023, 024, 025, 026, 028, 029, 030, 032
フェイストラッカー………262

フォーカス距離⋯⋯⋯⋯⋯⋯⋯⋯⋯⋯⋯176
フォールオフ⋯⋯⋯⋯⋯⋯⋯⋯⋯⋯⋯⋯190
フォグ 3D⋯⋯⋯⋯⋯⋯⋯⋯⋯⋯⋯⋯⋯326
複数のレイヤーを同時に選択⋯⋯⋯⋯⋯064
フッテージ⋯⋯⋯⋯⋯⋯⋯⋯⋯⋯032, 056
フッテージファイルを置き換え⋯⋯⋯⋯041
フッテージを配置⋯⋯⋯⋯⋯⋯⋯⋯⋯⋯056
フッテージを変換⋯⋯⋯025, 027, 033, 037, 088
不透明度⋯⋯⋯⋯⋯⋯⋯⋯⋯070, 141, 143
不透明度アニメーター⋯⋯⋯⋯⋯⋯⋯⋯146
不明なエフェクト⋯⋯⋯⋯⋯⋯⋯⋯⋯⋯040
不明なフォント⋯⋯⋯⋯⋯⋯⋯⋯⋯⋯⋯040
不明なフッテージ⋯⋯⋯⋯⋯⋯⋯⋯⋯⋯040
ブラー（カメラレンズ）⋯⋯⋯⋯⋯⋯⋯304
ブラー（合成）⋯⋯⋯⋯⋯⋯⋯⋯⋯⋯⋯306
ブラーレベル⋯⋯⋯⋯⋯⋯⋯⋯⋯⋯⋯⋯177
フラクタルノイズ⋯⋯⋯⋯⋯⋯⋯⋯⋯⋯310
プリコンポーズ⋯⋯⋯⋯⋯⋯⋯⋯104, 208
フレームブレンド⋯⋯⋯⋯⋯⋯⋯087, 089
フレームミックス⋯⋯⋯⋯⋯⋯⋯⋯⋯⋯087
フレームレートを変更⋯⋯⋯⋯⋯⋯⋯⋯033
フレームを固定⋯⋯⋯⋯⋯⋯⋯⋯⋯, 081
プレビュー⋯⋯⋯⋯⋯⋯⋯050, 052, 053
プレビューパネル⋯⋯⋯⋯⋯⋯⋯⋯⋯⋯050
プロキシ⋯⋯⋯⋯⋯⋯⋯⋯⋯⋯⋯⋯⋯⋯042
プロキシファイル設定⋯⋯⋯⋯⋯⋯⋯⋯042
プロジェクトフローチャート⋯⋯⋯⋯⋯044
プロパティ⋯⋯⋯⋯⋯⋯⋯⋯⋯⋯⋯⋯⋯110
プロポーショナルグリッド⋯⋯⋯⋯⋯⋯048
平行ライト⋯⋯⋯⋯⋯⋯⋯⋯⋯⋯⋯⋯⋯188
ベクトルスコープ HLS⋯⋯⋯⋯⋯⋯⋯334
ベクトルスコープ YUV⋯⋯⋯⋯⋯⋯⋯334
ベクトルレイヤーからシェイプを作成⋯166
ベジェシェイプ⋯⋯⋯⋯⋯⋯⋯⋯153, 156
ベベルのスタイル⋯⋯⋯⋯⋯⋯⋯⋯⋯⋯197
ベベルの深さ⋯⋯⋯⋯⋯⋯⋯⋯⋯⋯⋯⋯197
ペンツール⋯⋯⋯⋯⋯111, 152, 240, 244
ポイントライト⋯⋯⋯⋯⋯⋯⋯⋯⋯⋯⋯188
膨張⋯⋯⋯⋯⋯⋯⋯⋯⋯⋯⋯⋯⋯⋯⋯⋯161

ま

マスク⋯⋯⋯⋯⋯⋯⋯⋯⋯⋯⋯⋯⋯⋯⋯148
マスクシェイプ⋯⋯⋯⋯⋯⋯⋯⋯⋯⋯⋯249
マスクトラッカー⋯⋯⋯⋯⋯⋯⋯260, 262
マスクの拡張⋯⋯⋯⋯⋯⋯⋯⋯⋯⋯⋯⋯257
マスクの境界のぼかし⋯⋯⋯⋯⋯⋯⋯⋯256
マスクの境界のぼかしツール⋯⋯⋯⋯⋯255
マスクパス⋯⋯⋯113, 240, 242, 244, 248, 250, 251, 252, 328, 343
マスクモード（描画モード）⋯⋯⋯⋯⋯254
マテリアルオプション⋯⋯⋯192, 193, 198
ムービー出力⋯⋯⋯⋯⋯⋯⋯⋯⋯⋯⋯⋯346
モーショントラッカー適用オプション⋯213, 217
モーションパス⋯⋯⋯⋯⋯⋯⋯⋯113, 114
モーションフッテージ⋯⋯⋯⋯⋯⋯⋯⋯068
モーションブラー⋯⋯⋯⋯⋯⋯⋯⋯⋯⋯131
モード⋯⋯⋯⋯⋯⋯⋯⋯⋯⋯⋯⋯⋯⋯⋯102
目標点⋯⋯⋯⋯⋯⋯⋯⋯⋯⋯⋯⋯⋯⋯⋯178
文字コードアニメーター⋯⋯⋯⋯⋯⋯⋯146
文字単位の 3D 化を使用⋯⋯⋯⋯147, 186
文字パネル⋯⋯⋯⋯⋯⋯⋯⋯⋯⋯⋯⋯⋯134

や

横書き文字ツール⋯⋯⋯⋯⋯⋯134, 136
読み込み設定⋯⋯⋯⋯⋯⋯⋯⋯033, 036

ら

ライトオプション⋯⋯⋯⋯⋯⋯⋯188, 190
ライト設定⋯⋯⋯⋯⋯⋯⋯⋯⋯187, 188
ライト透過⋯⋯⋯⋯⋯⋯⋯⋯⋯⋯⋯⋯193

ライトのカラー⋯⋯⋯⋯⋯⋯⋯⋯⋯⋯⋯189
ライトの種類⋯⋯⋯⋯⋯⋯⋯⋯⋯188, 193
落書き⋯⋯⋯⋯⋯⋯⋯⋯⋯⋯⋯⋯⋯⋯⋯328
ラベルカラー⋯⋯⋯⋯⋯⋯⋯⋯⋯⋯⋯⋯039
ラベルグループを選択⋯⋯⋯⋯⋯⋯⋯⋯065
リニア⋯⋯⋯⋯⋯⋯⋯⋯⋯⋯⋯⋯⋯⋯⋯128
リニアカラーキー⋯⋯⋯⋯⋯⋯⋯⋯⋯⋯318
リピーター⋯⋯⋯⋯⋯⋯⋯⋯⋯⋯⋯⋯⋯162
ルミナンスキー⋯⋯⋯⋯⋯⋯⋯⋯265, 319
レイトレース 3D⋯⋯⋯194, 195, 199, 200
レイヤー⋯⋯⋯⋯⋯⋯⋯⋯⋯⋯⋯⋯⋯⋯056
　イン／アウトポイントに移動⋯⋯⋯⋯058
　隠す⋯⋯⋯⋯⋯⋯⋯⋯⋯⋯⋯⋯⋯⋯⋯073
　選択⋯⋯⋯⋯⋯024, 064, 065, 067
　統合⋯⋯⋯⋯⋯⋯⋯⋯⋯⋯⋯⋯⋯⋯⋯024
　トリミング⋯⋯⋯⋯⋯⋯⋯⋯⋯⋯⋯⋯066
　名前を変更⋯⋯⋯⋯⋯⋯⋯⋯⋯⋯⋯⋯063
　配置⋯⋯⋯⋯⋯⋯⋯⋯⋯⋯⋯⋯⋯⋯⋯058
　複製⋯⋯⋯⋯⋯⋯⋯⋯⋯⋯⋯⋯058, 061
　分割⋯⋯⋯⋯⋯⋯⋯⋯⋯⋯⋯⋯⋯⋯⋯062
　ロック⋯⋯⋯⋯⋯⋯⋯⋯⋯⋯⋯⋯⋯⋯073
レイヤーオプション⋯⋯⋯⋯⋯⋯022, 024
レイヤーの境界線を越えて延長している端をスナップ⋯173
レイヤープロパティ⋯⋯⋯⋯⋯⋯⋯⋯⋯108
レイヤーマーカー⋯⋯⋯⋯⋯⋯⋯⋯⋯⋯097
レンズフレア⋯⋯⋯⋯⋯⋯⋯⋯⋯⋯⋯⋯313
レンダーキューパネル⋯⋯⋯346, 348, 351
レンダリング設定⋯⋯⋯043, 346, 348, 350
ロトブラシツール⋯⋯⋯⋯⋯⋯⋯⋯⋯⋯320

わ

ワークエリア⋯⋯⋯⋯⋯⋯⋯⋯⋯050, 090
ワークエリアと現在の時間⋯⋯⋯⋯⋯⋯050
ワープスタビライザー VFX⋯⋯⋯⋯⋯214

After Effects Design Reference

索引

執筆者プロフィール

高木 和明

VFXデザイナー。CM、PV、タイトルを中心に映像・CG制作を手がけるElectric EYE Studioを主宰。After EffectsユーザーのためのWebサイト「Quick Effects plus」の企画・運営も行う。同サイトでは、本書で紹介しているテキストアニメータのプリセットファイル（第5章掲載）や、タイトルエフェクトの一部をダウンロードフリーで提供中。著書に『FAKE IMAGE with Adobe Photoshop』、『ほんきで学ぶAfter Effects 映像制作入門』（翔泳社）、『After Effects HACK! 現場を乗り切る仕事術』（MdN）がある。

Quick Effects plus　　http://qep.jp

装丁・本文デザイン 坂本 真一郎 (クオルデザイン)
カバーイラスト　　フジモト・ヒデト
組 版　　　　　　 エレクトリック・アイ・スタジオ　株式会社 シンクス
編 集　　　　　　 津村 匠

After Effects 逆引きデザイン事典
[CC/CS6]　増補改訂版

2017 年 10 月 18 日　初版第 1 刷発行

著　　　　者　　 高木 和明
発　行　人　　 佐々木 幹夫
発　行　所　　 株式会社 翔泳社 (http://www.shoeisha.co.jp)
印刷・製本　　 大日本印刷 株式会社
©2017 Kazuaki Takagi

＊本書は著作権法上の保護を受けています。本書の一部または全部について (ソフトウェアおよびプログラムを含む)、
　株式会社翔泳社から文書による許諾を得ずに、いかなる方法においても無断で複写、複製することは禁じられています。
＊落丁・乱丁はお取り替えいたします。03-5362-3705 までご連絡ください。
＊本書へのお問い合わせについては、002 ページに記載の内容をお読みください。

ISBN978-4-7981-5288-2　　Printed in Japan